21天入门

低功耗蓝牙5.x开发

谭晖◎编著

電子工業出版社
Publishing House of Electronics Industry
北京•BEIJING

内 容 简 介

本书主要介绍低功耗蓝牙 5.x 的开发技术，主要内容包括开发环境的搭建、最小硬件系统、广播的实现、双向通信的实现、电池电量服务的添加、私有服务的添加、配对和绑定功能的实现、主机扫描、主机连接、主从一体的实现、多主多从的实现、高速率通信的实现、长距离通信的实现、扩展广播数据包的实现、基于 QSPI 驱动 LCD、基于 FreeRTOS 的复杂应用、FDS 的实现、OTA 的实现、基于串口的 DFU 实现、PTR9818 模块的开发等内容。通过本书的学习，读者不仅可以掌握低功耗蓝牙 5.x 的开发技术，也可以学习物联网的知识、培养物联网的思维，还可以提高自身的动手能力和创新能力。

本书既可作为高等院校相关专业的教材或教学参考书，也可供相关领域的工程技术人员阅读。对于物联网开发的爱好者来说，本书还是一本深入浅出的读物。

本书给出了完整的实验代码，读者可登录华信教育资源网（www.hxedu.com.cn）免费注册后下载。

未经许可，不得以任何方式复制或抄袭本书之部分或全部内容。

版权所有，侵权必究。

图书在版编目（CIP）数据

21 天入门低功耗蓝牙 5.x 开发 / 谭晖编著. —北京：电子工业出版社，2022.3

（智能芯片开发与应用丛书）

ISBN 978-7-121-43149-4

Ⅰ. ①2… Ⅱ. ①谭… Ⅲ. ①蓝牙技术－技术开发 Ⅳ. ①TN926

中国版本图书馆 CIP 数据核字（2022）第 046095 号

责任编辑：田宏峰

印　　刷：北京盛通商印快线网络科技有限公司

装　　订：北京盛通商印快线网络科技有限公司

出版发行：电子工业出版社

北京市海淀区万寿路 173 信箱　邮编 100036

开　　本：787×1 092　1/16　印张：17　字数：435 千字

版　　次：2022 年 3 月第 1 版

印　　次：2022 年 11 月第 2 次印刷

定　　价：88.00 元

凡所购买电子工业出版社图书有缺损问题，请向购买书店调换。若书店售缺，请与本社发行部联系，联系及邮购电话：（010）88254888，88258888。

质量投诉请发邮件至 zlts@phei.com.cn，盗版侵权举报请发邮件至 dbqq@phei.com.cn。

本书咨询联系方式：tianhf@phei.com.cn。

序言 1

低功耗蓝牙 5.x 作为当前最新的蓝牙技术标准，具有更低的功耗、更快的通信速率、更远的通信距离、更高的数据广播包容量等优势，同时还具有 Mesh 组网、AoA/AoD 精准定位、LE 音频等技术特点，使得蓝牙技术的性能得到了大幅提升，功能也变得更加丰富，从而能更好地适用于可穿戴设备、智能家居、智能传感器、工业物联网等实际应用，有助于实现真正的“万物互联”。低功耗蓝牙技术已成为当前产业界和学术界关注的热点技术领域之一。

作为国内最早推广及应用低功耗蓝牙技术的团队之一，迅通科技一直走在低功耗蓝牙技术研发和应用的前列，并积累了丰富的经验。谭晖先生根据迅通科技在低功耗蓝牙技术领域的实践经验编写《21 天入门低功耗蓝牙 5.x 开发》，本书循序渐进地介绍了低功耗蓝牙 5.x 的重要知识点，并将这些知识点深入浅出地总结为若干实验，可以使初学者快速入门并掌握相关的开发知识，有助于提升自身的技术水平和竞争能力，成为物联网技术开发应用的佼佼者。

全书围绕 nRF52840 这一兼具超低功耗、高性能等特性的智能蓝牙产品解决方案和开发平台，以 21 天速成实战为目标导向，精选了 20 个实验，通过对原理的探究、对框架的分析、对蓝牙规范的结合应用，以及对关键代码及函数接口的细致说明，实现了对低功耗蓝牙 5.x 关键知识点和技术开发应用重点的囊括。

本书具有涵盖面广、应用性高、通用性强等特色，从智能硬件设计的基础出发，理论和实践相结合，不仅聚焦低功耗蓝牙 5.x 的开发，还涉及 RF 测试、低功耗测试的方法等内容。本书提供的实验涵盖低功耗蓝牙应用的常用场景，结合例程进行详细说明，特别适合初学者一步步地掌握调试和开发方法。此外，本书以最典型的全功能 SoC 芯片作为开发模板，具有普适性，可以使读者获得的知识适用于 Nordic 全系列 SoC 芯片的开发应用。这本书不仅可作为高等学校学生科技创新实践的参考读本，也可作为企业工程技术人员的开发工具书。

张钦宇　教授/博导

哈尔滨工业大学（深圳校区）副校长

国家“万人计划”科技创新领军人才

国家杰出青年科学基金获得者

序言 2

Nordic Semiconductor 从 1983 年在挪威起步到现在，在经历近 40 年的发展后，目前已经成长为一家跨国上市公司，并成为世界领先的无线通信集成电路供应商。Nordic Semiconductor 是低功耗蓝牙（BLE）规范和标准开发的关键贡献者，并以 40%以上的市场份额成为低功耗蓝牙的市场领导者，远远高于该市场的其他参与者。

Nordic Semiconductor 并非只有低功耗蓝牙产品，凭借其独特且应用广泛的多协议无线片上系统（SoC）芯片，无论在中、短距离的点对点通信和 Mesh 网络，还是在 5G 低功耗蜂窝物联网，人们都可以在世界各地的无线连接产品中发现 Nordic Semiconductor 的解决方案。

我本人在刚刚到 Nordic Semiconductor 工作的前几周内，就有幸见到了谭晖先生，他是一位知识渊博的学者和技术娴熟的企业家，对自己的专业和 Nordic Semiconductor 的解决方案有着真诚而深厚的热情。几年前，谭晖先生出版了一系列关于 Nordic Semiconductor 解决方案的图书，因此当我们听到他计划出版涵盖最新低功耗蓝牙 5.x 及 5G 低功耗蜂窝物联网应用的 nRF52、nRF53 和 nRF91 等芯片的系列图书时，我们都非常感激和兴奋。

本书为该系列图书的第一本，将带领读者逐步了解基于多协议无线 SoC 芯片 nRF52840 开发低功耗蓝牙应用的过程，本书还深入介绍了低功耗分析和应用测试等更高级的内容，涵盖了在 21 天内完成低功耗蓝牙无线应用开发所需的知识点，如同从 A 到 Z 一样简单。

nRF52840 是一款高度集成的超低功耗多协议无线 SoC 芯片，具有真正的并发多协议通信，不仅支持低功耗蓝牙，还支持 Mesh 网络、Thread、ZigBee、Matter、IEEE 802.15.4、ANT 等协议和 2.4 GHz 私有协议。虽然这本书的重点是低功耗蓝牙 5.x 的开发，但书中介绍的开发工具、原则和方法也适用于其他无线协议的开发。

这本书向读者展示了如何在 Nordic 的 SoC 芯片上轻松地开始低功耗蓝牙的开发工作，希望读者能从中受益，并继续阅读本系列图书的其他书籍。

祝你好运，享受这本书吧！

鲍勃 • 布兰达尔

Nordic Semiconductor 亚太区市场及销售副总裁

前　言

随着包括低功耗蓝牙在内的无线通信技术的不断发展，物联网的发展与应用驶上了快车道。低功耗蓝牙从 4.0 开始，就围绕着物联网的需求不断发展。事实上，基于低功耗蓝牙的物联网应用，已经渗透到了人们日常生活的多个方面。例如，改变短途出行生态、为低碳减排做出贡献的共享单车，就是典型的基于低功耗蓝牙技术的物联网应用，也是目前最大的移动物联网之一。我们每天都有可能接触到低功耗蓝牙技术的应用，如智能门锁、智能穿戴设备等，只是我们没有察觉到而已。

低功耗蓝牙发展到 5.0 以后，更是开启了物联网应用的大门。针对物联网的需求，低功耗蓝牙 5.x 增加了许多新特性，如长距离通信、高速率通信、扩展广播数据包、Mesh 组网、AoA/AoD 精准定位、LE Audio 等。凭借日渐完善的协议和例程，低功耗蓝牙 5.x 开创了物联网应用的新时代。

低功耗蓝牙 5.x 的陆续发布，给物联网创新和智能硬件产品带来更多的应用场景和创新机会。例如，苹果公司发布了基于低功耗蓝牙 5.x 的 AirTag 和 FindMy，元宇宙概念中基于虚拟现实的应用也需要大量与低功耗蓝牙 5.x 相关的技术和产品（Meta 中的 VR/AR 头盔就采用了最新的低功耗蓝牙技术）。低功耗蓝牙 5.x 的诸多新特性为创新提供了丰富的例程基础及技术路线。创新与创造是企业发展的动力及源泉，当前的众多企业和研究机构都需要大量熟悉和掌握低功耗蓝牙 5.x 开发技术的人员。

与此同时，很多初学者（包括在校学生）和工程师希望掌握低功耗蓝牙 5.x 的开发技术，却不知如何更好更快地入门和提高。本书总结作者及其团队在低功耗蓝牙 5.x 开发方面的经验和积累，面向开发人员的关注点，可帮助读者快速掌握低功耗蓝牙 5.x 的开发技术。本书强调动手实践能力的培养，通过本书的学习，读者可以学习低功耗蓝牙 5.x 的原理知识，体验低功耗蓝牙 5.x 的产品开发过程，从而激发自身的学习兴趣和研究兴趣，实现“学习+创新+开发”的过程。

俗话说，实践出真知。本书的实践性强，从实际的开发来编排全书的内容，通过一个个经典的实验来详细介绍低功耗蓝牙 5.x 开发涉及的重要概念和知识点。读者通过学习、实践、理解、吸收、转化本书的知识点，就能有所收获，就能初步掌握低功耗蓝牙 5.x 的开发技术。假以时日，未来可期。

在学习本书的基础上，请开始你的第一个基于低功耗蓝牙 5.x 的项目设计与开发。

Nordic Semiconductor（Nordic）是一家专注于中、短距离无线技术和低功耗蜂窝物联网应用的半导体公司，是低功耗蓝牙解决方案的市场领导者，其产品占据了低功耗蓝牙市场的 40%。作为与 Nordic 携手 20 多年的合作伙伴，深圳市蓝科迅通科技有限公司（迅通科技）是国内最早推广和应用低功耗蓝牙技术的机构之一，丰富并拓展了中、短距离无线通信技术和物联网技术在国内的应用与发展，也开创了很多成功的案例。迅通科技的研发团队在低功耗蓝牙技术领域的努力和积累奠定了本书的基础，他们的探索和经验可以帮助更多的人快速进入低功耗蓝牙领域。

本书由谭晖审定和统稿，参与本书实验设计和资料整理工作的有王荣静、战宇娟、苏金飞、张翔宇、王政华等。本书在编写过程中，Nordic 首席执行官 Svenn-Tore Larsen、Nordic 全球市场总监 Geir 给予了大力的支持；Nordic 亚太区市场及销售副总裁 Bob、Nordic 中国区团队 Damien 等给予了热心的帮助；Nordic 技术团队 Kevin 给予了支持与协助，并提供了很多建设性的意见，在此表示衷心的感谢！

由于作者水平有限，加之编写时间仓促，本书难免会有错误和疏漏之处，敬请广大读者及专家批评指正。

谭　晖
2022 年 1 月 5 日

目　录

第1章 低功耗蓝牙5.x开发环境之搭建

1.1 基于Nordic nRF52840 DK开发环境之搭建

目前，支持Nordic低功耗蓝牙SoC芯片开发的集成开发环境（IDE）有很多，常用的有以下几种，开发者可以根据实际需要选择适合自己的IDE。

（1）SES：SES（SEGGER Embedded Studio）是SEGGER推出的用于嵌入式开发的IDE，可在Windows、Mac、Linux平台上运行，不仅支持Nordic的低功耗蓝牙协议SoC芯片，还支持多种主流的MCU。即使没有获得SES的Licence许可，也可以使用其所有的功能，而且没有代码容量的限制。因此，本书的实验例程均是采用SES来开发的，建议开发者使用SES集成开发环境。

（2）Keil MDK：Keil MDK是ARM推出的用于嵌入式开发的IDE，Keil MDK是商用软件，仅支持Windows平台，开发者使用需要获得Licence（购买版权），当采用Keil MDK的评估版本时，对二进制目标文件的大小有限制。

（3）IAR：IAR是IAR Systems推出的用于嵌入式开发的IDE，IAR也是商用软件，仅支持Windows平台，开发者使用需要获得Licence（购买版权），当采用IAR的评估版本时，对二进制目标文件的大小也有限制。

1.1.1 SES的搭建

1.1.1.1 安装SES

SES（SEGGER Embedded Studio）集成开发环境是目前与Nordic的SoC芯片适配性最好的IDE，无须额外配置即可原生态地支持Nordic 52系列以上芯片（不支持Nordic 51系列芯片），以及后续推出的Nordic nRF53系列芯片和Nordic nRF91系列低功耗蜂窝模块等。SES具有以下优点：

（1）使用完全免费。Nordic与SEGGER合作并获得使用授权，开发Nordic的SoC芯片可免费使用SES，这为开发者带来极大的便利。

（2）编辑器友好。SES在编辑器方面做得非常人性化，具有智能提示、代码格式化，以及通过“Ctrl+单击”跳转到函数实现等功能，可有效提高开发者的工作效率。

（3）配置灵活。例如，在进行 nRF52 开发时，通常要先下载 Softdevice 协议栈的 Hex 文件，再下载 Application 应用的 Hex 文件，一般还需要依次下载或者通过批处理脚本下载文件。SES 在设置界面预留了 3 个 Bootloader 位置，可在下载应用程序前先自动下载 Bootloader 文件，使用起来非常方便。

（4）跨平台。SES 对平台的适应性非常好，可适用于 Windows 系统、Mac 系统和 Linux 系统。

本书将基于 SES 来搭建 nRF52840 芯片的开发环境，并在 SES 上开发和调试应用程序。使用前需要先安装 SES。开发者可在 SEGGER 的官网下载 SES 安装包，如图 1-1 所示。

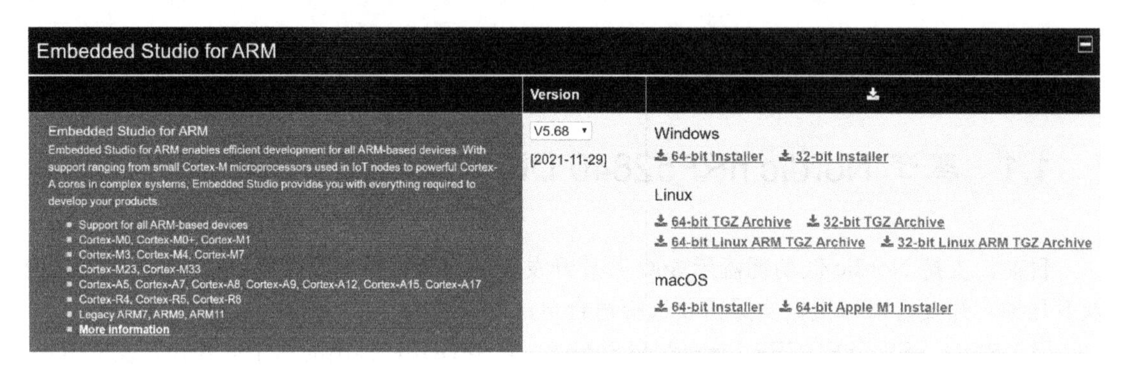

图 1-1

本书例程对应下载的是 Setup_EmbeddedStudio_ARM_v410a_win_x64.exe 安装包，开发者可根据自己的平台选择适合的安装包。双击下载的安装包后，按照默认提示操作即可成功安装 SES。SES 的启动界面如图 1-2 所示。

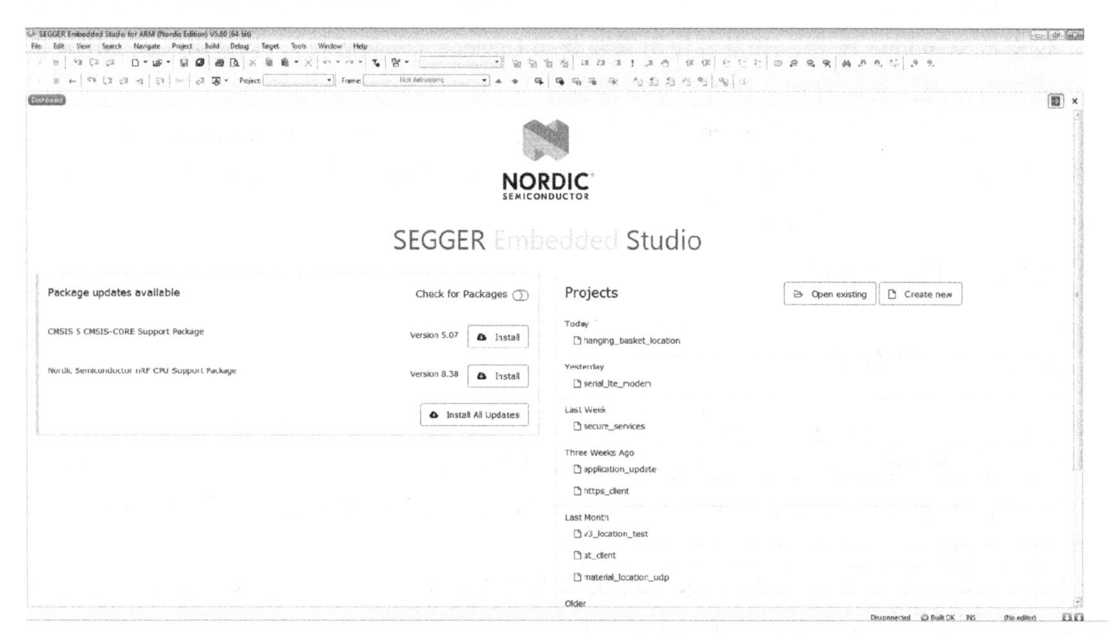

图 1-2

成功安装 SES 后需要在 SEGGER 官方网站平台进行注册，获得免费注册码，无须担心版权问题。

1.1.1.2　安装重要插件

nRF5 SDK 有一个非常重要的配置文件——sdk_config.h，这个文件的格式是按照 CMSIS 规范来编写的。

注：CMSIS 是 ARM 公司与多家不同的芯片和软件供应商一起紧密合作定义的 ARM Cortex-M 微处理器系列与供应商无关的硬件抽象层，提供了内核与外设、实时操作系统和中间设备之间的通用接口，可以为处理器和外设实现一致且简单的软件接口，从而简化软件的重用、缩短微处理器开发人员的学习过程，并缩短新设备的上市时间。

SES 用户需要添加 CMSIS Configuration Wizard 来图形化解析 sdk_config.h 文件。方法是：打开 SES，选择“File”→“Open Studio Folder...”→“External Tools Configuration”，将会打开文件 tools.xml，在“/tools”行之前插入以下代码：

```
<item name="Tool.CMSIS_Config_Wizard" wait="no">
    <menu>&amp;CMSIS Configuration Wizard</menu>
    <text>CMSIS Configuration Wizard</text>
    <tip>Open a configuration file in CMSIS Configuration Wizard</tip>
    <key>Ctrl+Y</key>
    <match>*config*.h</match>
    <message>CMSIS Config</message>
    <commands>
      java -jar &quot;$(CMSIS_CONFIG_TOOL)&quot; &quot;$(InputPath)&quot;
    </commands>
</item>
```

添加 CMSIS Configuration Wizard 后，SES 的启动界面如图 1-3 所示。

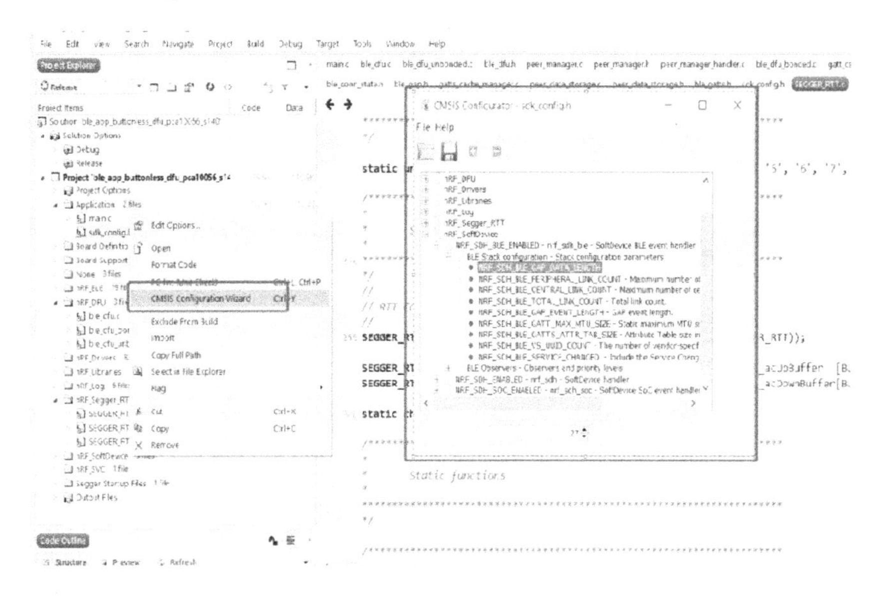

图 1-3

注意：由于 CMSIS Configuration Wizard 是一个 Java 应用程序，因此必须先安装 Java 运行环境（JRE），如 java9x64_9.0.1.0.exe，才能运行 CMSIS Configuration Wizard 配置向导。

1.1.1.3 创建一个新工程项目

创建新工程项目的步骤如下：

（1）单击“File”→“New Project”，在弹出的对话框“Create new project”（见图 1-4）中选择“Create the project in a new solution”。

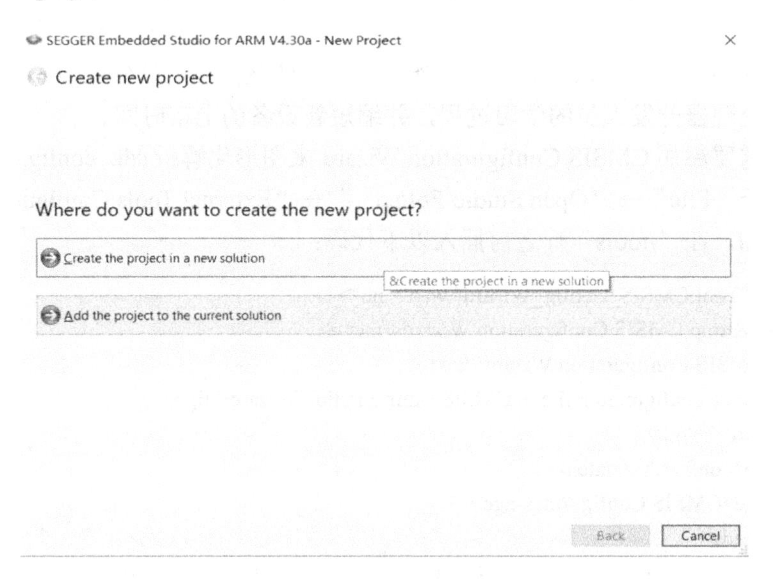

图 1-4

（2）在弹出的对话框“Select new project template”（见图 1-5）中选择工程类型及存放的路径后，单击“Back”按钮。

图 1-5

（3）在弹出的对话框“Select Target Device”（见图 1-6）中选择所使用的芯片类型，这里选择“nRF52840_xxAA”，单击“Next”按钮。

图 1-6

（4）在弹出的对话框“Choose common project settings”（见图 1-7）中选择调试方式，通常选择 J-Link 方式来调试，单击“Next”按钮。

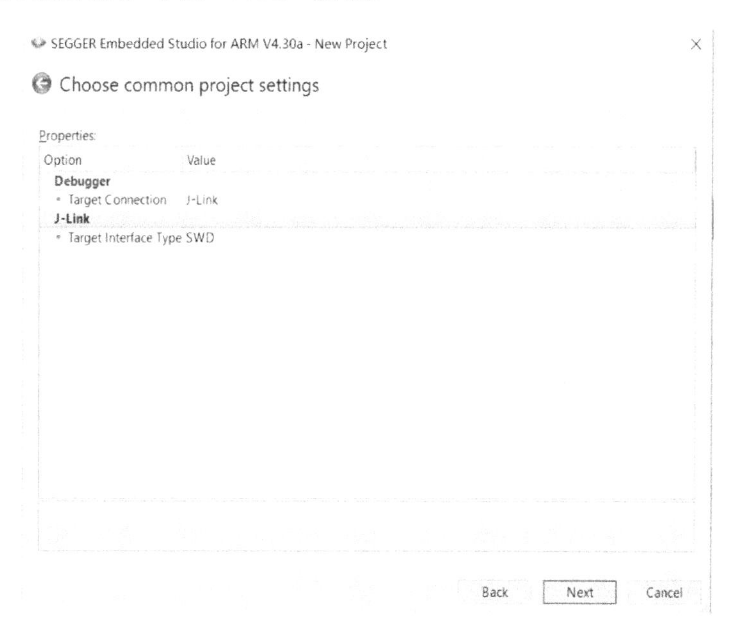

图 1-7

（5）在弹出的对话框“Select files to add to project”（见图 1-8）中勾选新建工程项目所需的文件，这里默认都勾选，单击“Next”按钮。

（6）在弹出的对话框“Select configurations to add to project”（见图 1-9）中勾选“Debug”“Release”后，单击“Finish”按钮。

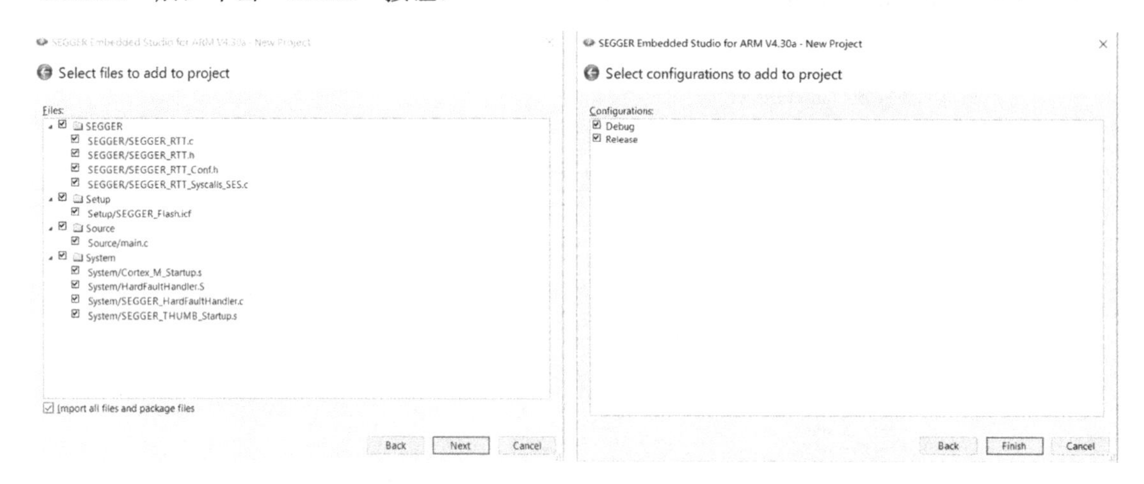

图 1-8　　　　图 1-9

新建的工程项目如图 1-10 所示。

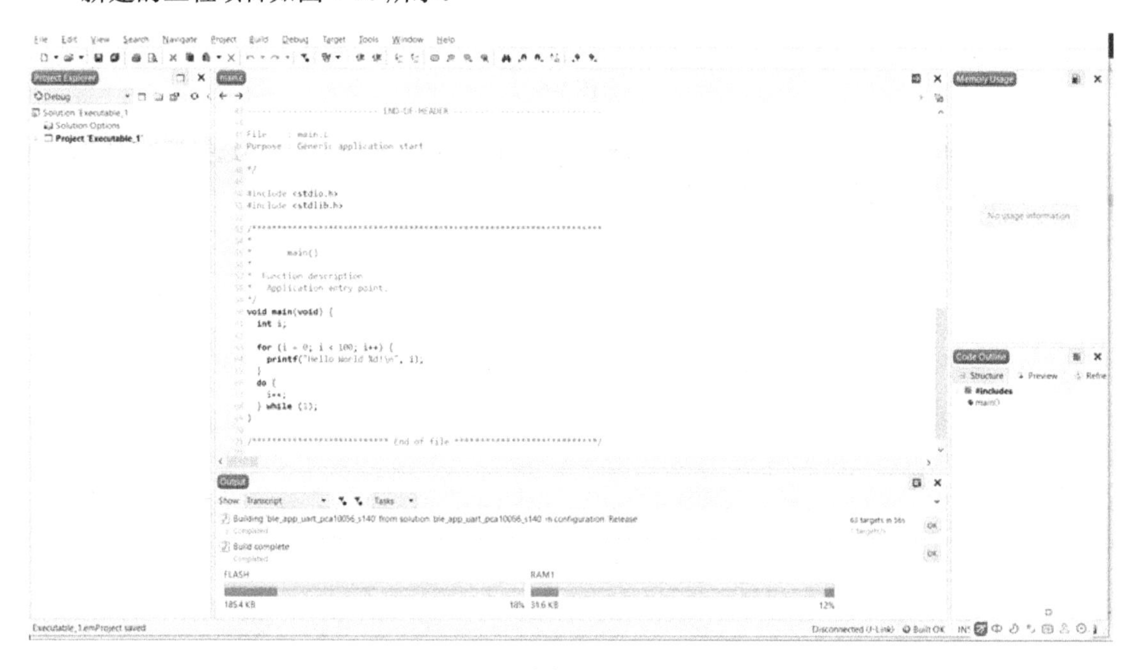

图 1-10

在新建工程项目后，右键单击其中的“Sourse”，在弹出的右键菜单中选择“Add New File”或者“Add Existing File”来添加所需的文件，如图 1-11 所示。

新建工程项目后，单击图 1-12 中的编译按钮可进行编译。单击图 1-12 中的下载按钮可将编译成功的文件通过 J-Link 下载到目标板中。

File Edit View Search Navigate Project Build Debug Target Tools Window Help

Project Explorer　main.c

Debug

Solution 'Executable_1'
Solution Options
Project 'Executable_1'
Project Options
SEGGER 4 files
Options...
Compile　Ctrl+F7
Run Static Code Analyzer
PC-lint (Unit Check)　Ctrl+L, Ctrl+P
CMSIS Configuration Wizard　Ctrl+Y
Exclude From Build
Add New File...
Add Existing File...
New Folder...
Cut　Ctrl+X
Copy　Ctrl+C
Paste　Ctrl+V
Remove
Rename

```
-------------------------- END-OF-HEADER ---------------------------
File    : main.c
Purpose : Generic application start
*/
stdio.h>
stdlib.h>
*************************************************************
in()
n description
ation entry point.
void) {
0; i < 100; i++) {
("Hello World %d!\n", i);
} while (1);
}
/*************************** End of file ****************************/
```

Output

Show: Transcript　Tasks

Building 'Executable_1' from solution 'Executable_1' in configuration 'Debug'
Completed
Build complete
Completed

FLASH1　RAM1

3.1 KB　0% 1.2 KB

图 1-11

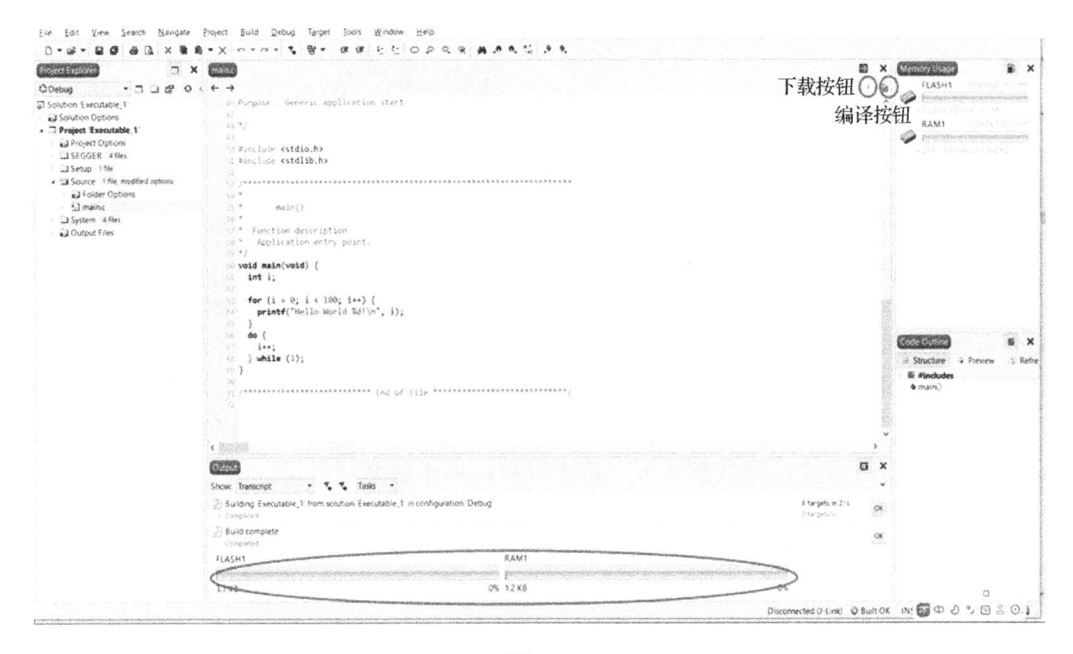

图 1-12

1.1.2 Keil MDK 的搭建

Keil MDK 是目前应用较广的开发环境，在开发 Nordic 的 SoC 芯片时，需要下载对应型号的 Pack 包，以及对应版本的 ARM CMSIS。

（1）在 Keil 官网下载 Keil MDK，下载链接为 https://www.keil.com/demo/eval/arm.htm，根据提示填写各项信息后即可下载，如图 1-13 所示。

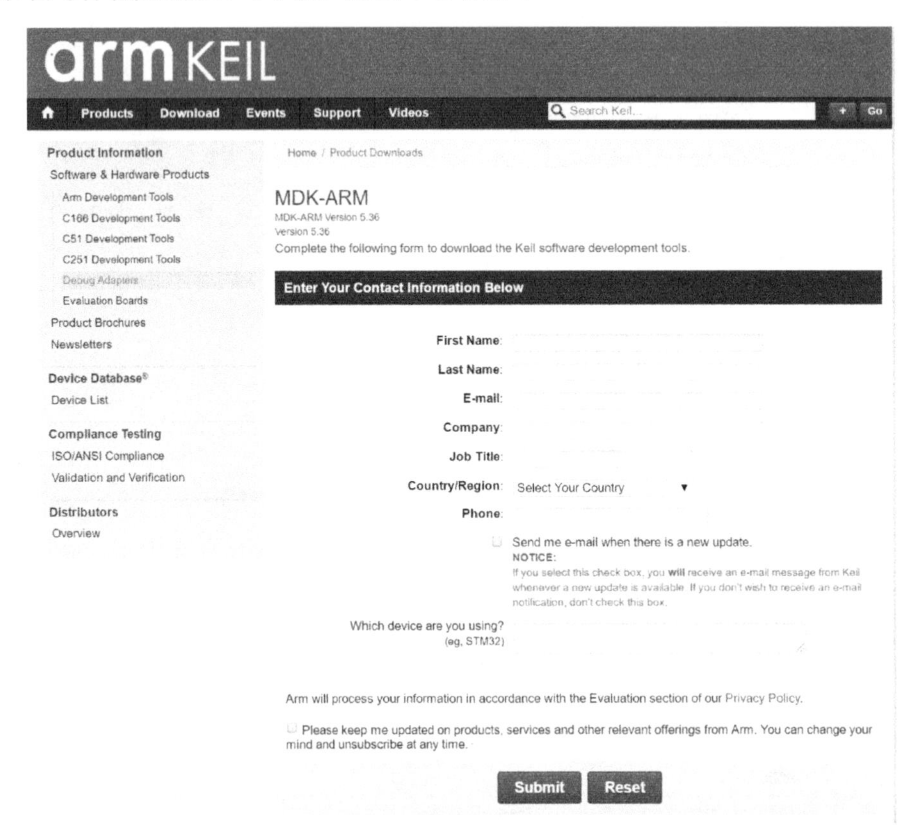

图 1-13

（2）安装对应版本的 ARM CMSIS（目前为 5.8.0），下载链接为 https://github.com/ARM-software/CMSIS/releases/download/。

（3）安装 Pack 包，下载链接为 https://www.nordicsemi.com/Products/Development-tools/nrf-mdk/download#infotabs。有时会使用 Nordic 的多款 SoC 芯片，可能涉及多个版本的 Pack 包，在这种情况下要遵循先安装低版本后安装高版本的顺序，否则可能出现编译报错的情况。若出现编译报错，则需把有关的 device family pack 按照先低后高的版本顺序都重装一遍，然后重新把 Nordic 原始 SDK 压缩包解压缩，再去编译，就不会有问题了。

通过 Keil MDK 上的 Pack Installer 可以安装 Pack 包和 ARM CMSIS，这时按照提示安装即可，在过程中可能会有一些报错，不必理会继续安装。安装完成后重启 Keil MDK 即可正常使用。

1.1.3　其他工具的安装

1.1.3.1　安装 nRF Command Line Tools 命令行工具

nRF Command Line Tools 命令行工具中集成了 nrfjprog（用于固件下载、寄存器读写、读保护设置等）、mergehex（用于固件合并）、J-Link（下载工具的驱动文件及固件下载）等开发过程中会用到的一些常用工具，nRF Command Line Tools 的下载界面如图 1-14 所示，其下载链接为：https://www.nordicsemi.com/Software-and-Tools/Development-Tools/nRF-Command-Line-Tools/Download#infotabs。

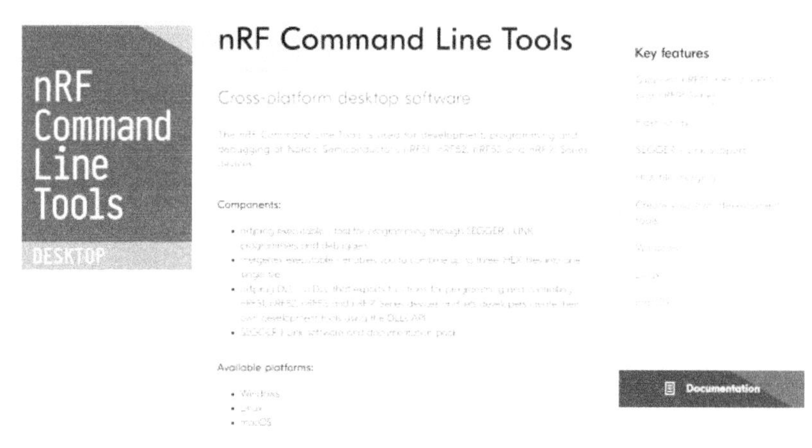

图 1-14

1.1.3.2　安装 nRF Connect for Mobile 移动端调试工具

安装在智能手机上的移动端调试工具 nRF Connect（nRF Connect for Mobile）是调试低功耗蓝牙设备的必备工具，开发者可以在手机上对蓝牙设备进行扫描检测，快速发现低功耗低蓝牙设备，并且支持对设备进行调试和设置。iOS 版 nRF Connect for Mobile 可以在 App Store 应用商店中直接下载，Android 版 nRF Connect 可以在 GitHub 下载，下载链接为 https://github.com/NordicSemiconductor/Android-nRF-Connect/releases/tag/v4.24.3，下载界面如图 1-15 所示。

nRF Connect 4.24.3

06.08.2020 - version 4.24.3

Assets

图 1-15

1.1.3.3 安装 nRF Connect for Desktop 桌面版调试工具

桌面版调试工具nRF Connect（nRF Connect for Desktop）集成了固件下载（Programmer）、DTM测试（Direct Test Mode）、功耗测试（Power Profiler）等许多常用的工具。nRF Connect for Desktop 的下载链接为 https://www.nordicsemi.com/Software-and-tools/Development-Tools/nRF-Connect-for-desktop/Download，下载界面如图1-16所示。

图1-16

1.1.3.4 安装 nRF Toolbox 移动端调试工具

nRF Toolbox是一个移动端低功耗蓝牙调试工具，集成了用于调试Nordic低功耗蓝牙芯片的应用集，支持低功耗蓝牙规范中血压（Glucose）、心率、体温等标准应用配置，以及Nordic的典型私有应用配置，如蓝牙串口通信（透传）应用、DFU等，可用该工具来调试此类应用。nRF Toolbox 移动端工具的下载链接为 https://github.com/NordicSemiconductor/Android-nRF-Toolbox/releases/tag/v2.9.0，下载界面如图1-17所示。

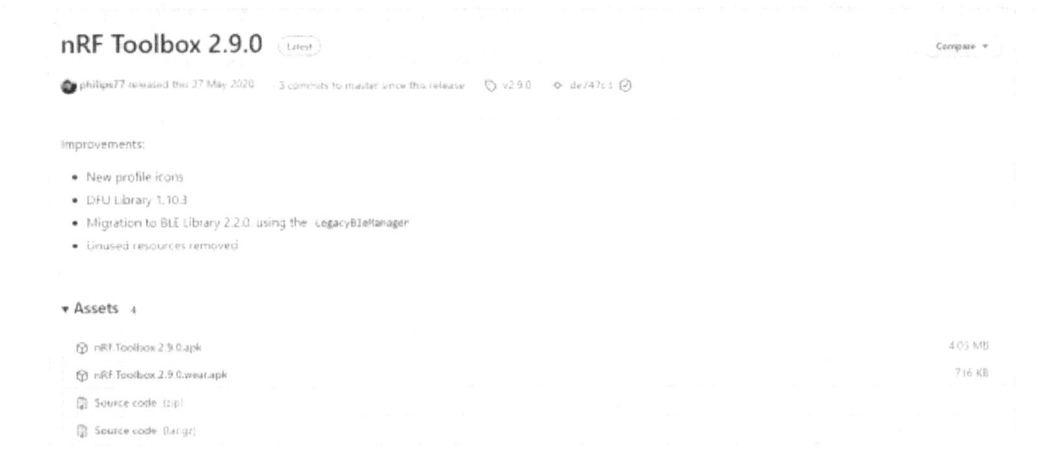

图1-17

1.1.3.5 安装 nrfjprog 命令行工具

nrfjprog 是一个命令行工具，支持 Windows、Mac、Linux 平台，其中包括了 J-Link 的驱动和 Nordic 专有的一些命令行工具。配合 J-Link 调试工具，可通过 Windows 命令行窗口、Linux 命令行窗口、MacOS 命令行窗口来擦除、烧写、读取代码，复位 nRF 芯片，并可以访问存储器和寄存器。在安装 nRF Command Line Tools 时，系统会自动安装 nrfjprog 工具。nrfjprog 工具正确安装后，可以在 cmd 命令行窗口中使用 nrfjprog 命令，如图 1-18 所示。

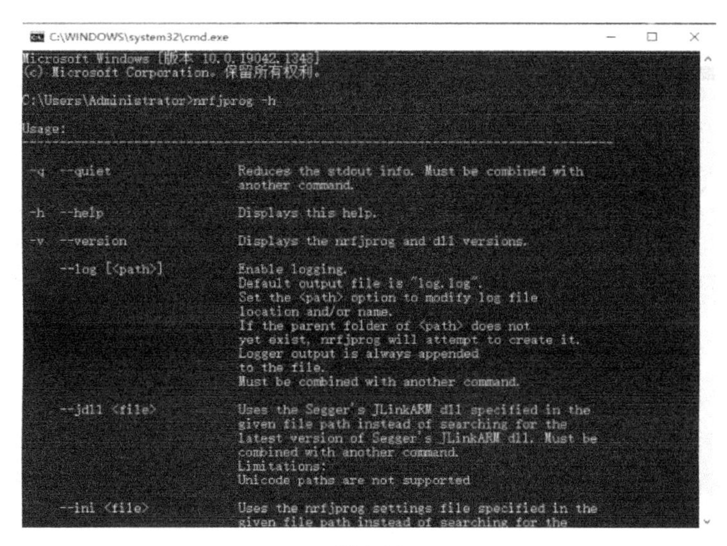

图 1-18

如果无法使用 nrfjprog 命令，则可能是由于安装过程中的环境变量没有自动配置好，开发者可以进行手动配置操作，将 nrfjprog 的安装目录添加到环境变量中即可，如图 1-19 所示。

图 1-19

1.1.3.6 安装 nrfuitl 工具

nrfutil 是在开发 DFU（Device Firmware Upgrade，固件升级）时会用到的工具，该工具可以生成 DFU 用的 zip 升级文件包、Settings Page（设置页信息）和密钥，并进行固件升级操作。

nrfutil 有传统版（版本号 0.5.2）和现代版（版本号大于 1.5.0）两个版本，这两个版本并不兼容，当使用 SDK 12.0 及以后版本 SDK 请使用现代版 nrfutil。

nrfutil 是通过 Python 来安装和使用的，安装命令为“pip install nrfutil”，安装界面如图 1-20 所示。Mac 系统的安装命令为 “pip install --ignore-installed six nrfutil”。另外在 Windows 系统中安装 nrfutil，系统可能会提示缺少 MSVC 文件，这是因为缺少运行所需的某些动态链接库，请下载并安装 Visual Studio 2013 或者 Visual Studio 2015 即可（开发者借助该步骤将相关的库文件安装到系统中）。

```
C:\WINDOWS\system32\cmd.exe - pip install nrfutil
Microsoft Windows [版本 10.0.19042.1348]
(c) Microsoft Corporation。保留所有权利。

C:\Users\Administrator>pip install nrfutil
WARNING: Ignoring invalid distribution -ip (c:\python39\lib\site-packages)
WARNING: Ignoring invalid distribution -ip (c:\python39\lib\site-packages)
Collecting nrfutil
  Downloading nrfutil-6.1.3.tar.gz (844 kB)
     |████████████████████████████████| 844 kB 27 kB/s
Requirement already satisfied: click in c:\python39\lib\site-packages (from nrfutil) (7.1.2)
Collecting crcmod
  Using cached crcmod-1.7.tar.gz (89 kB)
Collecting ecdsa
  Using cached ecdsa-0.17.0-py2.py3-none-any.whl (119 kB)
Requirement already satisfied: intelhex in c:\python39\lib\site-packages (from nrfutil) (2.3.0)
Collecting libusb1==1.9.3
  Downloading libusb1-1.9.3-py3-none-win_amd64.whl (137 kB)
     |████████████████████████████████| 137 kB 16 kB/s
Collecting pc_ble_driver_py>=0.16.1
  Downloading pc_ble_driver_py-0.16.2-cp39-cp39-win_amd64.whl (2.2 MB)
     |███                             | 307 kB 27 kB/s eta 0:01:10
```

图 1-20

如果计算机中没有安装 Python［注：Python 是一种面向对象的解释型计算机程序设计语言，源代码和解释器 CPython 遵循 GPL（GNU General Public License）协议，广泛应用于系统管理任务的处理和 Web 编程］，则需要先下载并安装 Python 安装包，下载链接为 https://www.python.org/downloads/，下载界面如图 1-21 所示。

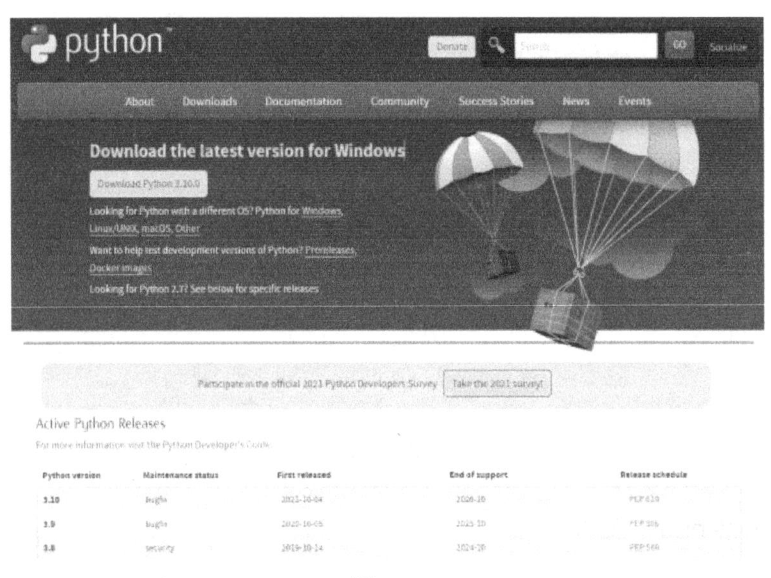

图 1-21

1.2　nRF52840 DK 开发板上的烧写器介绍

1.2.1　简介

本书是在 nRF52840 开发板上开发低功耗蓝牙 5.x 的，nRF52840 是 Nordic 推出的高端无线多协议 SoC，支持低功耗蓝牙 5.x、蓝牙 Mesh、Thread、IEEE 802.15.4、ANT、2.4 GHz 等协议。同时，nRF52840 也是一款功能强大的 SoC，包含 64 MHz 的 Cortex-M4 内核，1 MB 的 Flash、256 KB 的 RAM，支持 UART、I2C、SPI、USB 等多种外设接口，拥有 NFC-A Tag、ADC、FPU 等多种资源，可满足不同应用场景的需求。

在开发低功耗蓝牙 5.x 应用或进行评估时，既可以使用 Nordic 推出的 nRF52840 DK 开发板，也可以使用集成了 nRF52840 芯片的 PTR9818 模块。下面对这两款硬件进行介绍。

1.2.2　nRF52840 DK 开发板简介

nRF52840 DK 是 Nordic 推出的 nRF52840 DK 开发板（见图 1-22），主要功能包括：

- 提供了基于 nRF52840 的低功耗蓝牙 5.x 及 ANT/ANT+的 SoC 解决方案；
- 支持 nRF52840 和 nRF52811 两款 SoC 的开发；
- 具有供用户交互的按钮和 LED；
- 具有用于调试仿真下载的 J-Link OB 调试器；
- 具有通过 COM 端口虚拟的 UART 接口；
- 具有 USB 接口；
- 支持 NFC-A Tag 模式。

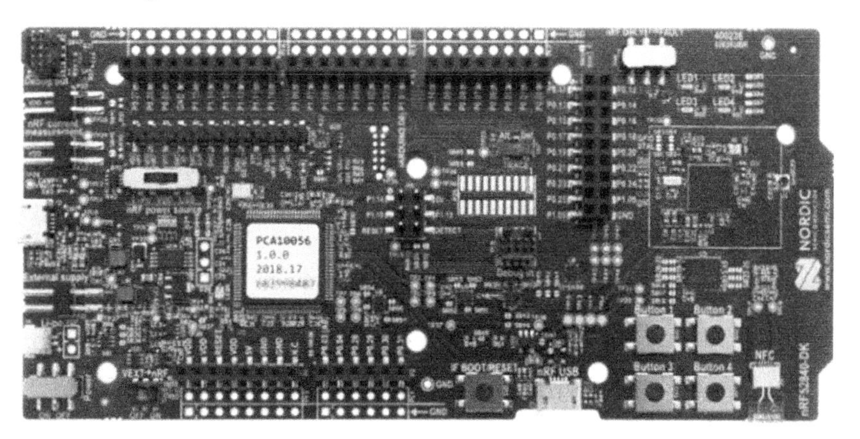

图 1-22

1.2.3　nRF52840 DK 开发板的烧写方式

1.2.3.1　硬件连接

将 nRF52840 DK 开发板通过一条 USB 连接线连接到计算机上，如果通信正常的话，那么 nRF52840 DK 开发板上的 LED5 会常亮，否则 LED5 会不断闪烁。同时，在计算机的资源管理器中可以看到名为 J-Link 的虚拟盘符；在计算机的设备管理器中可以看到一个新增的虚拟串口（由于现在很多计算机已经不带物理串口了，往往通过 USB 接口来虚拟串口，实现计算机与外部设备的串口通信），如图 1-23 所示，nRF52840 DK 开发板可通过该虚拟串口与上位机进行串行通信。

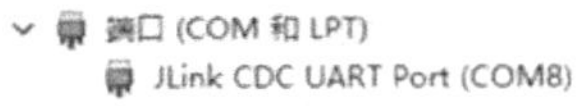

端口 (COM 和 LPT)
JLink CDC UART Port (COM8)

图 1-23

如果 nRF52840 DK 开发板与计算机的连接不正常，则可以检查：

（1）USB 连接线。很多 USB 连接线只具有充电功能，不具有数据通信功能，要选用具有数据功能的 USB 连接线。

（2）J-Link 驱动是否正常安装。在安装 nRF Command Line Tools 命令行工具时，已包含了 J-Link 驱动，在正常情况下不需要单独安装 J-Link 驱动。如果需要将 J-Link 驱动更新到最新版本，则可在 SEGGER 的官网下载安装文件，下载链接为 https://www.segger.com/downloads/jlink/。

1.2.3.2　使用 Programmer 编程工具烧写固件

Nordic 的 SoC 芯片可使用多种方式来下载固件，如 J-Flash、Programmer、IDE、命令行工具等，这里介绍使用 Programmer 烧写固件的方法。

Programmer 是 nRF Connect for Desktop 桌面工具中的一个工具插件，如图 1-24 所示。

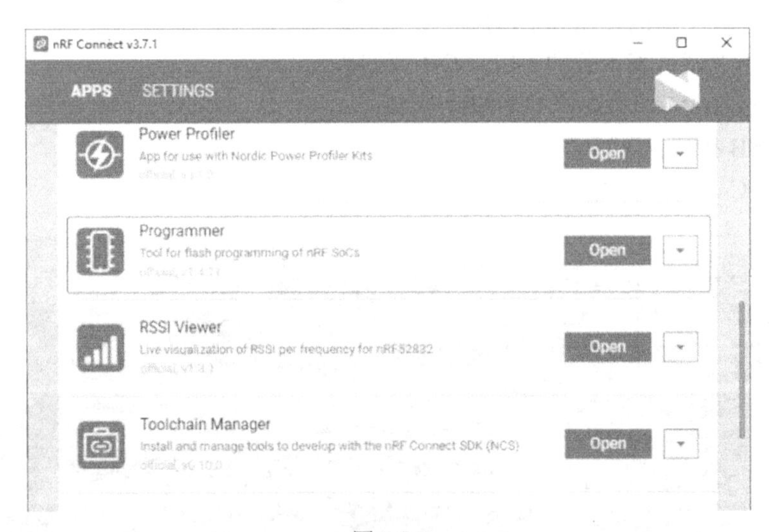

图 1-24

将 nRF52840 DK 开发板正确地连接到计算机上后，在 Programmer 编程工具中可以看到名为 PCA10056 的设备，如图 1-25 所示。

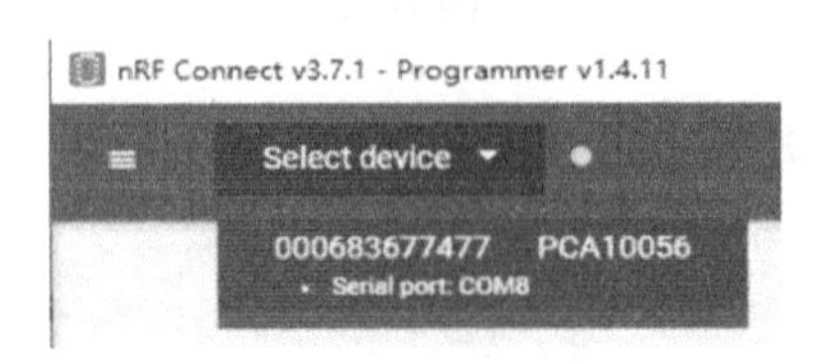

图 1-25

选中 PCA10056 后，Programmer 编程工具的界面如图 1-26 所示。

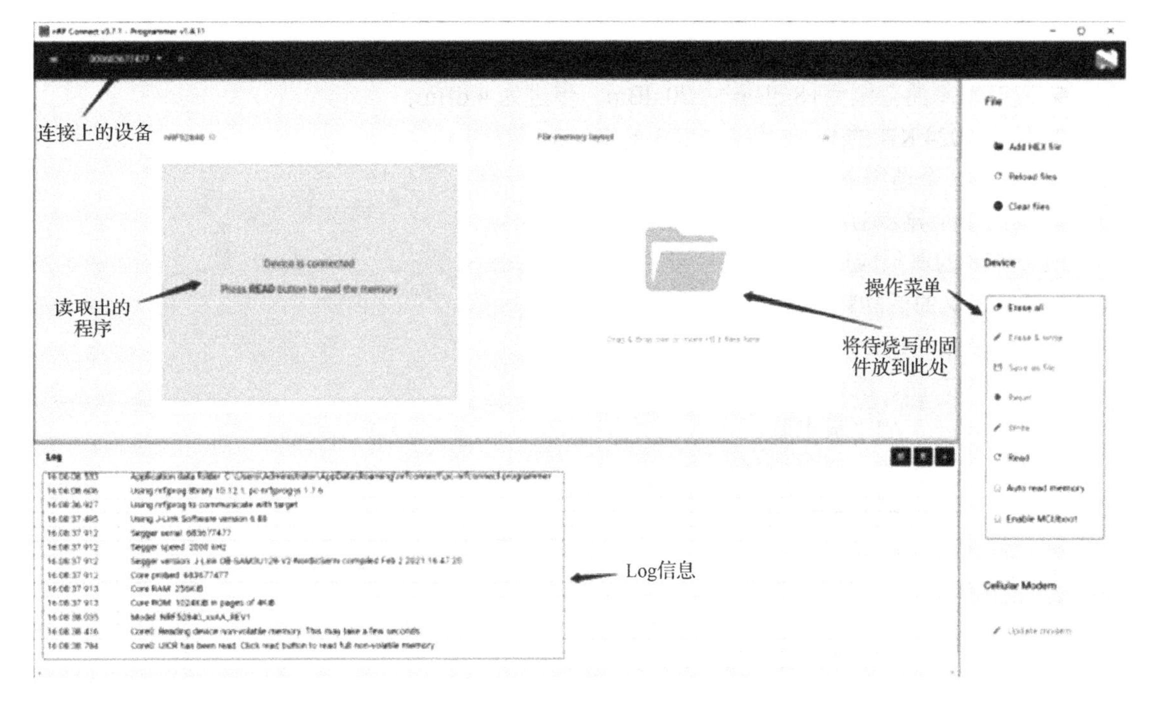

图 1-26

通过 Programmer 编程工具可进行以下操作：

（1）读取 SoC 芯片中的固件（没有设置读保护的固件方可读取，通常产品在出厂时会对固件进行读保护，这样的固件是无法读取的）。

（2）擦除 SoC 芯片中的固件。

（3）烧写固件。

（4）复位 SoC 芯片。

将待烧写的固件拖曳到指定的位置（也可通过“Add HEX file”来选择待烧写的固件），通过图 1-26 右侧操作菜单可擦除固件或烧写固件，通过 Log 信息可查看固件烧写的结果。

1.2.4　PTR9818 介绍

PTR9818 是深圳市蓝科迅通科技有限公司（后文简称迅通科技）基于 nRF52840 芯片开发的模块，如图 1-27 所示。

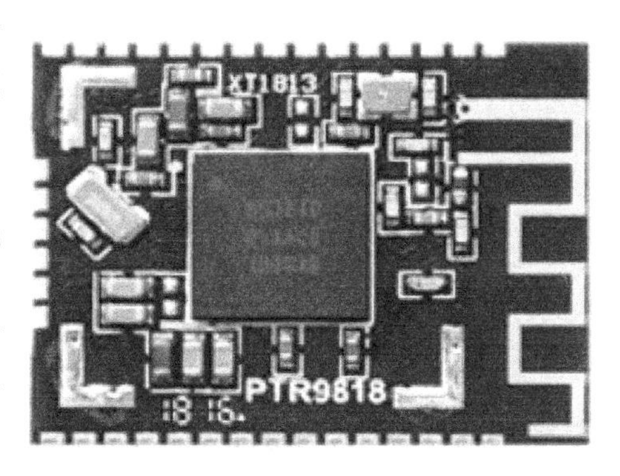

图 1-27

PTR9818 的尺寸为 22.7 mm×17.5 mm×1.8 mm，集成了支持 nRF52840 的最小硬件系统，使用 PCB 板载天线，经过了 100%的 RF 功能及 IO 功能等测试，可用于研发评估，以及产品中的嵌入式模块，从而减少认证及生产等方面的周期及风险。PTR9818 的主要性能参数如下：

- 采用 Nordic 的 nRF52840 芯片，该芯片内嵌了 ARM Cortex-M4 内核；
- 支持无线多协议，如 Bluetooth 5.x、ANT/ANT+、2.4 GHz 私有协议、IEEE 802.15.4、Thread 和 ZigBee；
- 发射功率的范围为+8 dBm～-20 dBm，步进为 4 dBm；
- 具有 1024 KB 的 Flash 和 256 KB 的 RAM；
- 具有 48 个通用 IO 引脚；
- 具有 2 个异步 UART 接口（带 CTS/RTS）。

PTR9818 的典型应用包括：

- 2.4 GHz 的低功耗蓝牙 5.x 应用系统；
- 私有的 2.4 GHz 应用系统；
- 可穿戴产品、医疗保健；
- 消费电子，如平板电脑；
- 人机接口设备、远程控制；
- 建筑环境的控制和监测；
- 低功耗蓝牙网关；
- 照明产品。

1.2.5 PTR9818 模块的固件烧写方式

Nordic 的 SoC 芯片使用 J-Link、通过 SWD 接口进行烧写。在进行烧写时，需要与 J-Link 连接 4 根线，分别是 VDD、GND、SWD IO、SWD CLK。nRF52840 DK 开发板集成了 J-Link 芯片，因此可以通过 J-Link 对 PTR9818 模块进行固件烧写。J-Link 和 PTR9818 的接线示意图如图 1-28 所示。

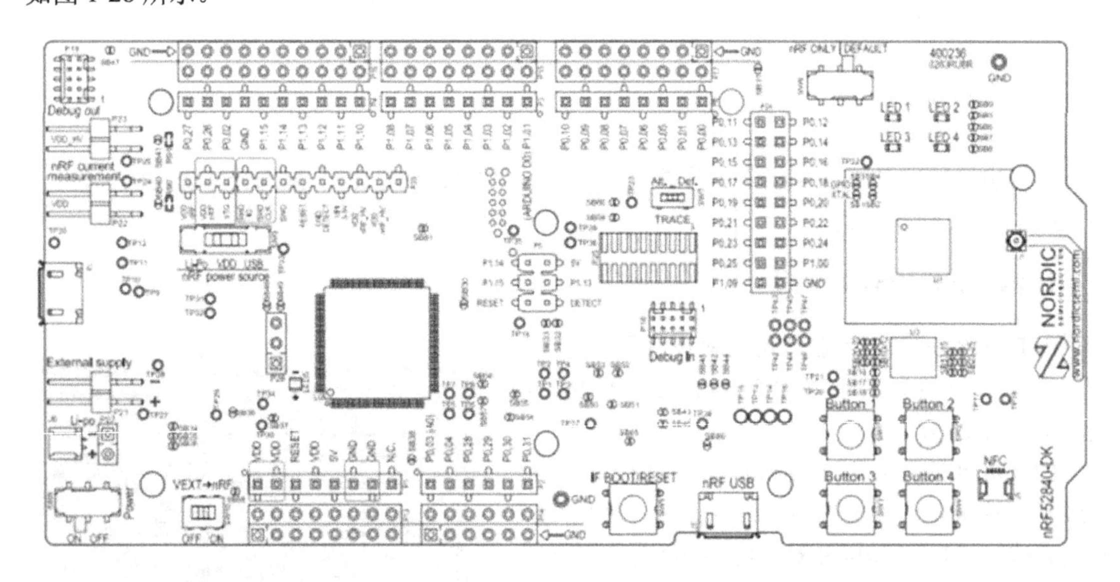

图 1-28

在正常情况下，nRF52840 DK 开发板上的 J-Link 连接的是开发板上的 nRF52840 芯片。

如果需要烧写外部的低功耗蓝牙芯片或模块（如 PTR9818），则需要先将 VTG 与 VDD nRF 通过跳线帽短接，再将 PTR9818 模块的 SWD 编程接口连接到 nRF52840 DK 开发板上。PTR9818 模块引脚的顶视图如图 1-29 所示。

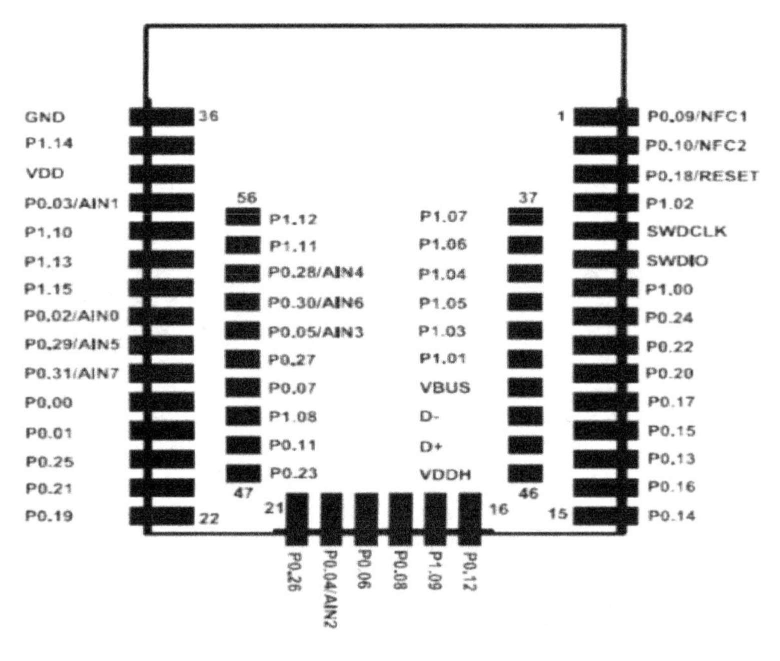

图 1-29

在实际的调试过程中，nRF52840 DK 开发板和 PTR9818 模块的连接如图 1-30 所示。

图 1-30

正常连接 nRF52840 DK 开发板和 PTR9818 模块后，可以在 Programmer 编程工具的界面看到 PTR9818 模块上的 nRF52840 芯片，其烧写过程与 nRF52840 DK 开发板的烧写过程完全相同。当 PTR9818 模块烧写好程序之后，只要连接电源（连接 VDD 引脚与 GND 引脚）即可正常工作。

在进行实验或开发时，如果需同时调试多个低功耗蓝牙设备，如调试低功耗蓝牙的多连接特性，可以准备多块 nRF52840 DK 开发板与多个 PTR9818 模块进行调试，这样调试效率会更高一些。

1.2.6 APTR-xxxx-EVB 低功耗蓝牙模块评估板

为了方便开发者使用 PTR9818 模块，免去接线的烦恼，迅通科技开发了与 PTR9818 模块配套的评估板 APTR-xxxx-EVB，可即插即用。APTR-xxxx-EVB 集成了电源、USB 转串口、LED、按键、GPIO 接口和 USB 接口，并预留了面包板功能，可方便开发者焊接传感器。

将 PTR9818 模块焊接在对应的适配板上，然后将适配板按照正确的方向安装在模块评估板 APTR-xxxx-EVB 上就可以正常使用。模块评估板 APTR-xxxx-EVB 没有烧录功能，J-Link 需要单独购买。

模块评估板 APTR-xxxx-EVB 的顶视图如图 1-31（a）所示，顶层丝印图如图 1-31（b）所示。

（a）

（b）

图 1-31

1.3 nRF5 SDK 介绍和目录结构解读

nRF5 SDK（Software Development Kit，软件开发工具包）是 Nordic nRF51/52 系列芯片的软件开发环境，当前 nRF5 SDK 的最新版本为 17.1.0。

nRF5 SDK 需要使用 Softdevice 协议栈，Softdevice 协议栈与 SDK 版本是相对应的。为了方便开发者使用，每一个版本的 nRF5 SDK 都包含了该版本支持的所有 Softdevice 协议栈，可在 nRF5 SDK 的“\components\softdevice”目录中查看具体支持的 Softdevice 协议栈类别和版本。

注意：nRF5 SDK9/10 只支持 nRF51 系列芯片，nRF5 SDK11/12 同时支持 nRF51 和 nRF52 系列芯片，而 nRF5 SDK13/14/15/16/17 只支持 nRF52 系列芯片。

对于新项目的开发，推荐使用最新版本的 nRF5 SDK，因为功能更强大，提供更多的新特性和新功能，可靠性与兼容性也更好。对于较早的 nRF51 系列芯片，推荐使用 nRF5 SDK12.3.0（12.3.0 已经是 nRF51 系列芯片能支持的最高版本 nRF5 SDK 了），而对于 nRF52 系列芯片，推荐使用 nRF5 SDK17.1.0（当前的最新版本）。通常最新版的 nRF5 SDK 会占用较多的 Flash 和 RAM 资源，而且新版本的 nRF5 SDK 为了兼容各种情况通常也会设计得较为复杂。在特定情况下，为了节省资源考虑，开发者原则上也可以使用某些老版本的 nRF5 SDK。

对于开发者来说，关于是否需要升级 nRF5 SDK，通常的建议是：对于已开发的项目，只要应用测试没有任何问题，所用 nRF5 SDK 就是稳定和可靠的，不需要升级 nRF5 SDK。如果要使用新版本 nRF5 SDK 的新功能和新特性或者原有 nRF5 SDK 的问题需要修复，那么就需要升级 nRF5 SDK。查看 nRF5 SDK 的“\documentation\release_notes.txt”文件可以了解最新版本 nRF5 SDK 的新功能和新特性。

注意：nRF5 SDK 自有 API 的说明一般都放在头文件中，而不是 c 文件中，头文件中有相关 API 的详细说明和使用注意事项。

除了 nRF5 SDK，Nordic 还针对某些特殊应用领域推出了一些专门的 SDK，用于开发特定的应用及产品。这些 SDK 和 nRF5 SDK 采用了相同的软件架构、相同的驱动和库，以及相同的编码风格。对开发者来说，只要熟悉了 nRF5 SDK，就可以快速上手。例如，nRF5 SDK for Mesh 用于开发蓝牙 Mesh 应用，nRF5 SDK for Thread and ZigBee 用于开发 Thread 和 ZigBee 多无线协议应用，nRF5 SDK for Homekit 用于开发苹果的外设产品（开发苹果外设产品的专门 SDK 需要获得苹果的授权才可下载及使用）。

从形式上来说，nRF5 SDK 其实就是一个软件压缩包，下载并解压缩后可以直接使用，这里介绍一下 nRF5 SDK 解压缩后的主目录结构，有助于开发者加深对 nRF5 SDK 的理解。主目录结构如图 1-32 所示，其说明如表 1-1 所示。

components	2021/8/23 17:40
config	2021/8/21 19:01
documentation	2021/8/21 19:00
examples	2021/8/21 19:01
external	2021/8/21 19:01
external_tools	2021/8/21 18:32
integration	2021/8/21 18:32
modules	2021/8/21 18:32
license.txt	2021/8/21 18:32
nRF_MDK_8_40_3_IAR_BSDLicense.msi	2021/8/21 18:33

图 1-32

表 1-1

目录或文件名称	说　明
components	Nordic 开发的 SDK 源代码，包含底层实现的库
config	芯片配置文件
documentation	开发指南文件、接口说明文件和授权文件
examples	源代码例程，开发必备
external	第三方源代码及库文件
external_tools	第三方工具
integration	旧版本驱动代码
modules	新版本驱动代码
license.txt	授权文件
nRF_MDK_8_40_3_IAR_BSDLicense.msi	使用 IAR 开发的 License

主目录中的 components 目录结构如图 1-33 所示，该目录包含了 Nordic 提供的 nRF5 SDK 配套应用的源代码，其中的 softdevice 目录中保存的是 Nordic 开发的低功耗蓝牙协议栈。在开发过程中，如非必要，不要修改 components 目录下的文件，因为该目录下的文件夹会被 nRF5 SDK 中的很多例程所引用，如修改则可能会影响到整个 nRF5 SDK 的运行。components 目录的说明如表 1-2 所示。

802_15_4　2021/8/21 19:01
ant　2021/8/21 19:01
ble　2021/8/21 19:01
boards　2021/8/21 19:01
drivers_ext　2021/8/21 19:01
drivers_nrf　2021/8/21 19:01
libraries　2021/8/21 19:01
nfc　2021/8/21 19:01
proprietary_rf　2021/8/21 18:33
serialization　2021/8/21 18:32
softdevice　2021/8/21 19:01
toolchain　2021/8/21 19:01
sdk_validation.h　2021/8/21 22:20

图 1-33

表 1-2

目录或文件名称	说　明
802_15_4	IEEE 802.15.4 驱动库源代码
ant	ANT 驱动库源代码
ble	BLE 驱动库源代码
boards	nRF5 SDK 支持的开发板
drivers_ext	使用第三方驱动库源代码
drivers_nrf	外设驱动库源代码
libraries	库文件及源代码
nfc	NFC 驱动库源代码
proprietary_rf	2.4 GHz 无线驱动库源代码

续表

目录或文件名称	说　　明
serialization	串行通信驱动库源代码
softdevice	协议栈文件及说明
toolchain	工具链

主目录中的 examples 目录结构如图 1-34 所示。该目录包含了丰富的典型应用示例，不仅包含 BLE 应用示例，也包含每个外设的使用示例，还包含 Bootloader 示例代码（在“\examples\DFU”目录下），以及一些开发完成但尚未经过大规模验证的新例程（在“\examples\ble_peripheral \experimental”目录下）。一般来说，开发过程中遇到的大部分需求，都可以在 examples 目录找到相应的示例。examples 目录的说明如表 1-3 所示。

802_15_4	2021/8/21 18:32	文件夹
ant	2021/8/21 19:01	文件夹
ble_central	2021/11/9 19:02	文件夹
ble_central_and_peripheral	2021/8/21 18:32	文件夹
ble_peripheral	2021/11/9 14:32	文件夹
connectivity	2021/8/21 19:01	文件夹
crypto	2021/8/21 18:33	文件夹
dfu	2021/8/21 19:01	文件夹
dtm	2021/8/21 19:01	文件夹
multiprotocol	2021/8/21 19:01	文件夹
nfc	2021/8/21 19:01	文件夹
peripheral	2021/8/21 19:01	文件夹
proprietary_rf	2021/8/21 18:32	文件夹
usb_drivers	2021/8/21 18:32	文件夹
readme.txt	2021/8/21 19:00	TXT 文件

图 1-34

表 1-3

目录或文件名称	说　　明
802_15_4	IEEE 802.15.4 相关例程
ant	ANT 相关例程
ble_central	BLE 主机例程
ble_central_and_peripheral	BLE 主从一体例程
ble_peripheral	BLE 外设相关例程
connectivity	Controller 例程
crypto	加密例程
dfu	DFU 相关例程
dtm	DTM 测试相关例程
multiprotocol	多协议例程
nfc	NFC 相关例程
peripheral	外设相关例程
proprietary_rf	2.4 GHz 无线例程
usb_drivers	USB CDC 驱动例程

在 examples 目录下，开发者最常用的两个目录是 ble_peripheral 和 peripheral。ble_peripheral 目录包含了 BLE 作为从机的应用示例，基本上覆盖了市场上现有的大部分成熟

BLE 应用，可以直接使用，在开发低功耗蓝牙产品时，可以在 ble_peripheral 目录中选择与待开发产品最接近的例程，并在此例程的基础上进行修改即可使用。而 ble_peripheral 目录包含了所有外设应用示例。examples 目录下的 ble_peripheral 目录结构如图 1-35 所示，ble_peripheral 目录的说明如表 1-4 所示。

开发者如何从 nRF5 SDK 开始自己的开发呢？首先在 SDK 例程中选择最接近自己应用需求的例程，然后在此基础上添加代码。这是效率最高，也是最不容易出问题的方法。

ble_app_alert_notification	2021/8/21 19:31	文件夹
ble_app_ancs_c	2021/8/21 19:33	文件夹
ble_app_beacon	2021/8/21 19:35	文件夹
ble_app_blinky	2021/8/21 19:36	文件夹
ble_app_bms	2021/8/21 19:38	文件夹
ble_app_bps	2021/8/21 19:40	文件夹
ble_app_buttonless_dfu	2021/8/21 19:01	文件夹
ble_app_cscs	2021/8/21 19:42	文件夹
ble_app_cts_c	2021/8/21 19:44	文件夹
ble_app_eddystone	2021/8/21 19:47	文件夹
ble_app_gatts_c	2021/8/21 19:50	文件夹
ble_app_gls	2021/8/21 19:52	文件夹
ble_app_hids_keyboard	2021/8/21 19:54	文件夹
ble_app_hids_mouse	2021/8/21 19:59	文件夹
ble_app_hrs	2021/8/21 20:02	文件夹
ble_app_hrs_freertos	2021/8/21 20:06	文件夹
ble_app_hts	2021/8/21 20:07	文件夹
ble_app_ias_c	2021/8/21 20:09	文件夹
ble_app_ipsp_acceptor	2021/8/21 20:11	文件夹
ble_app_proximity	2021/8/21 20:12	文件夹
ble_app_pwr_profiling	2021/8/21 20:14	文件夹
ble_app_rscs	2021/8/21 20:15	文件夹
ble_app_template	2021/8/21 20:17	文件夹
ble_app_tile	2021/8/21 19:01	文件夹
ble_app_uart	2021/8/21 20:19	文件夹
experimental	2021/8/21 18:32	文件夹

图 1-35

表 1-4

目录或文件名称	说　明
ble_app_beacon	Beacon 例程
ble_app_blinky	LED 例程
ble_app_bms	电池电量例程
ble_app_buttonless_dfu	无按键启动 DFU 例程
ble_app_hids_keyboard	HID 键盘例程
ble_app_hids_mouse	HID 鼠标例程
ble_app_hrs	HRS 例程
ble_app_hrs_freertos	带 FreeRTOS 的 HRS 例程
ble_app_uart	串口透传例程，使用最多
experimental	未经充分验证的例程

如何选择相近的例程呢？可以在 nRF5 SDK 的离线文档或在线文档中找到该例子对应的帮助文档，可查看例程说明，如用了什么 Profile 或服务，采用什么配对方式等。如果该例程与自己的应用接近，那么就可以以该例程为基础来进行低功耗蓝牙的项目开发。

当开发者熟悉 nRF5 SDK 结构后，可以看到在 nRF5 SDK 下开发 Nordic 的低功耗蓝牙应用，主要的工作有以下三项：

（1）初始化软件模块。在初始化 nRF5 SDK 模块时，只需要将相应 API 的结构体参数清 0 即可完成初始化工作。简单地说，只要保证参数为 0，低功耗蓝牙协议栈就可以工作起来，这对很多不熟悉 nRF SDK 结构的初学者来说，可大大减轻开发工作量。

（2）编写低功耗蓝牙事件回调处理函数。一般来说，开发的应用逻辑都放在低功耗蓝牙事件回调处理函数中，所以写好回调处理函数代码，低功耗蓝牙的开发工作就已完成了大半。

（3）编写应用功能函数，如传感器接口模块（如果有）、人机交互模块等。

这里需要特别注意，在编写各个模块时要考虑代码组织上的松耦合，要尽量减少依赖，相互之间做到独立，这样在修改模块时会简单方便，不会导致牵一发而动全身。模块间的耦合程度对系统的可维护性、可靠性有重要的影响。

什么是耦合呢？模块间的依赖性就是耦合，即两个功能函数之间的相互依赖程度。在开发多个模块时，模块间应该尽量松耦合，相互联系越小越好，当一个模块发生变动时，就无须变动其他模块。

实现松耦合的方法使用底层函数，使底层函数的功能尽量单一，为了尽量避免动辄修改底层函数，功能相近的底层函数，可以设计两个以上，不要为了减少代码量，把一个底层函数的功能设计得太多。

松耦合可以提高源代码的后期维护效率，使源代码拥有更好的性能，如何编写可维护的源代码，实际上就是如何编写松耦合的模块的过程。

如何界定松耦合与紧耦合呢？可以从这样的角度来判断两个模块的耦合程度：当修改一个模块的逻辑时，如果另外一个模块的逻辑也需要修改，这就说明这两个模块的耦合性太紧。当能够做到修改一个模块，而不需要更改其他的模块时，就做到了松耦合。

在基于 nRF5 SDK 例程的开发中，为了达到松耦合，每个模块，如广播模块，可以单独注册自己的 BLE 事件回调处理函数，然后在事件回调处理函数中只处理跟本模块有关的事件，与本模块无关的事件不进行处理而直接返回。

这里需要注意：

（1）虽然每个低功耗蓝牙事件回调处理函数只处理跟本模块有关的事件，但它可以捕获所有低功耗蓝牙事件。开发者虽然可以让整个应用程序只有一个低功耗蓝牙事件回调处理函数，但这样会让各个模块紧密地耦合在一起，形成紧耦合，对于代码的维护与移植极为不利。实际上，nRF5 SDK 采用了松耦合的概念，尤其是 nRF5 SDK14 以后，各个模块都注册了事件回调处理函数，完全跟用户代码区隔开来。如果用户代码需要捕获低功耗蓝牙事件，只需注册自己的事件回调处理函数即可。

（2）由于低功耗蓝牙事件是异步的，所以低功耗蓝牙的事件回调处理函数可能会同时收到多个低功耗蓝牙事件，即低功耗蓝牙的事件回调处理函数有可能在很短的时间内被多次调用（低功耗蓝牙的事件回调处理函数每次只处理一个事件，然后返回，所以短时间内会被调用多次），这个情况需要开发者留意。

1.4 SES 集成开发环境的使用

前文介绍了 SES 开发环境的搭建、与调试硬件的连接、nRF5 SDK 的目录结构，本节以心率（Heart Rate Service,）例程为例，介绍 SES 开发环境的使用。HRS 例程是 Nordic 提供的众多蓝牙标准例程之一，该例程可提供心率服务、电池电量服务和设备信息服务。

（1）HRS 例程在 SDK 中的位置如图 1-36 所示。

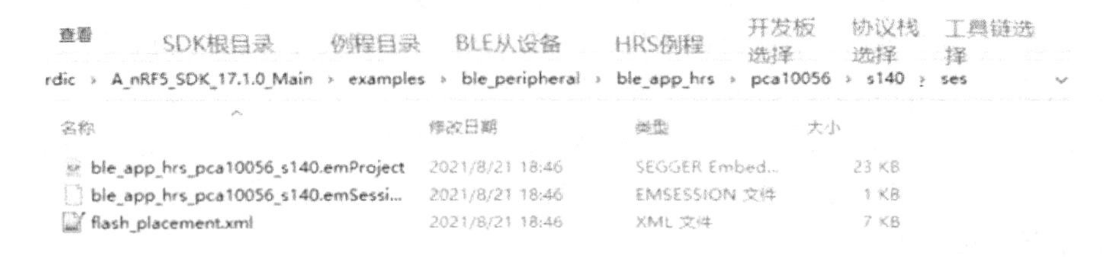

图 1-36

（2）HRS 例程使用的是 nRF52840 DK 开发板和 S140 协议栈，在 SES 中打开 HRS 例程，工程界面如图 1-37 所示。

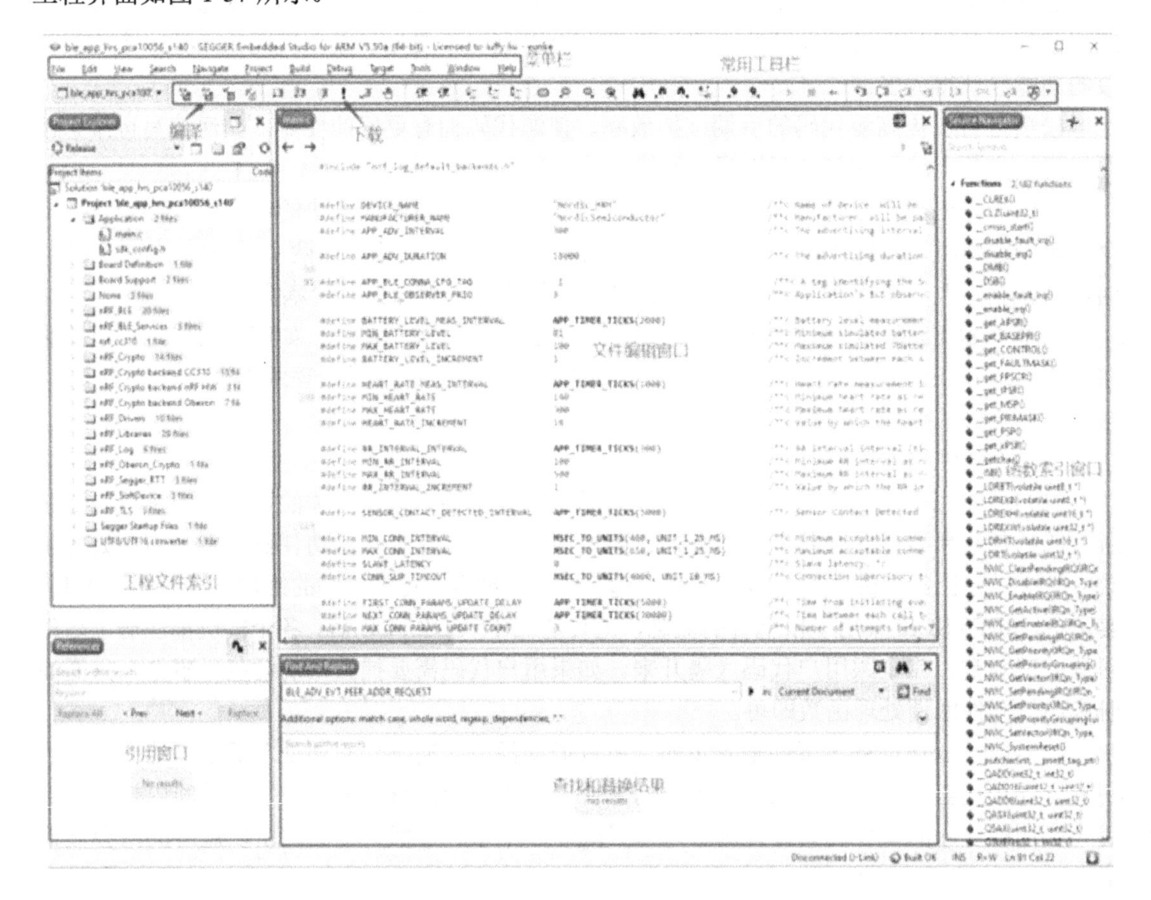

图 1-37

（3）单击常用工具栏中的编译按钮，在工程编译后会显示当前使用的 Flash 空间和 RAM 空间，如图 1-38 所示。

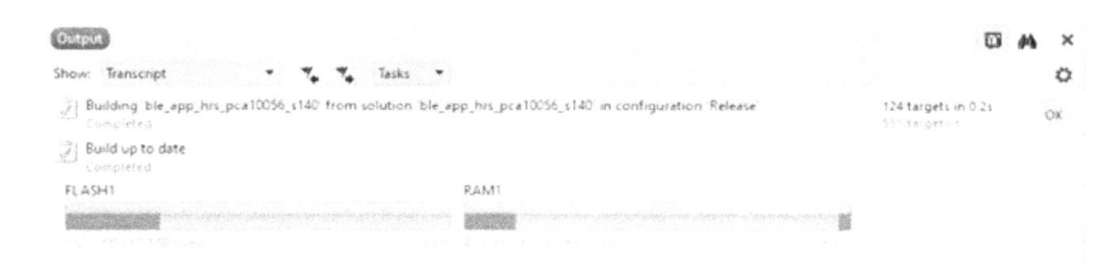

图 1-38

（4）正确连接 nRF52840 DK 开发板后，单击常用工具栏中的下载按钮，会自动进行擦除、烧写和校验等操作，如图 1-39 所示。

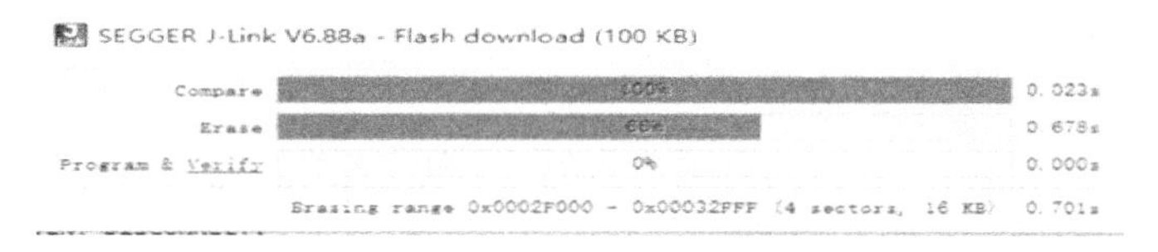

图 1-39

（5）打开 cmd 命令行窗口，输入命令“nrfjprog --reset -f NRF52”（见图 1-40）可对芯片进行复位，程序开始正常工作，可以看到 nRF52840 DK 开发板上的 LED1 开始闪烁。

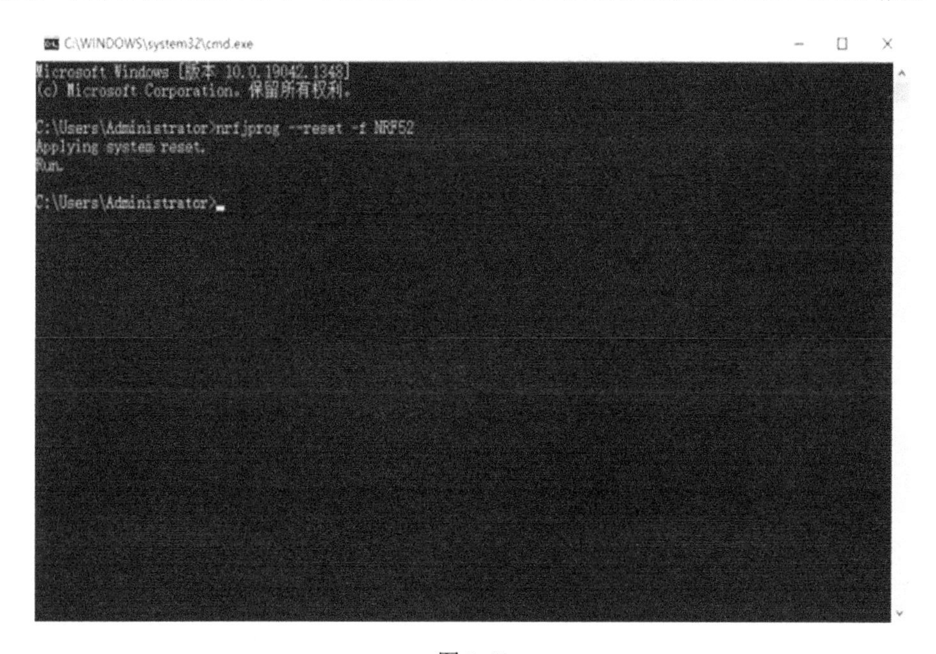

图 1-40

在大部分情况下，当烧写完固件应用程序后，固件代码会自动复位芯片并开始工作。但在某些情况下，如在 Mac 系统中，在烧写完固件应用程序后，还需要使用命令进行软复位或者通过按键进行硬复位，才能开始工作。

（6）保持手机的蓝牙为打开状态，打开 nRF Connect 移动端应用后，单击右上角的“SCAN”进行搜索，可以看到名为“Nordic_HRM”的设备，如图 1-41 所示，表明该设备已开始正常工作并广播。

（7）单击“Nordic_HRM”右侧的“CONNECT”按钮即可连接名为“Nordic_HRM”的低功耗蓝牙设备，这时可以看到该设备上的各个服务，如图 1-42 所示。

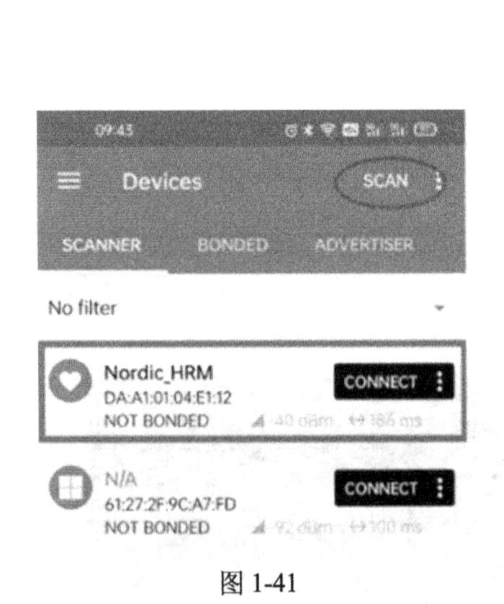

图 1-41

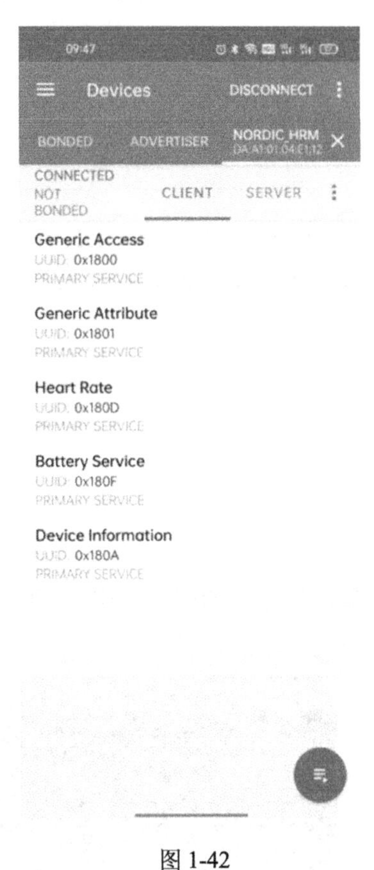

图 1-42

1.5 如何将工程移植到不同的芯片

1.5.1 在 SES 中将 nRF52832 的工程移植到 nRF52840

在开发过程中，有时需要在不同芯片之间移植工程，例如开发者原本使用的芯片是 nRF52832，但由于需要更多的存储空间及资源，后来使用的芯片是 nRF52840。移植的方法有两种。

第一种方法是在 nRF52840 的例程基础上，将 nRF52832 例程的上层应用移植过来，这样的好处是新工程很少会产生芯片适应性问题，其缺点是如果原来的上层应用结构复杂，底层驱动嵌入得较多，则移植需要很大的人力和时间成本。本节主要介绍第二种方法，即直接通过修改工程的配置，将原来的工程移植到新的平台（芯片）上。这里以 SES 开发平台为例，介绍将工程从 nRF52832 移植到 nRF52840 的方法，该方法的步骤如下。

（1）修改所选用的协议栈型号。由于不同的芯片与应用需要使用不同的协议栈，通常，nRF52832 使用的协议栈是 S132，nRF52840 使用的协议栈是 S140。

（2）单击工程右上角的“⚙”（设置）按钮，选择“Options Under Node”选项，如图 1-43 所示，工程下会出现很多设置选项。

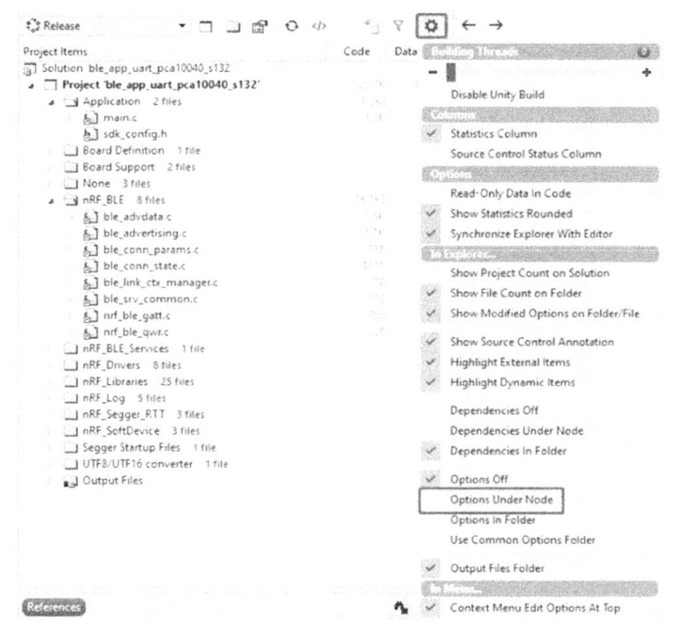

图 1-43

（3）双击“Additional Load File[0]”选项，如图 1-44 所示，选择 S140 协议栈的 hex 文件。根据 nRF5 SDK 的目录可知，该 hex 文件的存放路径为“...\A_nRF5_SDK_17.1.0\components\softdevice\s140\hex”。

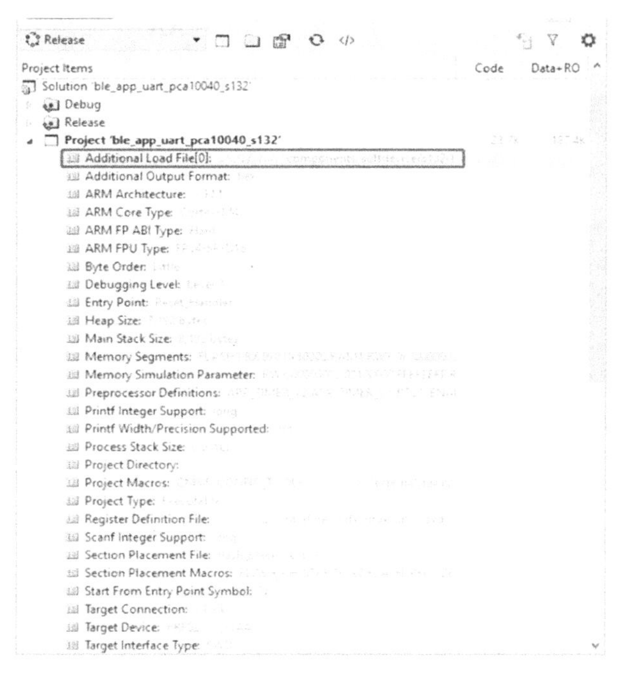

图 1-44

（4）修改芯片型号。修改芯片型号的方式有两种：

第一种方式是右键单击工程名“Project‘ble_app_uart_pca10040_s132’”，在弹出的右键菜单中选择“Options”，如图 1-45 所示。

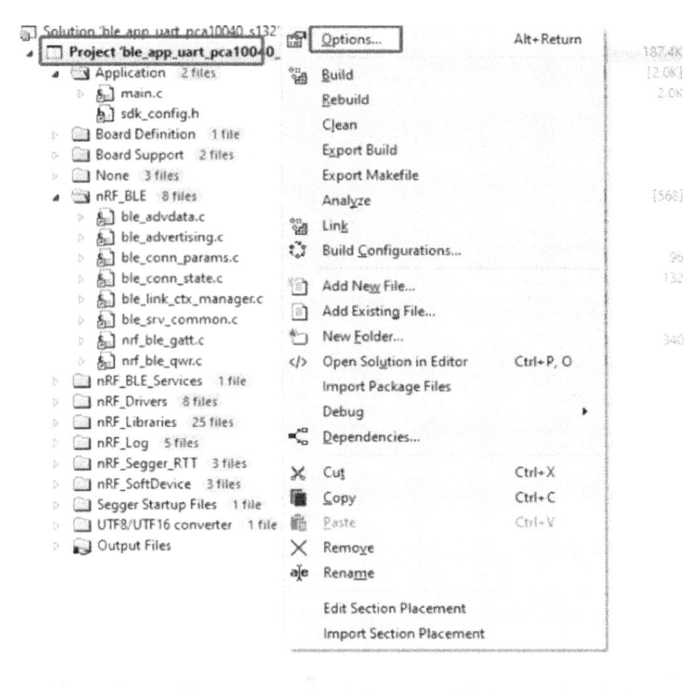

图 1-45

在弹出的对话框中，将原来“Release”的配置改为“Common”。在“Debugger”下的“Target Device”中，将“nRF52832_xxAA”改为“nRF52840_xxAA”，如图 1-46 所示。

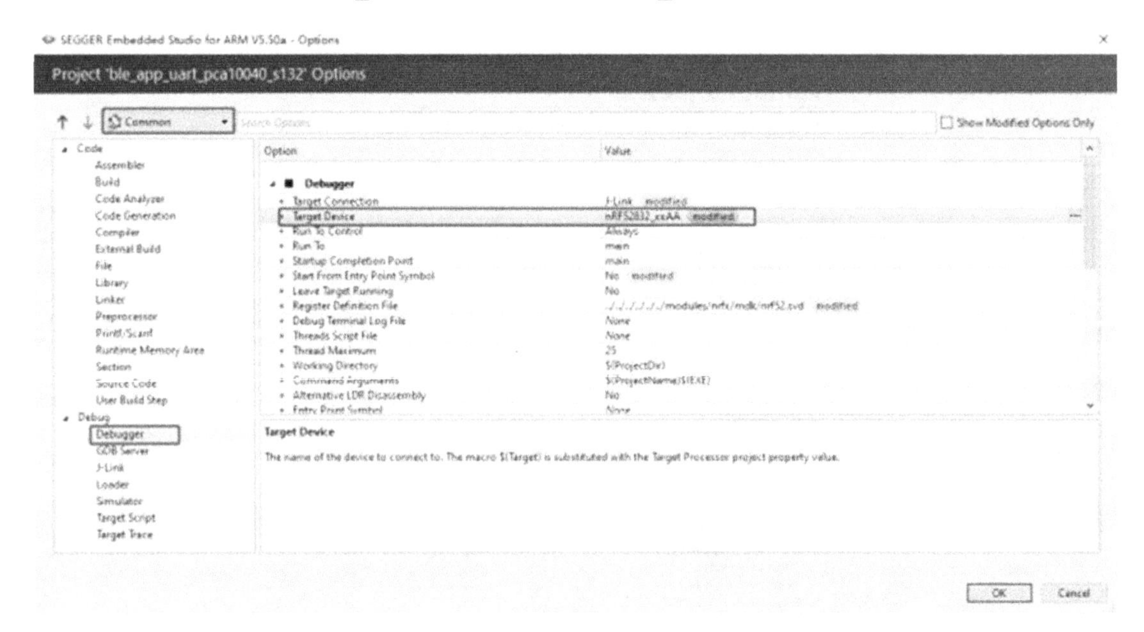

图 1-46

第二种方法是选择“Options Under Node”，在弹出的选项中，将“Target Device”右侧的“nRF52832_xxAA”改为“nRF52840_xxAA”，如图 1-47 所示。

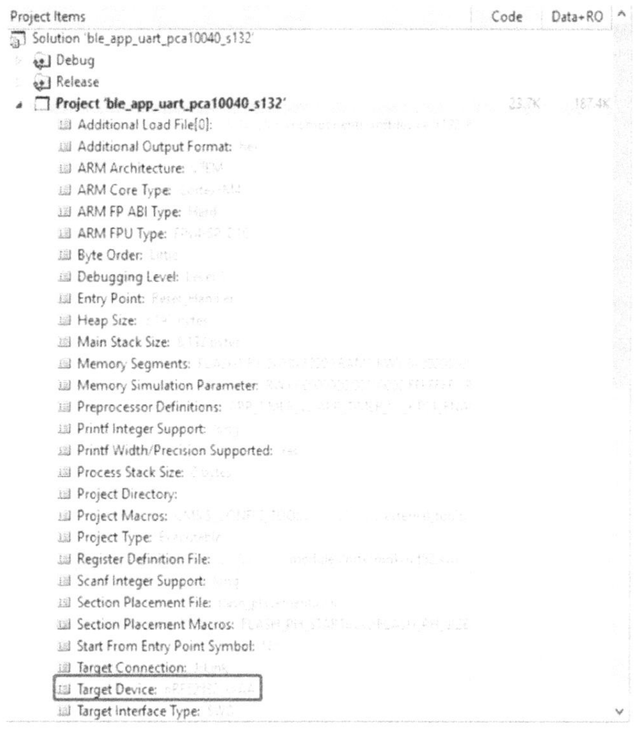

图 1-47

（5）修改全局宏定义变量。右键单击工程名“Project‘ble_app_uart_pca10040_s132’”，在弹出的右键菜单中选择“Options”，在弹出的对话框中，双击“Common”中的“Linker”，在“Section Placement Macros”右侧修改对应的存储空间，如图 1-48 所示。

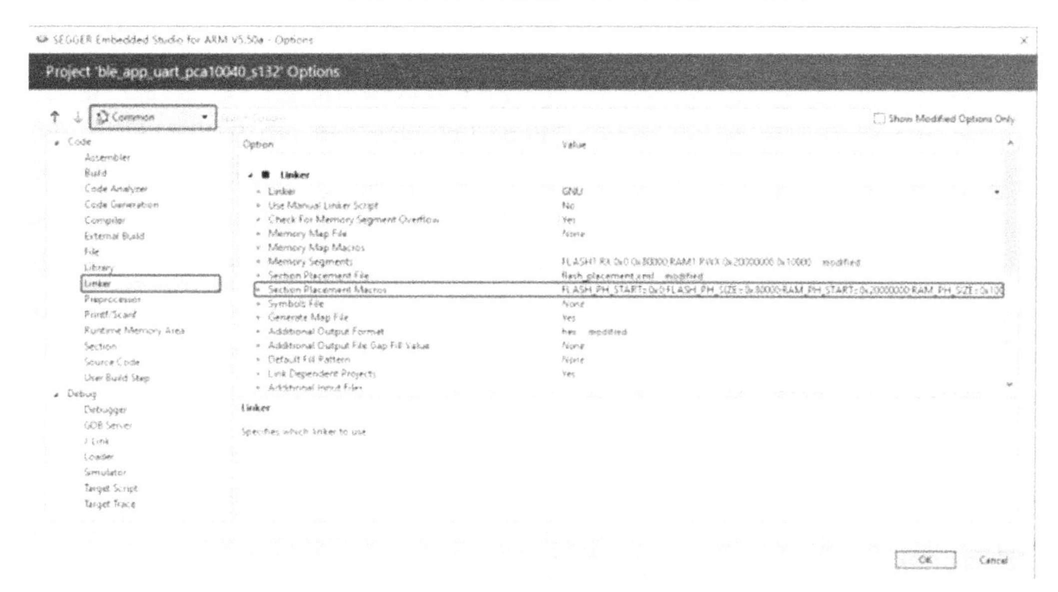

图 1-48

存储空间修改前如图 1-49 所示，修改后如图 1-50 所示。

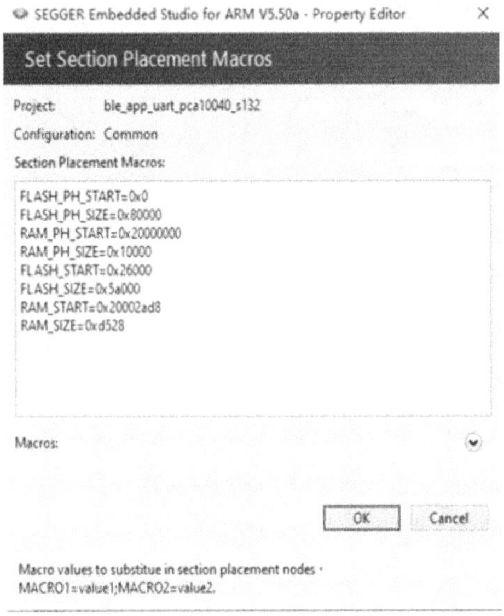

SEGGER Embedded Studio for ARM V5.50a - Property Editor
Set Section Placement Macros
Project: ble_app_uart_pca10040_s132
Configuration: Common
Section Placement Macros:
FLASH_PH_START=0x0
FLASH_PH_SIZE=0x80000
RAM_PH_START=0x20000000
RAM_PH_SIZE=0x10000
FLASH_START=0x26000
FLASH_SIZE=0x5a000
RAM_START=0x20002ad8
RAM_SIZE=0xd528
Macros:
OK
Cancel
Macro values to substitue in section placement nodes -
MACRO1=value1;MACRO2=value2.

图 1-49

SEGGER Embedded Studio for ARM V5.50a - Property Editor
Set Section Placement Macros
Project: ble_app_uart_pca10056_s140
Configuration: Common
Section Placement Macros:
FLASH_PH_START=0x0
FLASH_PH_SIZE=0x100000
RAM_PH_START=0x20000000
RAM_PH_SIZE=0x40000
FLASH_START=0x27000
FLASH_SIZE=0xd9000
RAM_START=0x20002ae8
RAM_SIZE=0x3d518
Macros:
OK
Cancel
Macro values to substitue in section placement nodes -
MACRO1=value1;MACRO2=value2.

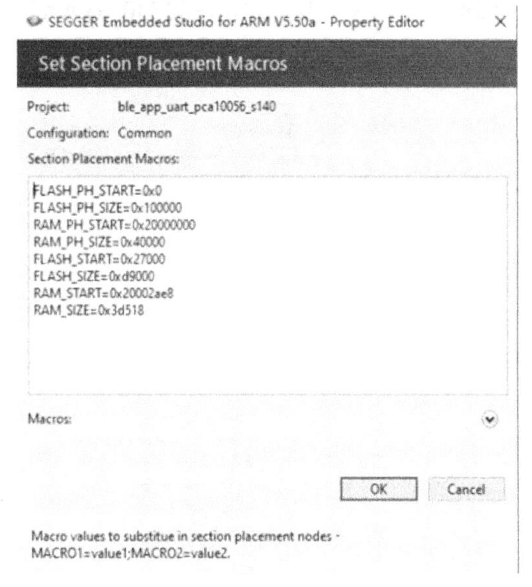

图 1-50

SEGGER Embedded Studio for ARM V5.50a - Property Editor
Set Preprocessor Definitions
Project: ble_app_uart_pca10040_s132
Configuration: Common
Preprocessor Definitions:
APP_TIMER_V2
APP_TIMER_V2_RTC1_ENABLED
BOARD_PCA10040
CONFIG_GPIO_AS_PINRESET
FLOAT_ABI_HARD
INITIALIZE_USER_SECTIONS
NO_VTOR_CONFIG
NRF52
NRF52832_XXAA
NRF52_PAN_74
NRF_SD_BLE_API_VERSION=7
S132
Macros:
OK
Cancel
Specifies one or more preprocessor definitions. This property will have macro expansion applied to it.

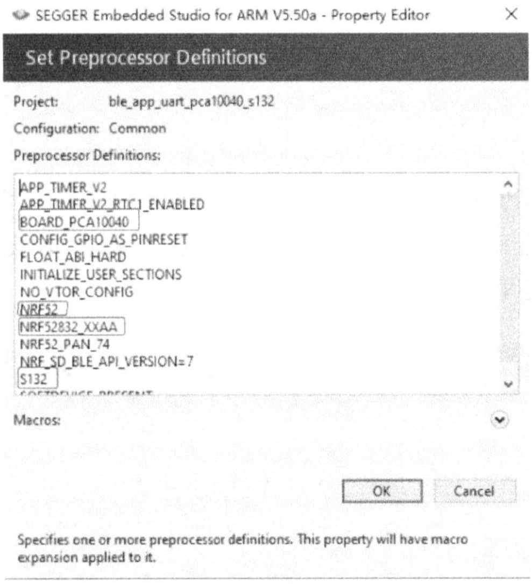

图 1-51

其中 FLASH_PH_START 到 FLASH_START 的空间是协议栈占用的 Flash 空间，App 程序存放在 FLASH_START 后面的 Flash 空间中。同样，RAM_PH_START 到 RAM_STRAT 的空间是协议栈使用的 RAM 空间，RAM_START 后面的 RAM 供 App 程序使用。协议栈占用的 Flash 空间是固定的，但占用的 RAM 空间会随 App 程序的不同而不同，因此 RAM_START 的值需要根据实际的 App 程序进行调整。

（6）修改原本的宏定义。右键单击工程名“Project‘ble_app_uart_pca10040_s132’”，在弹出的右键菜单中选择“Options”，在弹出的对话框的 Common 配置下，选择“Processor”选项下的“Preprocessor Definitions”，做如下修改（见图 1-51）。

- 将 BOARD_PCA10040 改为 BOARD_PCA10056；
- 去掉 NRF52 的宏定义；
- 将 NRF52832_XXAA 改为 NRF52840_XXAA；
- 将 S132 改为 S140。

（7）nRF52832 的工程存放在工程目录中的 pca10040 文件夹下，nRF52840 的工程存放在工程目录下的 pca10056 文件夹下，如图 1-52 所示，在修改配置时可以参考。

图 1-52

（8）修改 Softdevice 协议栈头文件路径。右键单击工程名“Project‘ble_app_uart_pca10040_s132’”，在弹出的右键菜单中选择“Options”，在弹出的对话框的 Common 配置下，选择“Processor”选项下的“User Include Directiories”，做如下修改（见图 1-53）。将 S132 的头文件：

```
../../../../../../components/softdevice/s132/headers
../../../../../../components/softdevice/s132/headers/nrf52
```

改为 S140 的头文件：

```
../../../../../../components/softdevice/s140/headers
../../../../../../components/softdevice/s140/headers/nrf52
```

图 1-53

1.5.2　Softdevice 协议栈介绍

Nordic Softdevice 协议栈是以二进制文件（hex 文件）的方式提供的，而不是库的方式，Softdevice 协议栈的二进制文件可在开发或生产期间烧写到 nRF 系列芯片中，这种方式有以下优点：

（1）一致性。Softdevice 协议栈是以二进制文件方式提供的，可以保证蓝牙 BQB 认证的协议栈版本与客户使用的版本完全一致，可避免在每次编译时都产生差异（使用库的方式会在编译时产生差异)。

(2) 高效性。由于开发与调试时无须与应用代码一起编译及链接，可大大节省调试时间。

(3) 安全性。Softdevice 协议栈运行在固定的 Flash 空间中，使用固定的 RAM 空间，从而与所开发的应用代码完全隔离开，实现了真正物理上的区隔，当出现问题时，可以快速定位是协议栈的问题还是应用代码的问题。Softdevice 协议栈还具备安全保护机制，应用代码不能对其进行直接访问，可确保 Softdevice 的安全性，防止应用代码误访问或者误擦除某些 Softdevice 区域。

(4) 支持蓝牙规范版本持续升级。随着蓝牙新规范的发布，在硬件不变的情况下可以通过升级协议栈来支持新特性，使产品具备持续升级的能力。

(5) 灵活性。采用 DFU 升级非常灵活，可以单独升级应用固件，或者单独升级 Softdevice 协议栈和 Bootloader，或者同时升级应用固件、Softdevice 协议栈和 Bootloader。

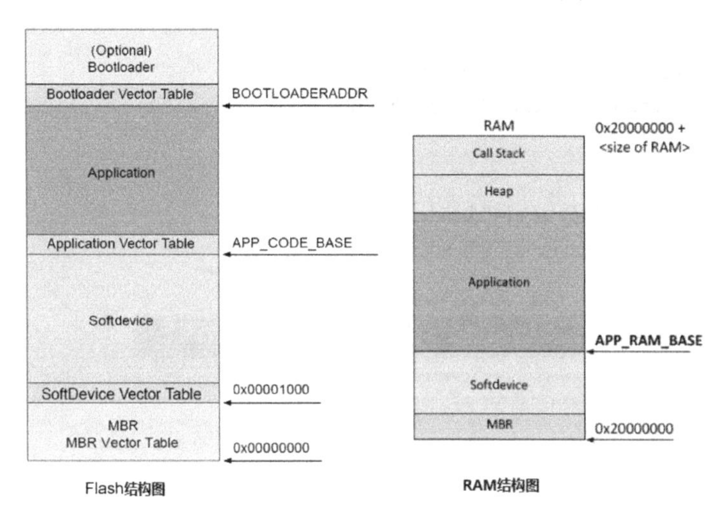

图 1-54

在 Nordic 的 SoC 芯片中 Flash 放置了 Softdevice 协议栈（图 1-54 中的 MBR 也属于 Softdevice 协议栈的一部分）、Application 应用和 Bootloader 引导程序（可选，需要进行空中升级时，才需要到 Bootloader）。

Softdevice 协议栈占据了 Flash 的一个固定空间，起始地址为 0，结束地址为 APP_CODE_BASE。Softdevice 协议栈同时还占用了 RAM 的一个固定空间，起始地址为 0x20000000，结束地址为 APP_RAM_BASE。Softdevice 议栈占用的 Flash 空间是固定不变的，在运行时不可调节，也就是说 APP_CODE_BASE 是一个固定值，而 Softdevice 协议栈所占用的 RAM 空间是可以动态调整的，所需的 RAM 空间大小与 Softdevice 协议栈的配置，以及蓝牙服务的多少有直接关联，所以 APP_RAM_BASE 可以根据应用的实际情况进行调整。

注意：在某些情况下，当应用代码所需的 RAM 空间处于临界值，并且只需要增加少量的 RAM 空间就可满足需要时，可以通过调整 ATTR 属性表的大小向协议栈借用 RAM 空间。

Softdevice 协议栈是通过应用程序接口（API）来调用应用代码的，API 是一个标准的 C 语言函数集和数据类型，这些函数集和数据类型实现了完整的应用层编译接口和链接接口，与 Softdevice 协议栈相对独立。

应用程序（包括 SDK 代码）是通过 Softdevice 协议栈的 API 来与 Softdevice 协议栈进行交互的，Softdevice 协议栈的 API 以 sd_为前缀，如 sd_softdevice_enable()、sd_ble_gap_adv_start()、sd_flash_write()、sd_ppi_channel_assign()。

Softdevice 协议栈的 API 有两种类型：

（1）与 BLE 协议有关的 API，如 sd_ble_gap_connect()、sd_ble_gatts_hvx()等。

（2）与外设操作有关的 API，如 sd_flash_write()、sd_power_gpregret_set()等。由于 Softdevice 协议栈会使用某些外设，当与应用程序访问这些外设时，不能通过普通的外设驱动 API 来访问，必须通过 Softdevice 协议栈的 API 来访问。

注意：Softdevice 协议栈的 API 说明一般都放在头文件中，而不是.c 文件中，头文件中有该 API 详细说明和使用注意事项。

Softdevice 协议栈是通过 SVC 中断和软中断与应用程序进行交互的。Softdevice 协议栈的每一个 API 都对应一个 SVC 异常号（Softdevice 协议栈的 API 是非阻塞的），也就是说，每当应用程序调用 Softdevice 协议栈的 API 时，都会先产生一个 SVC 异常，然后进入 Softdevice 协议栈，由 Softdevice 协议栈的 SVC handler 进行相应处理。示例代码如图 1-55 所示。

```
application.c   // Use the SoftDevice API functions as normal C functions.
                #include "ble_gap.h"
                sd_ble_gap_connect( );

softdevice.h    // the functions are definitions that expands to SVCs.
                uint32_t __svc(SD_BLE_GAP_CONNECT) sd_ble_gap_connect( );

softdevice.c    // SoftDevice functions are called from the
                // SVC_Handler interrupt routine.
                void SVC_Handler(int svc_num, int *svc_args)
                {
                    switch(svc_number)
                    {
                ...
                        case SD_BLE_GAP_CONNECT:
                            sd_ble_gap_connect();
```

图 1-55

Softdevice 协议栈的 API 调用流程如图 1-56 所示。

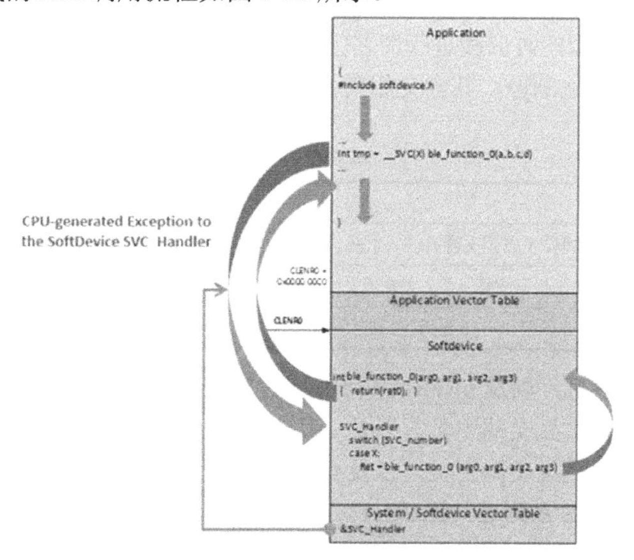

图 1-56

当 Softdevice 协议栈完成相关操作后，都会以事件的形式来通知应用程序。例如，当与手机连接成功时，Softdevice 协议栈就会把 BLE_GAP_EVT_CONNECTED 事件告知应用程序。Softdevice 协议栈是如何通知应用程序的呢？这是通过软中断来实现的。当 Softdevice 协议栈完成相关操作后，就会先把对应的事件放入一个队列中，然后触发一个软中断，重新回到应用程序中。应用程序在软中断 handler 中查询该队列，一旦发现有事件在队列中，就回调相关函数进行处理，如 ble_evt_handler，从而达到通知应用程序的目的。事件通知流程如图 1-57 所示。

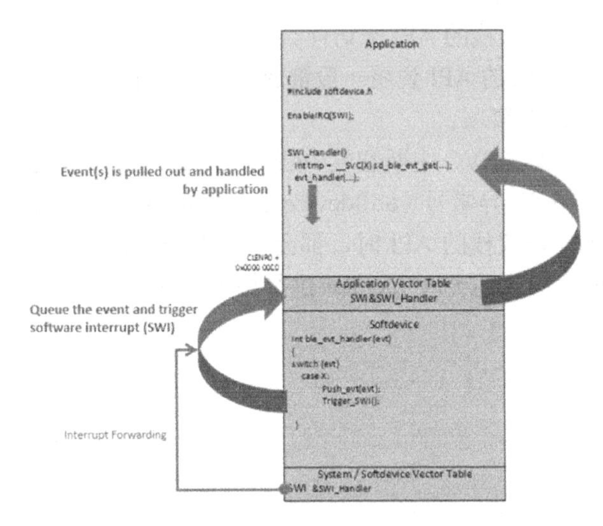

图 1-57

Softdevice 协议栈的名称代表该协议栈所能支持的主要特性，在这里简要介绍一下 Softdevice 协议栈的命名规则。

Softdevice 一般包括两种底层协议栈（后续将支持更多底层协议栈）：BLE 和 ANT，而 BLE 包括两种角色：主机（Central，又称为 Master）和从机（Peripheral，又称为 Slave），为此需要给这些不同类型的协议栈进行命名区分。

协议栈命名格式为 Sxyz，其含义如表 1-5 所示。

表 1-5

编　号	含　义
x	表示协议栈的类型，1 表示支持 BLE，2 表示支持 ANT，3 表示同时支持 BLE 和 ANT
y	表示 BLE 角色，1 表示支持从机，2 表示支持主机，3 表示同时支持主机和从机
z	表示芯片类型，0 表示 nRF51 系列，2 表示 nRF52 系列

S110：只支持从机，以及 nRF51 系列芯片的 BLE。

S130：既支持从机又支持主机，以及 nRF51 系列芯片的 BLE。

S132：既支持从机又支持主机，以及 nRF52 系列芯片的 BLE。

S212：支持 nRF52 系列芯片的 ANT。

S332：支持 nRF52 系列芯片的 BLE 和 ANT，BLE 协议栈既支持从机又支持主机。

Softdevice 协议栈还支持另一种命名规则，主要针对新推出的 nRF 系列芯片，支持更多的无线协议类型，表示该命名规则同表 1-5 大体相同，但协议栈编号最后 2 位和芯片型号相同，如 S140，表示该协议栈专门用于 nRF52840。由于 nRF52840 的 Flash 空间及资源比较丰富，没有必要做各种细分角色的协议栈。S140 协议栈是一个大而全的协议栈，包含了低功耗蓝牙所有功能。

不同版本的 Softdevice 协议栈均有相应的规格书，如 S140_SoftDevice Specification_v2.1，该规格书用来描述该版本 Softdevice 协议栈的工作原理、资源占用情况、性能参数、使用注意事项等。建议开发者下载及查阅 Softdevice 协议栈的规格书，确保正确使用该协议栈。每个版本的 SDK 都由相应版本的 Softdevice 协议栈与其相适配，不同的协议栈需要不同的存储空间和硬件资源。同一个版本的 Softdevice 协议栈需要的 Flash 空间是固定的，但所需的 RAM 空间会随具体应用而发生变化。Softdevice 协议栈除了需要最小 RAM 空间，还会占用部分调用堆栈（Call Stack）空间，因此在规划 RAM 的空间时，需要把最极端情况下（Worst-case）所需增加的 RAM 空间考虑进去。

（1）各版本 Softdevice 协议栈所需的 Flash 和 RAM 空间如表 1-6 所示。

表 1-6

协议栈版本	Flash 空间	最小 RAM 空间	Worst-case
s112_nrf52_7.2.0	100 KB（0x19000 B）	3.7 KB（0xEB8 B）	1.75 KB（0x700 B）
s113_nrf52_7.2.0	112 KB（0x1C000 B）	4.4 KB（0x1198 B）	1.75 KB（0x700 B）
s122_nrf52_8.0.0	112 KB（0x1C000 B）	4.8 KB（0x12E0 B）	1.5 KB（0x600 B）
s132_nrf52_7.2.0	152 KB（0x26000 B）	5.6 KB（0x1668 B）	1.75 KB（0x700 B）
s140_nrf52_7.2.0	156 KB（0x27000 B）	5.63 KB（0x1678 B）	1.5 KB（0x600 B）

（2）nRF52 系列不同型号的芯片有不同的存储空间，如表 1-7 所示。除了 nRF52832 有两种不同的存储空间（以后缀-xxAA 和-xxAB 区分），其他型号芯片的存储空间都是固定的。在选择具体的芯片型号时，存储空间是一个非常重要的因素，将决定产品可以实现的复杂程度，以及低功耗蓝牙设备可充当的角色。

表 1-7

芯 片 型 号	Flash 空间	RAM 空间
nRF52805	192 KB	24 KB
nRF52810	192 KB	24 KB
nRF52811	192 KB	24 KB
nRF52820	256 KB	32 KB
nRF52832	512 KB/256 KB	64 KB/32 KB
nRF52833	512 KB	128 KB
nRF52840	1 MB	256 KB

（3）Softdevice 协议栈支持的芯片类型。低功耗蓝牙 5.x 采用的是 C/S 架构，在正常的一对一通信中，其中一个低功耗蓝牙设备会充当主机，另一个低功耗蓝牙设备会充当从机。不同版本的协议栈可以支持的角色是不同的，如 S112 协议栈和 S113 协议栈只支持从机，S122 协议栈只支持主机，S132 协议栈和 S140 协议栈既支持主机也支持从机。

在选择协议栈时，可以根据芯片支持的协议栈版本，以及芯片充当的角色来选择合适的协议栈。如果芯片的存储空间充足，则可以选择同时支持主机和从机的协议栈；则如果芯片的存储空间紧张，在实际应用中该芯片只会充当主机或从机，则可以选择只支持一个角色的协议栈，从而节省一定的存储空间。芯片可以充当的角色、支持的协议栈版本如表1-8所示。

表1-8

芯片充当的角色	支持的协议栈版本	芯片型号
从机	S112	nRF52810、nRF52832
	S113	nRF52805、nRF52810、nRF52811、nRF52832、nRF52833、nRF52840
主机	S122	nRF52820、nRF52833
从机和主机（主从一体）	S132	nRF52810、nRF52832、
	S140	nRF52811、nRF52820、nRF52833、nRF52840

（4）从协议栈借用RAM空间。当RAM空间处于临界值，并且只需要增加少量的RAM空间就可满足应用需要，而又不想更换芯片型号时，可以通过调整ATTR属性表的大小向协议栈借用RAM空间。

```
#define NRF_SDH_BLE_GATTS_ATTR_TAB_SIZE 1408
```

上面的语句定义了协议栈ATTR属性表的默认大小，可以尝试通过减小ATTR属性表的大小来借用（同时调整RAM_START）RAM空间。例如，HRS例程的RAM配置为：

```
RAM_START=0x20002be0
RAM_SIZE=0x3d420
```

将其改为：

```
RAM_START=0x20002bd0
RAM_SIZE=0x3d430
```

相当于分配给协议栈的RAM空间少了16 B，这时直接编译烧写HRS例程，会发现HRS例程跑不起来，系统提示RAM空间不足。只要通过下面的语句将ATTR属性表减小16 B，HRS例程就可以正常运行，不会再报错。

```
#define NRF_SDH_BLE_GATTS_ATTR_TAB_SIZE 1392
```

在实际应用中，将ATTR属性表减小的值需要根据具体的应用来确定，可以通过反复尝试来找到合适的值。注意：在存储空间充足的情况下，不建议调整工程的默认配置。

1.5.3 Log打印功能

在应用开发过程中，开发者难免会遇到各种问题，在碰到问题时，Log打印就成了开发过程中不可缺少的工具之一。本节主要介绍如何在SES中使用Log打印功能。

（1）最常用的Log打印方式有RTT打印和串口打印两种。串口打印是指通过UART输出Log，可以通过串口调试助手来查看Log；RTT打印是指通过SWD接口输出Log，可以通过RTT Viewer来查看Log。

RTT Viewer 的配置如图 1-58 所示，打印窗口如图 1-59 所示。

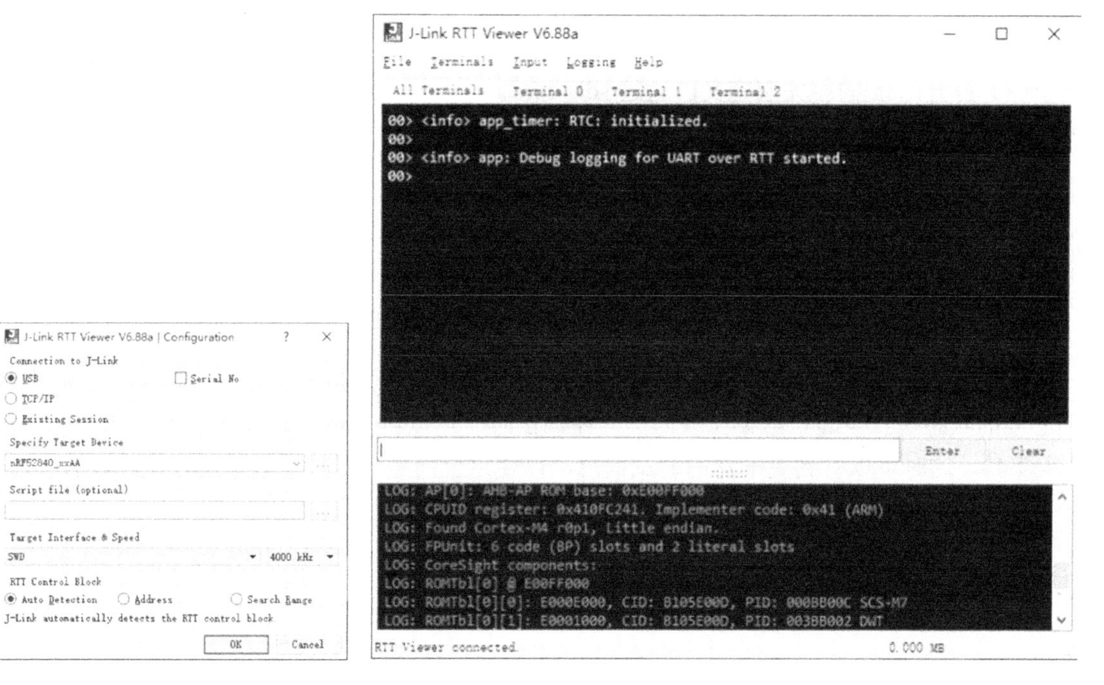

图 1-58　　　　图 1-59

（2）串口调试助手的默认波特率为 115200，打印窗口如图 1-60 所示。

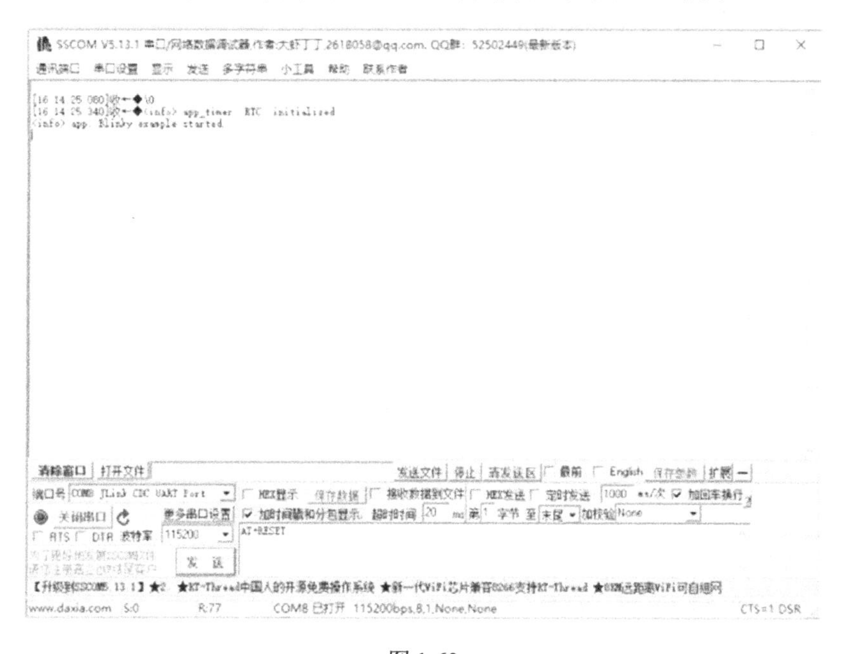

图 1-60

在实际的开发中，可以同时使用串口打印和 RTT 打印，也可以只使用其中的一种 Log 打印方式。Nordic 的 nRF52 系列芯片的串口资源有限（nRF52805、nRF52810、nRF52820 和

nRF52832只有1路串口，nRF52833和nRF52840有2路串口），采用串口打印会占用芯片有限的串口资源及I/O，而RTT打印方式不占用串口资源且功耗比串口打印方式的功耗低很多，因此在开发时建议采用RTT打印方式。

（3）打开Log的相关宏定义。通过sdk_config.h中的宏定义可以打开Log。打开Log的方法是：首先通过下面的语句使能Log模块：

```
#define NRF_LOG_ENABLED 1
```

然后根据需要，通过下面的语句来选择串口打印方式、RTT打印方式。

```
#define NRF_LOG_BACKEND_RTT_ENABLED 1
#define NRF_LOG_BACKEND_UART_ENABLED 1
```

Log打印有不同的等级，在正常使用时可以将等级设置为info等级（等级3），这时只打印必要的状态信息，显示结果比较简洁。在调试时，可以将Log打印等级设置为debug级别（等级4），这时可以看到更丰富的调试信息，以便定位问题。Log打印等级的设置如下：

```
//<0=> Off
//<1=> Error
//<2=> Warning
//<3=> Info
//<4=> Debug
#define NRF_LOG_DEFAULT_LEVEL 3
```

1.5.4 芯片选型表

Nordic是低功耗蓝牙规范的重要发起者和创建者之一，其低功耗蓝牙协议栈的稳定性及芯片的可靠性得到了普遍认可，是业界低功耗蓝牙产品开发的主流选择。为了帮助开发者了解Nordic的主要芯片型号，更好地选择适合具体应用的芯片，本节对Nordic的主流芯片做了归纳对比，如表1-9所示。

表1-9

特　征		nRF52805	nRF52810	nRF52811	nRF52820	nRF52832	nRF52833	nRF52840
CPU内核		Cortex-M4	Cortex-M4	Cortex-M4	Cortex-M4	Cortex-M4+FPU	Cortex-M4+FPU	Cortex-M4+FPU
CPU主频		64 MHz	64 MHz	64 MHz	64 MHz	64 MHz	64 MHz	64 MHz
Flash		192 KB	192 KB	192 KB	256 KB	512 KB/256 KB	512 KB	1 MB
	Cache	—	—	—	—	Cache	Cache	Cache
	RAM	24 KB	24 KB	24 KB	32 KB	64 KB/32 KB	128 KB	256 KB
EasyDMA最大连续位数/bit	I2S	—	—	—	—	14	14	14
	PDM	—	15	15	—	15	15	15
	PWM	—	15	15	—	15	15	15
	RADIO	8	8	8	8	8	8	8
	SAADC	—	15	15	—	15	15	15
	SPIM	14	10	14	15	8	16	16

续表

特征		nRF52805	nRF52810	nRF52811	nRF52820	nRF52832	nRF52833	nRF52840
EasyDMA 最大连续位数/bit	SPIS	14	10	14	15	8	16	16
	TWIM	14	10	14	15	8	16	16
	TWIS	14	10	14	15	8	16	16
	UARTE	10	10	14	10	8	16	16
	NFCT	—	—	—	—	9	9	9
	USBD	—	—	—	7	—	7	7
	QSPI	—	—	—	—	—	—	20
无线性能	协议栈	BLE、ANT、2.4 GHz	BLE、ANT、2.4 GHz	BLE、ANT、2.4 GHz、IEEE 802.15.4	BLE、ANT、蓝牙 Mesh、Thread、ZigBee、ANT、2.4 GHz、IEEE 802.15.4	BLE、ANT、蓝牙 Mesh、ANT、2.4 GHz	BLE、ANT、蓝牙 Mesh、Thread、ZigBee、ANT、2.4 GHz、IEEE 802.15.4	BLE、ANT、蓝牙 Mesh、Thread、ZigBee、ANT、2.4 GHz、IEEE 802.15.4
	低功耗蓝牙 5.0 的 PHY	支持 2 Mbps	支持 2 Mbps	支持 2 Mbps（长距离）	支持 2 Mbps（长距离）	支持 2 Mbps	支持 2 Mbps（长距离）	支持 2 Mbps（长距离）
	是否支持低功耗蓝牙 5.1	否	否	是	是	否	是	否
	输出功率	4 dBm	4 dBm	4 dBm	8 dBm	4 dBm	8 dBm	8 dBm
	灵敏度	−97 dBm（蓝牙，1 Mbps）	−96 dBm（蓝牙，1 Mbps）	−97 dBm（蓝牙，1 Mbps）	−95 dBm（BLE，1 Mbps）	−96 dBm（BLE，1 Mbps）	−95 dBm（BLE，1 Mbps）	−95 dBm（BLE，1 Mbps）
封装选择		—	带有 32 个 GPIO 的 6 mm×6 mm 的 QFN48	带有 32 个 GPIO 的 6 mm×6 mm 的 QFN48	—	带有 32 个 GPIO 的 6 mm×6 mm 的 QFN48	带有 42 个 GPIO 的 7 mm×7 mm 的 aQFN73	带有 48 个 GPIO 的 7 mm×7 mm 的 aQFN73
		—	带有 17 个 GPIO 的 5 mm×5 mm 的 QFN32	带有 17 个 GPIO 的 5 mm×5 mm 的 QFN32	带有 18 个 GPIO 和 1 个 USB 的 5 mm×5 mm 的 QFN40	—	带有 18 个 GPIO 和 1 个 USB 的 5 mm×5 mm 的 QFN40	—
		带有 10 个 GPIO 的 2.5 mm×2.5 mm 的 WLCSP	带有 15 个 GPIO 的 2.5 mm×2.5 mm 的 WLCSP	带有 15 个 GPIO 的 2.5 mm×2.5 mm 的 WLCSP	—	带有 32 个 GPIO 和 1 个 USB 的 3.0 mm×3.2 mm 的 WLCSP	带有 42 个 GPIO 和 1 个 USB 的 3.2 mm×3.2 mm 的 WLCSP	带有 48 个 GPIO 的 3.5 mm×3.5 mm 的 WLCSP

第2章 实验1：低功耗蓝牙5.x SoC之nRF52840最小硬件系统

2.1 实验目标

（1）掌握 nRF52840 的最小硬件系统外围电路。
（2）掌握 nRF52840 硬件设计的注意事项。

2.2 nRF52840 最小硬件系统电路

根据 nRF52840 产品规格书（文件 nRF52840_PS_v1.6.pdf，可在 Nordic 官网下载）的第 7 章（见图 2-1）可知，不同的供电方式（如 DC/DC、LDO 或 USB 等）有不同的最小硬件系统电路。Nordic 给出的最小硬件系统参考电路非常全面，这些参考电路考虑到了不同的芯片封装、不同的供电稳压方式（如 LDO 或 DC/DC）、不同的电压模式（高电压或正常电压），以及是否选用 USB、NFC 外设等，可充分满足开发者的不同需求。

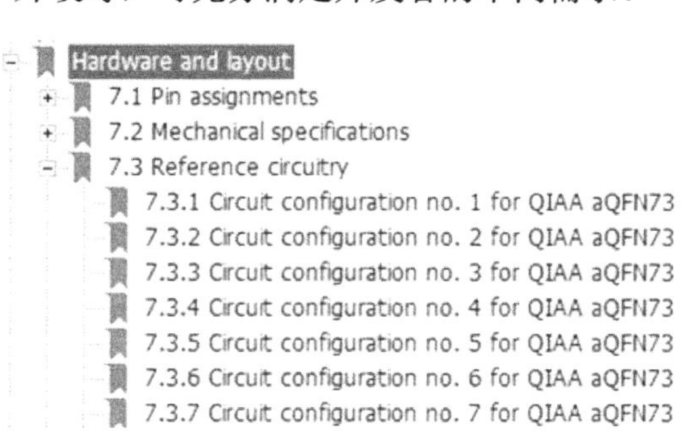

图 2-1

本节以 nRF52840 产品规格书中 7.3.6 节给出的最小硬件系统电路为例来介绍 nRF52840

最小硬件系统电路，该最小硬件系统电路如图 2-2 所示，其配置如表 2-1 所示，内部电源选用 LDO 稳压方式，采用普通供电模式，不支持 USB 和 NFC 外设，外部可选 36.768 kHz 的时钟，nRF52840 芯片采用的封装形式为 QIAA aQFN73。

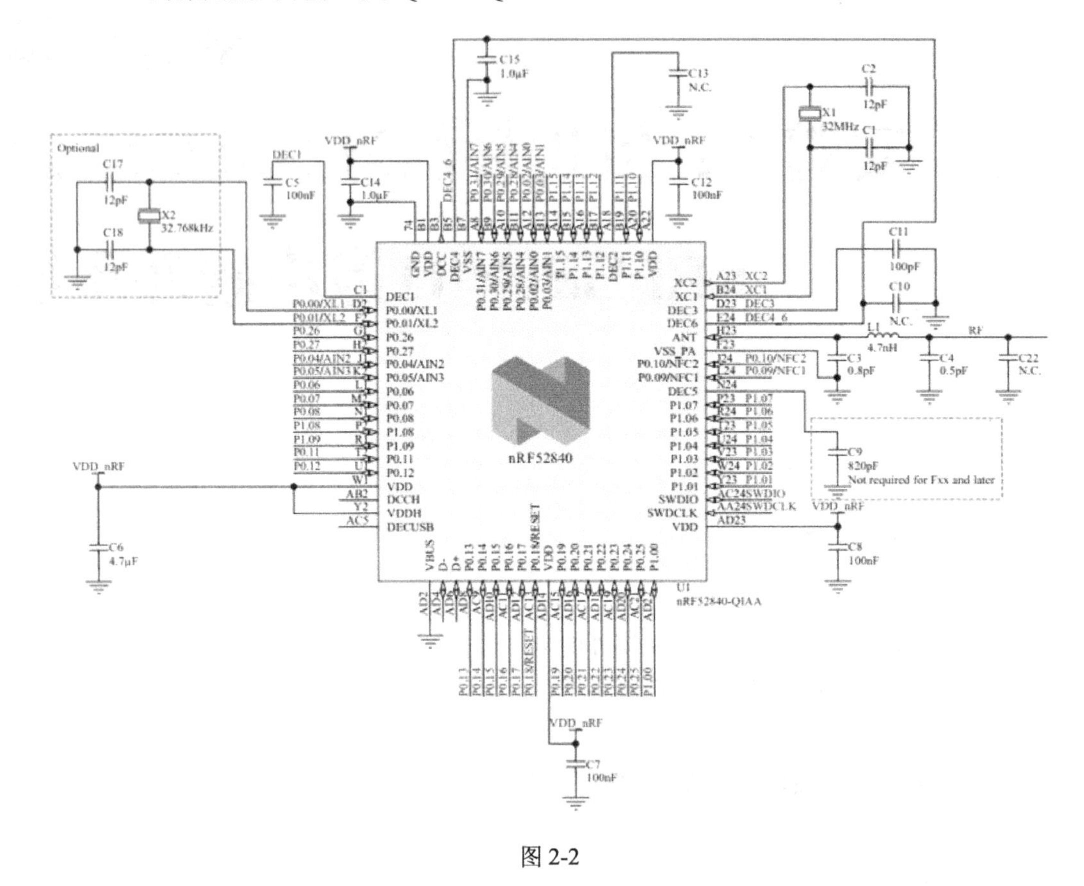

图 2-2

表 2-1

供电配置		是否具有以下特征				
VDDH	VDD	EXTSUPPLY	DCDCEN0	DCDCEN1	USB	NFC
N/A	电池、外部稳压器	No	No	No	No	No

nRF52840 最小硬件系统电路主要包括以下几个部分。

2.2.1 供电方式

nRF52840 最小硬件系统电路的供电方式如图 2-3 所示。

主电源和 VDD 引脚、VDDH 引脚的连接方式，决定了最小硬件系统电路的电压模式。供电模式有正常电压（Normal Voltage）模式或高压（High Voltage）模式。当主电源同时连接到 VDD 引脚和 VDDH 引脚时，nRF52840 最小硬件系统电路采用的是正常电压模式。当主电源仅连接到 VDDH 引脚并且 VDD 引脚没有连接任何电源时，nRF52840 最小硬件系统电路采用的是高压模式。采用何种电压模式与采用的供电电压范围有关，正常电压（Normal Voltage）

模式为 1.7～3.6 V，高压（High Voltage）模式为 2.5～5.5 V，如采用 USB 供电时，可采用高电压模式。

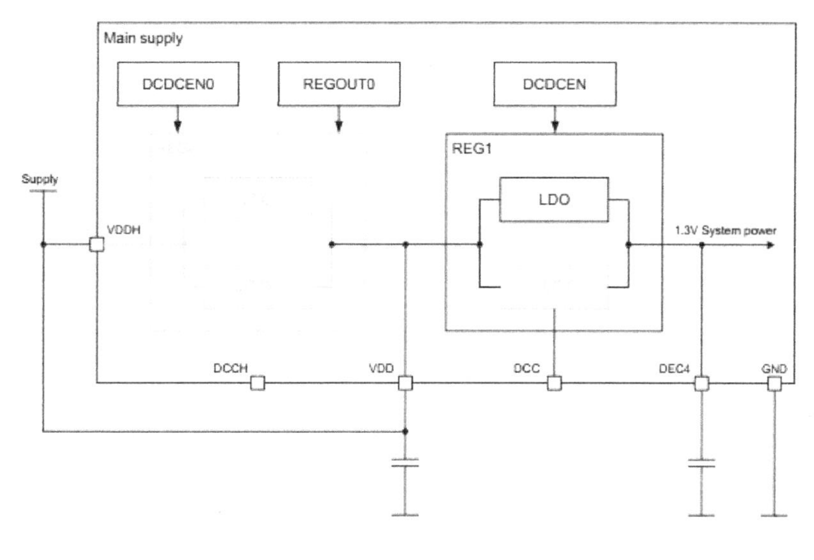

图 2-3

注意：采用 QFN48 封装形式的 nRF52840，VDD 引脚和 VDDH 引脚是短接在一起的，因此只能采用正常电压模式，不能采用高压模式。

2.2.2 内部电源稳压方式

当 nRF52840 最小硬件系统电路采用正常电压模式时，内部电源可采用 LDO 稳压方式（见图 2-4）和 DC/DC 稳压方式（见图 2-5）。

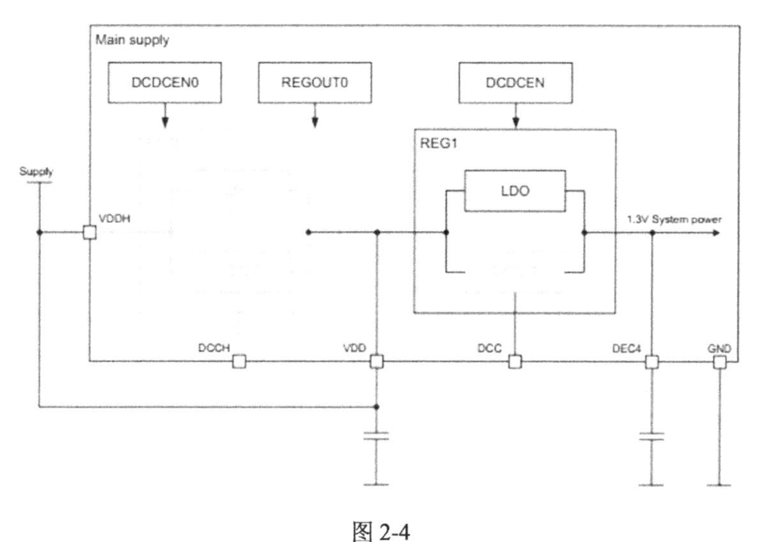

图 2-4

当 nRF52840 最小硬件系统电路采用高压模式时，内部电源可采用 DC/DC 稳压方式（见图 2-6）。

nRF52840 最小硬件系统电路包括两个电源稳压器组，即 REG0 和 REG1。每个稳压器组都包括 LDO 稳压器和 DC/DC 稳压器，在正常电压模式下，仅使用 REG1，REG0 会自动关闭；在高压模式下，会同时使用 REG0 和 REG1。采用 DC/DC 稳压方式时，输出电压为 REG0，可以在寄存器 REGOUT0 中配置 REG0。该输出电压连接到了 VDD，并且作为 REG1 的输入电压。

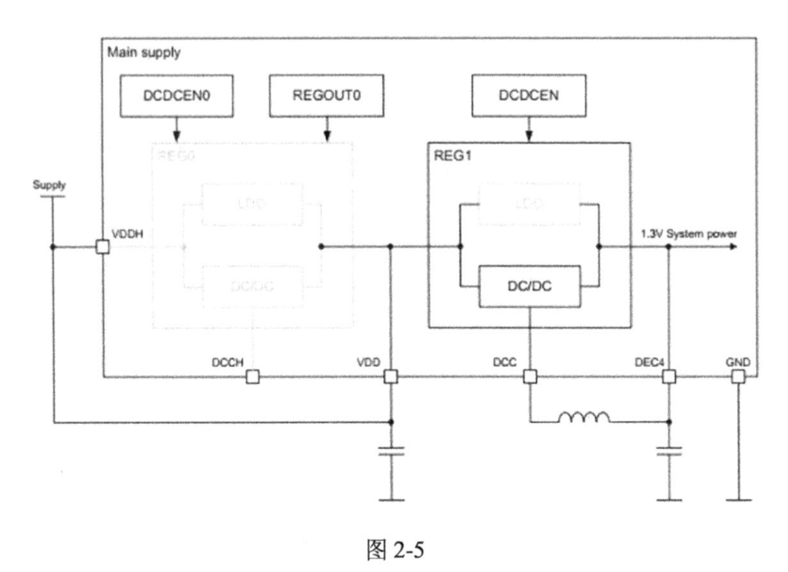

图 2-5

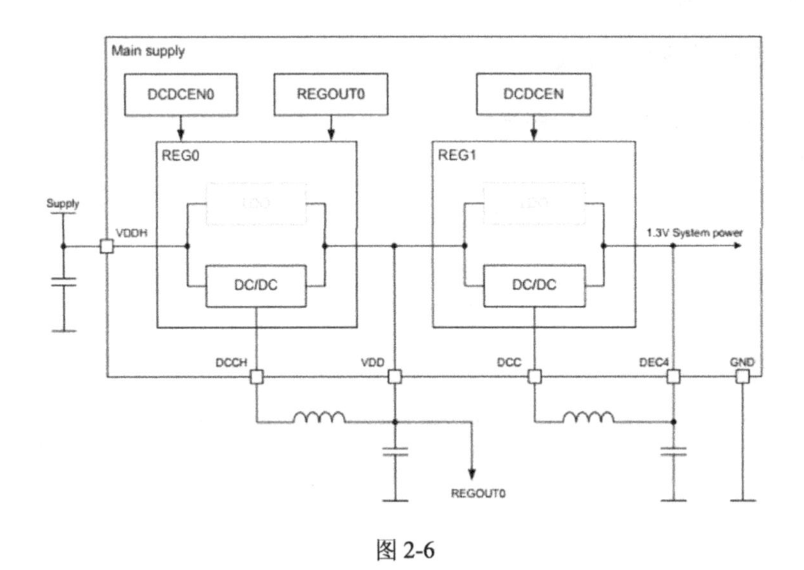

图 2-6

在默认情况下，nRF52840 最小硬件系统电路启用的是 LDO 稳压器，DC/DC 稳压器被禁用。寄存器 DCDCEN0 的 DCDCEN 用于启用 DC/DC 稳压器，DCCH 引脚和 DCC 引脚分别对应于寄存器 DCDCEN0 中的 DCCH 和 DCC。当启用 DC/DC 稳压器时，LDO 稳压器会被禁用。若要使用 DC/DC 稳压器，外部 LC 滤波器必须连接到每个 DC/DC 稳压器的引脚上。

使用 DC/DC 稳压器的优点是可以降低总体功耗，因为这种稳压器的电源转换效率比 LDO 稳压器高。在设计低功耗应用的电路时，建议预留 DC/DC 稳压器外部 LC 滤波器的位置，方便灵活使用。

在正常电压模式中，DC/DC 稳压器对应的外部 LC 滤波器如图 2-7 所示。在高压模式中，DC/DC 稳压器对应的外部 LC 滤波器如图 2-8 所示。

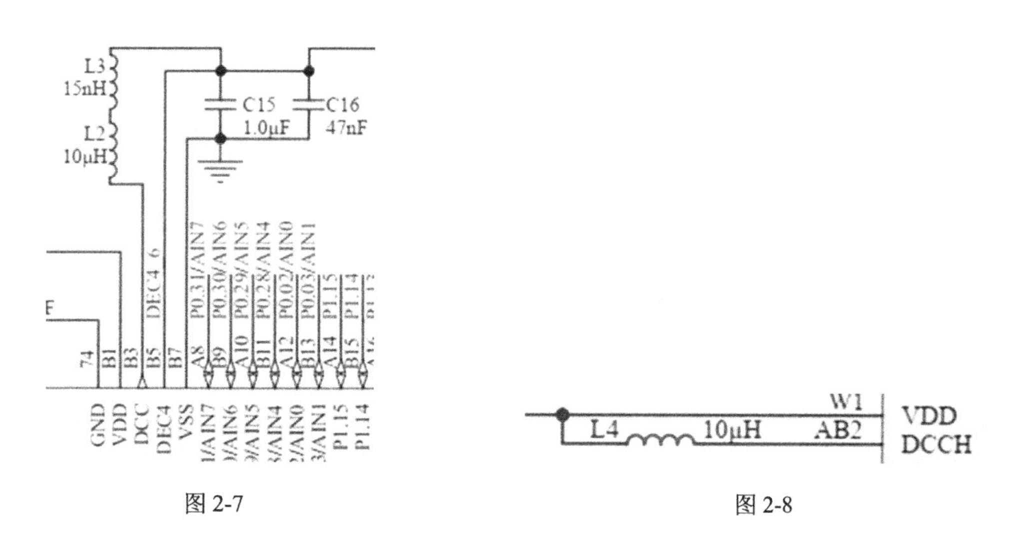

图 2-7　　　　图 2-8

2.2.3 时钟电路

nRF52840 芯片的内部时钟电路框图如图 2-9 所示。内部时钟包括高频时钟和低频时钟。高频时钟是 XC1 和 XC2，连接外部 32 MHz 的晶振；低频时钟是 XL1 和 XL2，连接外部 32.768 kHz 的晶振。在设计 nRF52840 最小硬件系统电路时，高频时钟必须焊接 32 MHz 的晶振，用于提供 2.4 GHz 射频的时钟源；低频时钟既可选择外部 32.768 kHz 的晶振（精度更高），也可选择芯片内部的 RC 振荡器（成本低，精度稍低，但可满足低功耗蓝牙的精度要求）。

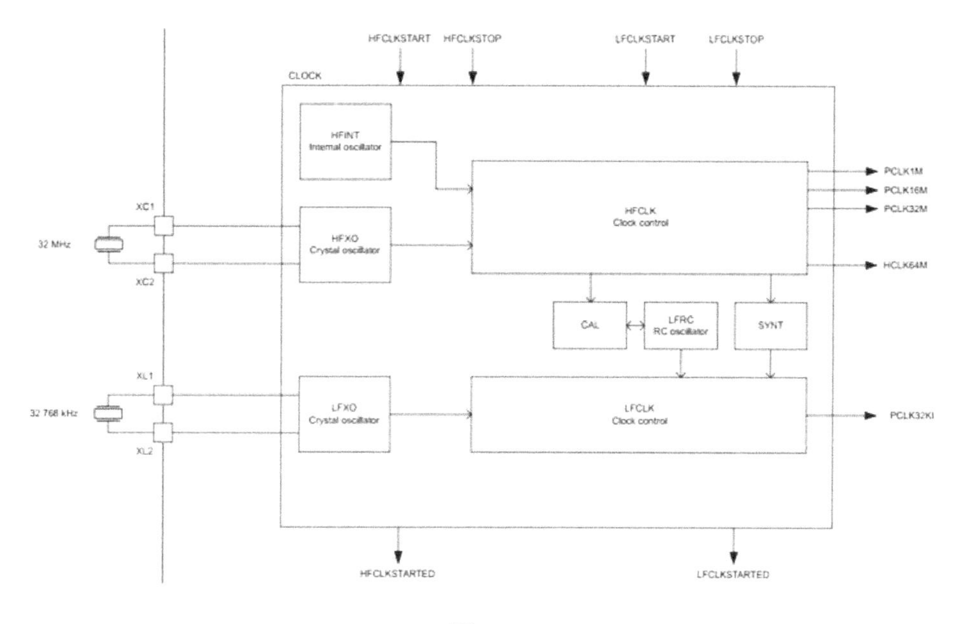

图 2-9

2.2.4 匹配电路

在理想情况下，从 nRF 芯片端到天线之间的射频传输线的阻抗应为 50 Ω，从射频传输线的 50 Ω 参考点看芯片端的阻抗应该是 50 Ω，从射频传输线的 50 Ω 参考点看天线端的阻抗也应该是 50 Ω，这样才能保证发射端的能量可以完全通过天线辐射出去，不会在射频传输线中产生损耗（或者可以将天线接收到的能量无损地传输到芯片端）。

在实际情况中，由于板材的介电常数、布线线宽、铜箔厚度等因素的影响，通常无法保证芯片端到天线端的阻抗为 50 Ω，因此需要在中间预留 T 形网络或者 π 形网络，以便对射频传输线阻抗进行调试匹配，其目的是实现射频功率的最大化传输。π 形匹配除了要选择合适的电感值、电容值，PCB 布局及布线的设计对性能的影响也是非常关键的。

nRF52840 芯片的 ANT 引脚与天线端之间的 π 形网络如图 2-10 所示。

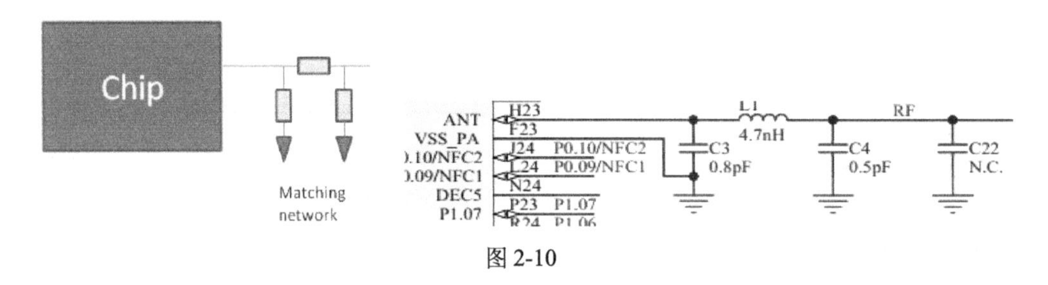

图 2-10

2.2.5 去耦电容

nRF52840 芯片 DEC 引脚和 VDD 引脚上的电容，用于 nRF 芯片电源的滤波，在设计时应严格按照 nRF52840 产品规格书的要求来设计。

2.2.6 USB 电路

nRF52840 最小硬件系统的 USB 电路是可选的，如果需要使用 USB 功能，在设计时需要保留 USB 电路（见图 2-11）。

为了确保 USB 电路的稳定性，USB 电源稳压器的输入和输出需要放置去耦电容，如图 2-12 所示。

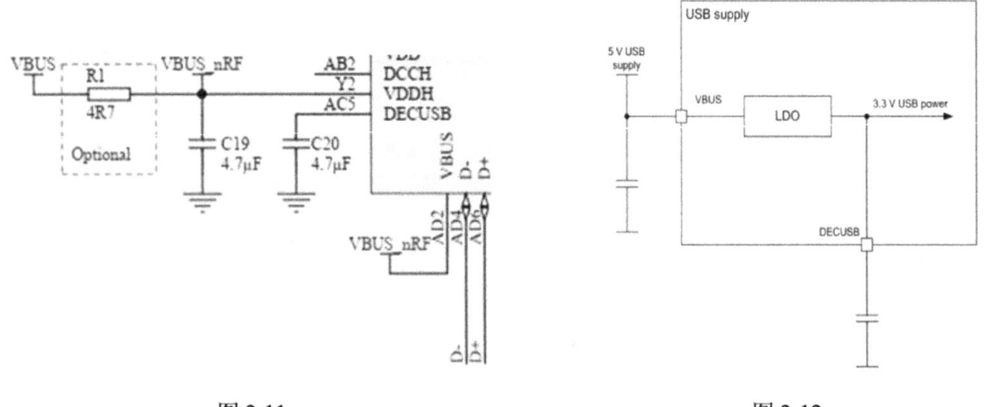

图 2-11　　　　图 2-12

2.2.7　NFC 电路

nRF52840 最小硬件系统电路的 NFC 电路也是可选的，如果需要使用 NFC 功能，则在设计时需要保留 NFC 电路（见图 2-13）。

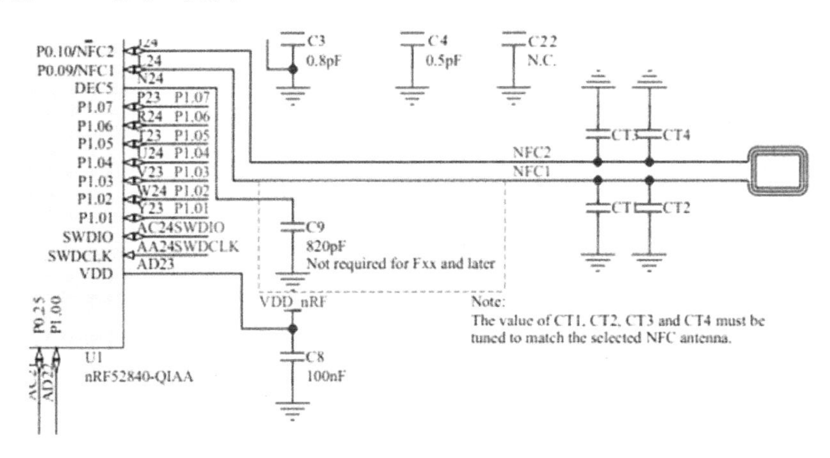

图 2-13

在设计 NFC 电路时，NFC 的天线线圈必须以差分方式连接到 nRF52840 芯片的 NFC1 引脚和 NFC2 引脚之间。建议预留两个外部电容器的位置，用于将实际产品的天线电路调谐到 13.56 MHz。匹配电容的调试可以参考 nRF52840 产品规格书的描述，匹配电容的调试电路如图 2-14 所示。

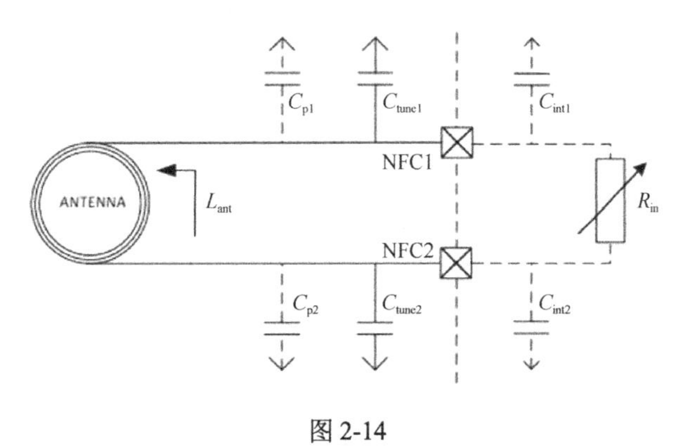

图 2-14

在图 2-14 中，调谐电容（Tuning Capacitor）的计算公式为：

$$C'_{tune} = \frac{1}{(2\pi \times 13.56\ \text{MHz}) \times L_{ant}}$$

式中，$C'_{tune} = \frac{1}{2}(C_p + C_{int} + C_{tune})$；$C_{tune1} = C_{tune2} = C_{tune}$；$C_{p1} = C_{p2} = C_p$；$C_{int1} = C_{int2} = C_{int}$；$L_{ant} = 2\ \mu\text{H}$。

$$C_{tune} = \frac{2}{(2\pi \times 13.56\ \text{MHz}) \times L_{ant}} - C_p - C_{int}$$

图 2-15 所示为 nRF52840 DK 开发板的 NFC 电路。

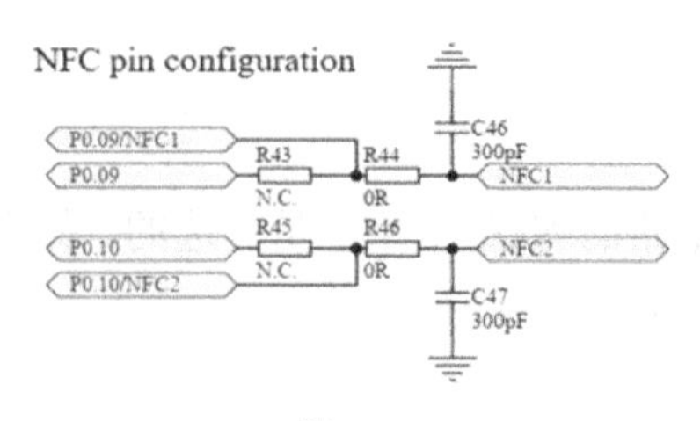

图 2-15

2.3 nRF52840硬件设计的注意事项

nRF52840的硬件设计会直接影响产品的射频性能和工作稳定性，在设计nRF52840的硬件时，建议严格遵循Nordic提供的参考设计，参考设计的文件下载链接为https://www.nordicsemi.com/Products/nRF52840/Compatible-downloads#infotabs。nRF52840 DK开发板硬件设计的文件下载链接为https://www.nordicsemi.com/Products/Development-hardware/ nRF52840-DK/Download#infotabs。

在实际的产品设计中，如果无法完全遵循Nordic给出的参考设计，则需要注意以下几点事项。

（1）PCB的布局。在确定PCB的板形后，需要根据产品需求，布局一些需要在固定位置摆放的元器件。

① 天线的布局。天线应摆放在射频性能最优的位置，通常摆放在PCB边缘，这不仅有利于射频信号的传播，同时还可以尽量避免受人体、金属等屏蔽物的遮盖及影响。

② 天线匹配电路的布局。天线匹配电路通常摆放在靠近天线的区域。由于普通开发者一般没有网络分析仪等专用的调测设备，因此建议使用nRF52840产品规格书给出的硬件参考设计文件，更改设计可能造成通信距离下降，以及射频指标超标等结果。

③ 其他元器件的布局。

（2）供电电路。良好的供电电路设计可以有效避免电源噪声对射频的干扰，建议采用以下星状电源的走线设计。

① 每个独立的硬件模块单独连接电源，如图2-16所示，这可以避免不同硬件模块之间电源噪声串扰。

② 星状电源走线的中心点，应当尽量靠近电源或者电源的滤波电容，如图2-17所示。

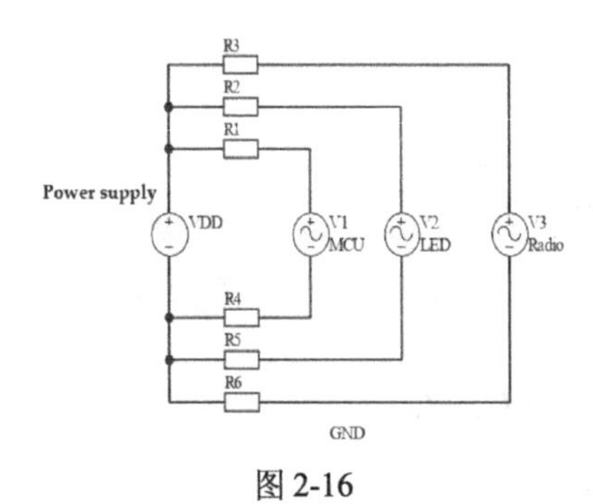

图 2-16

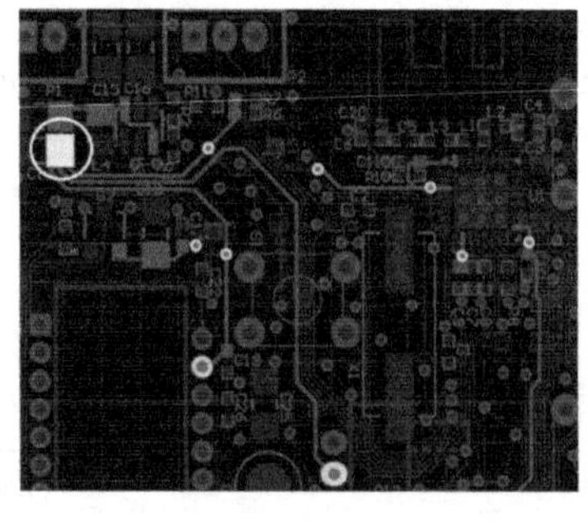

图 2-17

（3）去耦电容。去耦电容必须尽可能靠近 VDD 引脚，并且在 GND 引脚放置对地的过孔，如图 2-18 所示。

（4）铺地。射频电路中的铺地是很重要的，主要原因如下：

① 较小的接地平面会降低天线的效率，影响通信距离及效果。

② 良好的铺地设计可以抑制噪声和杂散信号（该指标与安规认证有关）。

③ 匹配网络下的底层铺地，可屏蔽射频部分，避免干扰。

PCB 的两面通常都对地铺铜，并且确保两个铺铜面之间通过过孔连接，建议按照 0.5～1 cm 的间隔放置过孔，如图 2-19 所示。

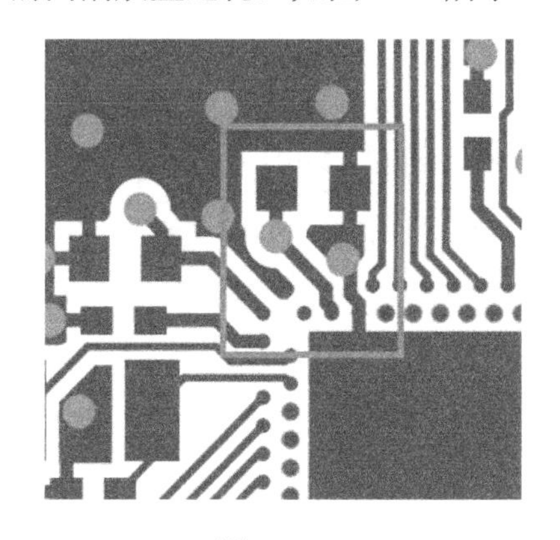

图 2-18

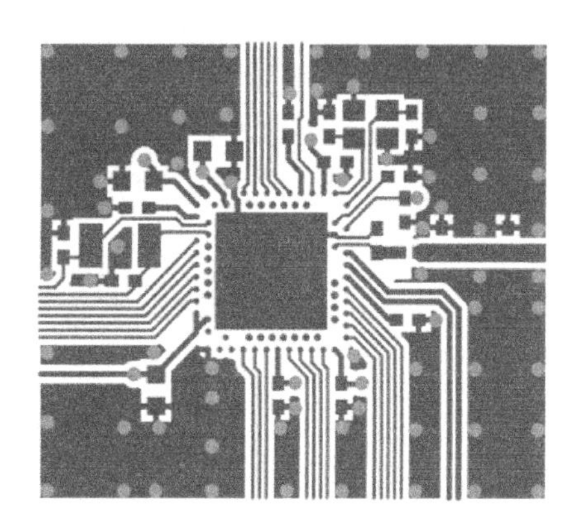

图 2-19

（5）晶振电路。晶振电路如图 2-20 所示，在设计晶振电路时，应注意以下几点：

① 晶振的摆放应尽可能靠近 XC1 引脚和 XC2 引脚，晶振引线切勿与其他信号线平行，因为这可能产生噪声及干扰，而其他信号线与晶振引线垂直交叉是允许的。

② 晶振负载电容的摆放应靠近晶振的引脚。

③ 晶振导线和其他信号线之间应铺地隔离。

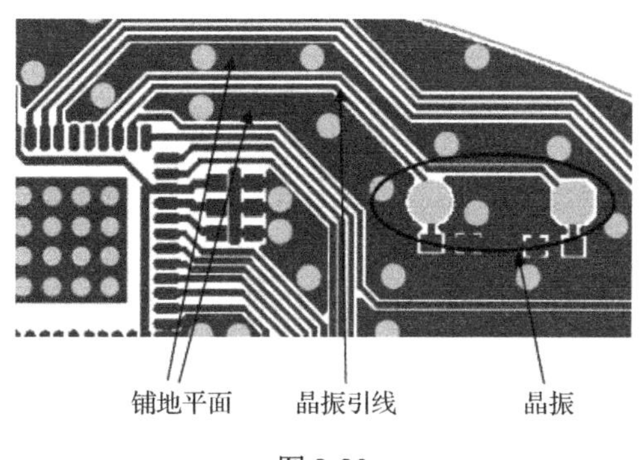

图 2-20

（6）天线匹配电路布局修改的原则。建议直接使用 nRF52840 产品规格书给出的硬件参考设计文件来设计天线匹配电路，如果无法遵循官方给出的硬件参考设计文件，则需要更改或调整天线匹配电路中的元器件，以达到较优的性能（需要专门的仪器以及丰富的调试经验），但这种情况下无法保证最佳性能。如果需要修改天线匹配电路，则必须遵循以下原则：

① 天线匹配电路应靠近 nRF52840 芯片。

② 天线匹配电路中的元器件应该尽可能地靠近，以缩短元器件之间的导线长度。长导线会引入额外的寄生电容、电感。

③ 天线匹配电路中元器件的摆放尽可能一字排开，不要使信号线路出现折回。

④ 天线匹配电路区域的 PCB 顶层、中间层应掏空铜皮，底层应对地铺铜。

⑤ 天线匹配电路区域的 PCB 下方不要走线。

⑥ 如果由于 PCB 尺寸的限制，天线匹配电路需要离天线较远，则可以考虑通过微带线连接天线匹配电路和天线（切记不要把天线匹配电路远离 nRF52840 芯片），如图 2-21 所示。

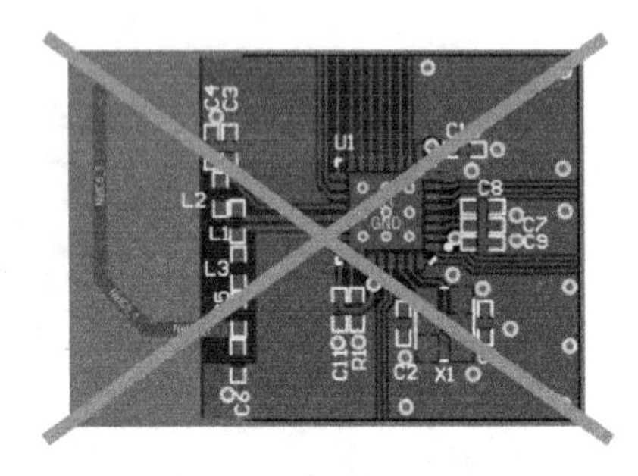

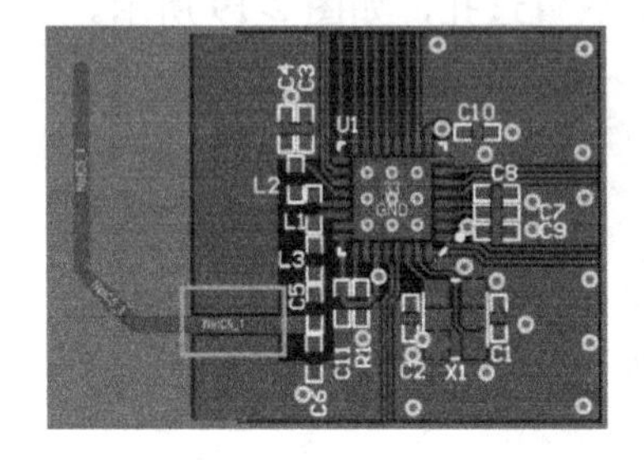

图 2-21

2.4 实验小结

（1）了解 nRF52840 最小硬件系统设计的知识点。

（2）掌握低功耗蓝牙射频电路设计的一般原则。

第3章 实验2：低功耗蓝牙5.x广播的实现

3.1 实验目标

（1）理解低功耗蓝牙 5.x 广播的格式和工作原理。

（2）掌握广播名称和广播数据包的修改方法、扫描回应数据包的添加方法、广播内容的更新方法、广播间隔和广播超时的设定方法。

3.2 实验准备

本实验是在 SDK 17.1.0 的低功耗蓝牙串口通信例程（透传例程）ble_app_uart 上进行的，使用的协议栈为 S140，使用的开发板是 nRF52840 DK，使用的开发工具是 SES 和 Android 版 nRF Connect，本实验代码的路径是 nRF5_SDK_17.1.0\examples\ble_peripheral\ble_app_uart\pca10056\ s140。

3.3 背景知识

3.3.1 广播

广播是低功耗蓝牙通信的基础，低功耗蓝牙设备通过广播表明自身的存在，并等待被连接。两个低功耗蓝牙设备想要建立连接，首先由从机向外发送广播，然后由主机搜索并接收到广播后发起连接请求。从机广播的数据包中包含了设备的相关信息，如设备名称（即广播名称）、设备的服务 UUID 等。

（1）广播数据包。BLE 广播数据包是通过广播频道（第 37、38、39 个频道）发送的，一个广播数据包最大负载为 37 B，包含了设备的相关信息。

（2）扫描回应数据包。在主机主动扫描的情况下，可向从机发送扫描请求，从机返回扫描回应数据包。扫描回应数据包的数据格式和广播数据包的格式一样，最大负载为 37 B。

（3）广播间隔。低功耗蓝牙设备在广播时，会依次在第 37、38、39 个频道发送相同的广播数据包。广播数据包称为一个广播事件，每个广播事件的间隔称为广播间隔，广播间隔通常为 20 ms～10.24 s。

3.3.2 广播数据包的格式

低功耗蓝牙 5.x 广播数据包的格式如图 3-1 所示。

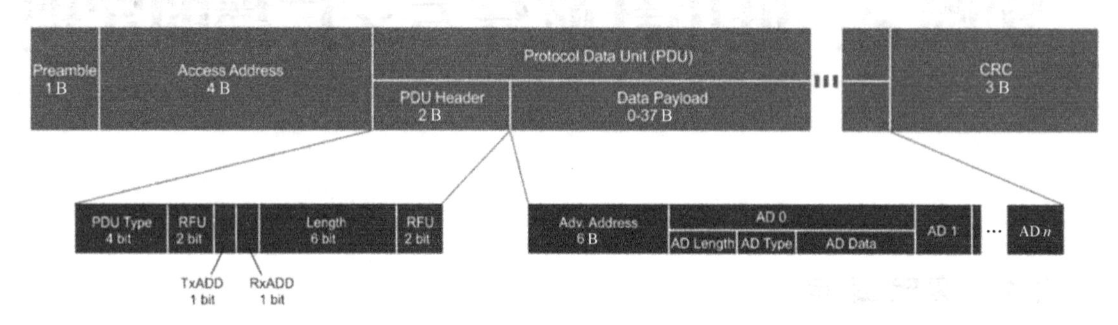

图 3-1

（1）PDU Type：PDU Type 占 4 bit，表示广播数据包的类型（详见 3.3.4 节）。

（2）RFU：RFU 占 2 bit，保留。

（3）TxADD：TxADD 占 1 bit，当 TxADD 为 0 时表示广播的地址是 public 类型的地址；当 TxADD 为 1 时表示广播的地址是 random 类型的地址。

（4）RxADD：RxADD 占 1 bit，当 RxADD 为 0 时表示对端地址的类型是 public 类型；当 RxADD 为 1 时表示对端地址的类型是 random 类型。RxADD 在定向广播中使用，因为定向广播携带了对端地址，其他类型的广播不使用 RxADD。

（5）Length：Length 占 6 bit，表示 Data Payload 数据载荷的长度，以字节为单位。

3.3.3 常见的广播内容

（1）Flags。当 AD Type=0x01 时，AD Data 用来标识设备 LE 物理连接的功能。AD Data 是 0 到多个字节的 Flag 值，每位用 0 或者 1 来表示是否为 true。如果有任何位不为 0，并且广播数据包是可连接的，就必须包含此 AD Data。各位的定义为：bit 0 为 1 表示 LE 为有限可发现模式；bit 1 为 1 表示 LE 为一般可发现模式；bit 2 为 1 表示不支持 BR/EDR 功能；bit 3 为 1 表示同时支持 BLE 和 BR/EDR（Controller）；bit 4 为 1 表示同时支持 BLE 和 BR/EDR（Host）；bit 5～7 为预留位。

（2）Service UUID。广播数据中一般都会把设备支持的 GATT Service 广播出来，用来告诉外面本设备所支持的服务。有三种类型的 UUID 列表，分别是 16 bit、32 bit、128 bit，每种类型有两个类别，即完整的和非完整的，共有 6 种。

- Type=0x02：表示非完整的 16 bit UUID 列表。
- Type = 0x03：表示完整的 16 bit UUID 列表。
- Type = 0x04：表示非完整的 32 bit UUID 列表。
- Type = 0x05：表示完整的 32 bit UUID 列表。
- Type = 0x06：表示非完整的 128 bit UUID 列表。

- Type = 0x07：表示完整的 128 bit UUID 列表。

（3）Local Name。广播名称，Data 是表示广播名称的字符串，Local Name 既可以是广播名称，也可以是广播名称的缩写。需要注意的是，缩写必须是全名的前若干个字符。

- Type = 0x08：表示广播名称。
- Type = 0x09：表示广播名称的缩写。

（4）TX Power Level。TX Power Level 表示设备发送广播数据包的信号强度，当 Type = 0x0A 时，Data 是 1 B，表示发射功率为-127～+127 dBm。根据发射功率和 RSSI 可以计算主机到从机的距离，这也是 iBeacon 室内定位的原理。

（5）Appearance。当 Type = 0x19 时，Data 表示设备的外观。

（6）厂商自定义数据。当 Type = 0xFF 时，厂商自定义数据的前 2 B 表示厂商 ID，剩下的是厂商自己按照需求添加的，数据内容由厂商定义。

3.3.4　广播数据包的类型

3.3.4.1　传统广播类型（Legacy Advertising PDU）

传统广播类型适用于所有的低功耗蓝牙，在主广播频道上使用。

（1）ADV_IND：可连接、可扫描的非定向广播，这是一种使用最广泛的广播类型，包括广播数据包和扫描回应数据包，表示当前设备可以接收其他设备的连接请求。进行广播的设备能够被扫描设备扫描到，或者在接收到连接请求时作为从机建立一个连接。

（2）ADV_DIRECT_IND：可连接的定向广播，该类型广播可以尽可能快地建立连接，包括两个地址：广播者的地址和发起者的地址。发起者在接收到发给自己的定向广播后，可以立即发送连接请求作为回应。

（3）ADV_NONCONN_IND：不可连接、不可扫描的非定向广播，也称为可发现广播。这种类型的广播不能用于发起连接，但允许其他设备扫描正在进行广播的设备。这意味着正在进行广播的设备可以被发现，既可以发送广播数据，也可以发送扫描回应数据包，但不能建立连接。ADV_NONCONN_IND 是一种适用于广播数据包的广播形式，动态数据可以包含在广播数据包中，静态数据可以包含在扫描回应数据包中。

（4）ADV_SCAN_IND：可扫描的非定向广播。仅发送广播数据包，不能被扫描或者连接。ADV_SCAN_IND 是一种用于只有发射设备而没有接收设备的广播类型，进行广播的设备不可连接，也不会进入连接状态。

3.3.4.2　扩展广播类型（Extended Advertising PDU）

扩展广播类型是从低功耗蓝牙 5.0 开始引入的广播类型。除了可以用于主广播频道，扩展广播类型还为设备在次广播频道上进行广播提供了选项。使用次广播频道，可以扩大广播数据包的容量。

（1）ADV_EXT_IND：扩展广播，用于除可连接、可扫描的非定向广播以外的所有广播类型，在主广播频道上使用。

（2）AUX_ADV_IND：扩展广播，用于除可连接、可扫描的非定向广播以外的所有广播类型，在次广播频道上使用。

（3）AUX_SCAN_IND：用于周期性广播。

（4）AUX_CHAIN_IND：与其他广播类型一起使用，以发送附加的广播数据包（如链接广播数据包）。

3.4 实验步骤

3.4.1 低功耗蓝牙5.x广播的初始化

低功耗蓝牙 5.x 广播的初始化主要是指初始化广播数据包的定义和广播的基本参数，如广播名称、广播类型、广播模式、UUID、广播间隔、广播超时时间等。

```
/*@brief Function for initializing the Advertising functionality*/
static void advertising_init(void)
{
    uint32_t err_code;
    ble_advertising_init_t init;
    memset(&init, 0, sizeof(init));
    //在广播数据包中包括完整的广播名称
    init.advdata.name_type = BLE_ADVDATA_FULL_NAME;
    init.advdata.include_appearance = false;          // true：显示图标；false：不显示图标
    //低功耗蓝牙模式，不支持有限可发现模式和BR/EDR
    nit.advdata.flags = BLE_GAP_ADV_FLAGS_LE_ONLY_LIMITED_DISC_MODE;
    //服务UUID数量
    init.srdata.uuids_complete.uuid_cnt = sizeof(m_adv_uuids) / sizeof(m_adv_uuids[0]);
    init.srdata.uuids_complete.p_uuids = m_adv_uuids;
    init.config.ble_adv_fast_enabled = true;
    init.config.ble_adv_fast_interval = APP_ADV_INTERVAL;          //广播间隔
    init.config.ble_adv_fast_timeout = APP_ADV_DURATION;           //广播超时时间
    init.evt_handler = on_adv_evt;                                 //广播事件的回调函数
    err_code = ble_advertising_init(&m_advertising, &init);
    APP_ERROR_CHECK(err_code);
    ble_advertising_conn_cfg_tag_set(&m_advertising, APP_BLE_CONN_CFG_TAG);
}
```

使用 Android 版 nRF Connect 扫描低功耗蓝牙 5.x 广播，扫描到了广播名称为“123456”的低功耗蓝牙设备，如图 3-2 所示。单击图 3-2 中的“RAW”可以看到低功耗蓝牙的原始数据，LEN.表示长度，TYPE 表示广播类型，VALUE 表示数据，如图 3-3 所示。例如，LEN.等于 2，表示 TYPE 和 VALUE 的长度是 2 B；TYPE 为 0x01，表示广播类型是 Flags；VALUE 为 0x05，表示广播处于有限可发现模式，相应的代码为：

```
init.advdata.flags = BLE_GAP_ADV_FLAGS_LE_ONLY_LIMITED_DISC_MODE;
```

当 TYPE 为 0x09 时，显示广播名称，VALUE 是具体的广播名称。当 TYPE 为 0x07 时，显示完整的 128 bit 服务 UUID，VALUE 是服务 UUID。

图 3-2

图 3-3

3.4.2　低功耗蓝牙 5.x 广播名称的修改

开发者可以根据自己的需要来修改广播名称，包括以下三种情况：

- BLE_ADVDATA_NO_NAME：表示不需要显示广播名称。
- BLE_ADVDATA_SHORT_NAME：需要显示短的广播名称，即广播名称的缩写。
- BLE_ADVDATA_FULL_NAME：需要显示完整的广播名称。

相应的代码如下：

```
/*@brief Advertising data name type. This enumeration contains the options available for the device name
inside the advertising data.*/
typedef enum
{
    BLE_ADVDATA_NO_NAME,        /*Include no device name in advertising data*/
    BLE_ADVDATA_SHORT_NAME,     /*Include short device name in advertising data*/
    BLE_ADVDATA_FULL_NAME       /*Include full device name in advertising data*/
} ble_advdata_name_type_t;
```

广播名称的修改步骤如下：

（1）显示广播名称，代码如下：

```
init.advdata.name_type = BLE_ADVDATA_FULL_NAME;
```

（2）修改广播名称。在默认情况下，开发者可以在SDK中通过函数gap_params_init(void)中的宏定义DEVICE_NAME来修改广播名称，代码如下：

```
/*@brief Function for the GAP initialization.
* @details This function will set up all the necessary GAP (Generic Access Profile) parameters of
* the device. It also sets the permissions and appearance.*/
static void gap_params_init(void)
{
    uint32_t err_code;
    ble_gap_conn_params_t gap_conn_params;
    ble_gap_conn_sec_mode_t sec_mode;
    BLE_GAP_CONN_SEC_MODE_SET_OPEN(&sec_mode);
    err_code = sd_ble_gap_device_name_set(&sec_mode,
                (const uint8_t *) DEVICE_NAME, strlen(DEVICE_NAME));//配置广播名称
    APP_ERROR_CHECK(err_code);
    memset(&gap_conn_params, 0, sizeof(gap_conn_params));
    gap_conn_params.min_conn_interval = MIN_CONN_INTERVAL;
    gap_conn_params.max_conn_interval = MAX_CONN_INTERVAL;
    gap_conn_params.slave_latency = SLAVE_LATENCY;
    gap_conn_params.conn_sup_timeout = CONN_SUP_TIMEOUT;
    err_code = sd_ble_gap_ppcp_set(&gap_conn_params);
    APP_ERROR_CHECK(err_code);
}
```

3.4.3 广播内容和广播参数的修改

（1）广播内容的修改。在很多应用场景中，需要在广播状态下向广播数据包中加入一些自定义数据（通常是厂商数据），这时可通过添加厂商自定义数据类型来实现，即3.3.3节中TYPE = 0xFF的类型。在广播数据包中添加厂商数据的代码如下：

```
/*@brief Function for update the Advertising functionality.*/
static void advertising_update(void)
{
    uint32_t err_code;
    ble_advertising_init_t init;
    ble_advdata_manuf_data_t my_advdata_manuf_data;                //私有数据
    uint8_t my_advdata_data[27] = {0x00, 0x01, 0x02, 0x03, 0x04};

    sd_ble_gap_adv_stop(m_advertising.adv_handle);

    APP_ERROR_CHECK(err_code);
    memset(&init, 0, sizeof(init));
    init.advdata.name_type = BLE_ADVDATA_FULL_NAME;
    init.advdata.include_appearance = false;
    init.advdata.flags = BLE_GAP_ADV_FLAGS_LE_ONLY_LIMITED_DISC_MODE;

    init.srdata.uuids_complete.uuid_cnt = sizeof(m_adv_uuids) / sizeof(m_adv_uuids[0]);
```

```
    init.srdata.uuids_complete.p_uuids = m_adv_uuids;

    //添加厂商数据
    my_advdata_manuf_data.company_identifier = 0x5257;
    my_advdata_manuf_data.data.p_data = my_advdata_data;
    my_advdata_manuf_data.data.size = 5;
    init.advdata.p_manuf_specific_data = &my_advdata_manuf_data;

    init.config.ble_adv_fast_enabled = true;
    init.config.ble_adv_fast_interval = APP_ADV_INTERVAL;
    init.config.ble_adv_fast_timeout = APP_ADV_DURATION;
    init.evt_handler = on_adv_evt;

    err_code = ble_advertising_init(&m_advertising, &init);
    APP_ERROR_CHECK(err_code);

    ble_advertising_conn_cfg_tag_set(&m_advertising, APP_BLE_CONN_CFG_TAG);

    err_code = ble_advertising_start(&m_advertising, BLE_ADV_MODE_FAST);
    APP_ERROR_CHECK(err_code);
}
```

使用 Android 版 nRF Connect 扫描低功耗蓝牙 5.x 广播，可得到添加的厂商数据，如图 3-4 所示。单击图 3-4 中的“RAW”可查看具体的数据，如图 3-5 所示。

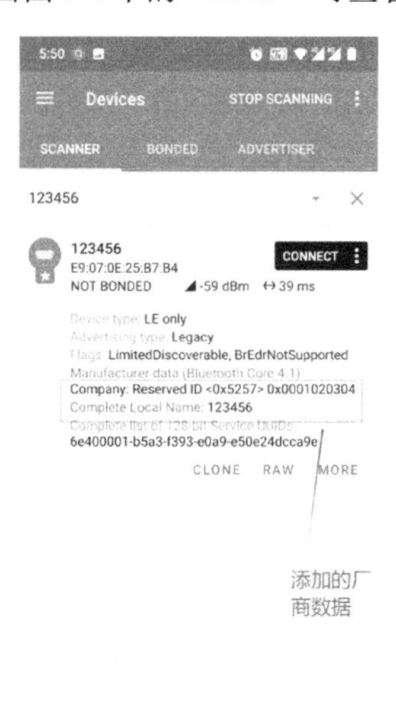

图 3-4

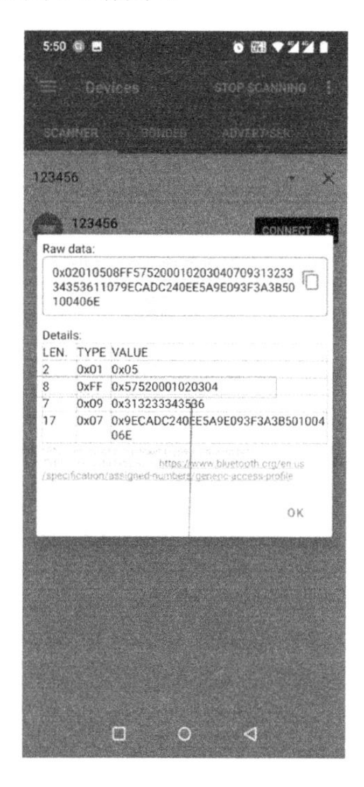

图 3-5

（2）广播间隔的修改。在实际的应用场景中，往往会对设备的功耗有一定的要求，并不需要频繁广播数据包，这时可以修改广播间隔，通过加大广播间隔，可以降低功耗。广播间隔的修改代码如下：

```
/*The advertising interval (in units of 0.625 ms. This value corresponds to 40 ms)*/
#define APP_ADV_INTERVAL    64
init.config.ble_adv_fast_interval = APP_ADV_INTERVAL;         //广播间隔
```

广播间隔的最小值为 20 ms，最大值为 10.24 s。在修改广播间隔时，能进行的最小修改幅度是 0.625 ms，如上述代码中的“64”，对应的广播间隔是 64×0.625 ms=40 ms。

（3）广播超时时间的修改。在 SDK 中，通过宏定义 APP_ADV_DURATION 可以修改广播超时时间。例如，将广播超时时间设置为 180 s，在 180 s 后，就会产生广播超时事件，nRF52840 DK 开发板可以根据需要选择重新广播或者进入休眠状态。代码如下：

```
/*The advertising duration (180 seconds) in units of 10 milliseconds*/
#define APP_ADV_DURATION 18000
init.config.ble_adv_fast_timeout = APP_ADV_DURATION;           //设置超时时间
```

使用 Android 版 nRF Connect 扫描低功耗蓝牙 5.x 广播，可以看到广播超时时间。在 180 s 后，nRF52840 DK 开发板会进入 system_off 模式（休眠状态）。

（4）广播内容的更新。本实验通过按键对广播内容进行更新，代码如图 3-6 所示。

```
/**@brief Function for update the Advertising functionality.
 */
static void advertising_update_1(void)
{
    uint32_t               err_code;
    ble_gap_conn_sec_mode_t sec_mode;
    ble_advertising_init_t init;
    ble_advdata_manuf_data_t my_advdata_manuf_data; //私有数据
    static uint8_t my_advdata_data[27] = {0x00, 0x01, 0x02, 0x03, 0x04};

    err_code = sd_ble_gap_adv_stop(m_advertising.adv_handle);
    APP_ERROR_CHECK(err_code);

    memset(&init, 0, sizeof(init));
    init.advdata.name_type          = BLE_ADVDATA_FULL_NAME;
    init.advdata.include_appearance = false;
    init.advdata.flags              = BLE_GAP_ADV_FLAGS_LE_ONLY_GENERAL_DISC_MODE;

    init.srdata.uuids_complete.uuid_cnt = sizeof(m_adv_uuids) / sizeof(m_adv_uuids[0]);
    init.srdata.uuids_complete.p_uuids  = m_adv_uuids;

    //添加厂商数据
    my_advdata_manuf_data.company_identifier = 0x5257;
    my_advdata_manuf_data.data.p_data = my_advdata_data;
    my_advdata_manuf_data.data.size = 5;
    init.advdata.p_manuf_specific_data = &my_advdata_manuf_data;

    init.config.ble_adv_fast_enabled  = true;
    init.config.ble_adv_fast_interval = APP_ADV_INTERVAL;
    init.config.ble_adv_fast_timeout  = APP_ADV_DURATION;

    init.config.ble_adv_slow_enabled  = true;
    init.config.ble_adv_slow_interval = 160;
    init.config.ble_adv_slow_timeout  = 0;

    init.evt_handler = on_adv_evt;

    err_code = ble_advertising_init(&m_advertising, &init);
    APP_ERROR_CHECK(err_code);

    ble_advertising_conn_cfg_tag_set(&m_advertising, APP_BLE_CONN_CFG_TAG);

    err_code = ble_advertising_start(&m_advertising, BLE_ADV_MODE_FAST);
    APP_ERROR_CHECK(err_code);
}
```

图 3-6

创建按键事件的代码如图 3-7 所示。

```
 */
void bsp_event_handler(bsp_event_t event)
{
    uint32_t err_code;
    switch (event)
    {
        case BSP_EVENT_SLEEP:

            sleep_mode_enter();
            break;

        case BSP_EVENT_DISCONNECT:
            err_code = sd_ble_gap_disconnect(m_conn_handle, BLE_HCI_REMOTE_USER_TERMINATED_CONNECTION);
            if (err_code != NRF_ERROR_INVALID_STATE)
            {
                APP_ERROR_CHECK(err_code);
            }
            break;

        case BSP_EVENT_WHITELIST_OFF:
            if (m_conn_handle == BLE_CONN_HANDLE_INVALID)
            {
                err_code = ble_advertising_restart_without_whitelist(&m_advertising);
                if (err_code != NRF_ERROR_INVALID_STATE)
                {
                    APP_ERROR_CHECK(err_code);
                }
            }
            break;
        case BSP_EVENT_KEY_1:

            NRF_LOG_INFO("key2 ON");
            advertising_update_1();

        break;
        case BSP_EVENT_KEY_2:

            NRF_LOG_INFO("key3 ON");
            advertising_update_2();

        break;

        break;
        default:
            break;
```

图 3-7

使用 Android 版 nRF Connect 扫描低功耗蓝牙 5.x 广播，可以看到更新后的广播内容，如图 3-8 所示。

图 3-8

（5）持续性广播。在某些应用场景中，需要不停地广播数据包，这时就需要启动普通广播模式，并使 nRF52840 DK 开发板一直处于持续性广播中，不进入 idle 状态。

通过修改广播的发现模式可以将 nRF52840 DK 开发板设置为一直处于持续性广播的状态，广播的发现模式有以下两种：

- BLE_GAP_ADV_FLAGS_LE_ONLY_LIMITED_DISC_MODE：有限可发现模式，不支持 BR/EDR。
- BLE_GAP_ADV_FLAGS_LE_ONLY_GENERAL_DISC_MODE：一般可发现模式，不支持 BR/EDR。

有限可发现模式和一般可发现模式的主要区别是：

① 有限可发现模式有时间的限制，一般维持的时间比较短；一般可发现模式没有时间的限制。

② 有限可发现模式的广播间隔比一般可发现模式的广播间隔小。

③ 从时间的限制来看，有限可发现模式对连接的迫切性和目的性比一般可发现模式高。如果一个处于有限可发现模式的设备正在广播，那么该设备通常是刚被用户操作过并极希望被连接的。在一般情况下，设备首次开机、按下连接按钮，设备进入有

限可发现模式是比较合适的。如果在有限可发现模式的时间限制内没有被连接，则可以转入一般可发现模式。如果希望设备在没有被连接时一直保持广播状态，则应该使用一般可发现模式，因为一般可发现模式是没有时间限制的。

在 advertising_init()函数中将 APP_ADV_DURATION 广播超时时间设置为 0，表示不会超时。实现持续性广播的方法如下：首先将

```
init.advdata.flags = BLE_GAP_ADV_FLAGS_LE_ONLY_LIMITED_DISC_MODE;
```

修改为：

```
init.advdata.flags = BLE_GAP_ADV_FLAGS_LE_ONLY_GENERAL_DISC_MODE;
```

然后将广播超时时间修改为 0，代码如下：

```
#define APP_ADV_DURATION 0
init.config.ble_adv_fast_timeout = APP_ADV_DURATION;
```

3.4.4 代码实战

（1）本节在广播启动时进入快广播模式，广播间隔为 40 ms。当广播超时事件发生后进入慢广播模式，广播间隔为 100 ms。代码如下：

```
/*@brief Function for initializing the Advertising functionality */
static void advertising_init(void)
{
    uint32_t err_code;
    ble_advertising_init_t init;

    memset(&init, 0, sizeof(init));

    init.advdata.name_type = BLE_ADVDATA_FULL_NAME;
    init.advdata.include_appearance = false;
    //一般可发现模式
    init.advdata.flags = BLE_GAP_ADV_FLAGS_LE_ONLY_GENERAL_DISC_MODE;

    init.srdata.uuids_complete.uuid_cnt = sizeof(m_adv_uuids) / sizeof(m_adv_uuids[0]);
    init.srdata.uuids_complete.p_uuids = m_adv_uuids;

    init.config.ble_adv_fast_enabled = true;
    init.config.ble_adv_fast_interval = APP_ADV_INTERVAL;          //广播间隔为 40 ms
    init.config.ble_adv_fast_timeout = APP_ADV_DURATION;           //将广播超时时间修改为 30 s

    init.config.ble_adv_slow_enabled = true;                       //增加慢广播
    init.config.ble_adv_slow_interval = 160;                       //将广播间隔修改为 100 ms
    init.config.ble_adv_slow_timeout = 0;                          //无超时时间
    init.evt_handler = on_adv_evt;
```

```
    err_code = ble_advertising_init(&m_advertising, &init);
    APP_ERROR_CHECK(err_code);

    ble_advertising_conn_cfg_tag_set(&m_advertising, APP_BLE_CONN_CFG_TAG);
}
```

（2）添加按键功能。添加按键修改函数 1，代码如下：

```
/*@brief Function for update the Advertising functionality.*/
static void advertising_update_1(void)
{
    uint32_t err_code;
    ble_gap_conn_sec_mode_t sec_mode;
    ble_advertising_init_t init;
    ble_advdata_manuf_data_t my_advdata_manuf_data;                    //私有数据
    static uint8_t my_advdata_data[27] = {0x00, 0x01, 0x02, 0x03, 0x04};

    err_code = sd_ble_gap_adv_stop(m_advertising.adv_handle);
    APP_ERROR_CHECK(err_code);

    memset(&init, 0, sizeof(init));
    init.advdata.name_type = BLE_ADVDATA_FULL_NAME;
    init.advdata.include_appearance = false;
    init.advdata.flags = BLE_GAP_ADV_FLAGS_LE_ONLY_GENERAL_DISC_MODE;

    init.srdata.uuids_complete.uuid_cnt = sizeof(m_adv_uuids) / sizeof(m_adv_uuids[0]);
    init.srdata.uuids_complete.p_uuids = m_adv_uuids;

    //添加厂商数据
    my_advdata_manuf_data.company_identifier = 0x5257;
    my_advdata_manuf_data.data.p_data = my_advdata_data;
    my_advdata_manuf_data.data.size = 5;
    init.advdata.p_manuf_specific_data = &my_advdata_manuf_data;

    init.config.ble_adv_fast_enabled = true;
    init.config.ble_adv_fast_interval = APP_ADV_INTERVAL;
    init.config.ble_adv_fast_timeout = APP_ADV_DURATION;

    init.config.ble_adv_slow_enabled = true;
    init.config.ble_adv_slow_interval = 160;
    init.config.ble_adv_slow_timeout = 0;

    init.evt_handler = on_adv_evt;
```

```
    err_code = ble_advertising_init(&m_advertising, &init);
    APP_ERROR_CHECK(err_code);

    ble_advertising_conn_cfg_tag_set(&m_advertising, APP_BLE_CONN_CFG_TAG);

    err_code = ble_advertising_start(&m_advertising, BLE_ADV_MODE_FAST);
    APP_ERROR_CHECK(err_code);
}
```

添加按键修改函数 2，代码如下：

```
/*@brief Function for update the Advertising functionality*/
static void advertising_update_2(void)
{
    uint32_t err_code;
    ble_gap_conn_sec_mode_t sec_mode;
    ble_advertising_init_t init;
    ble_advdata_manuf_data_t my_advdata_manuf_data;                          //私有数据
    static uint8_t my_advdata_data[27] = {0xAA, 0xBB, 0xCC, 0xDD, 0xEE};     //修改的广播数据包

    err_code = sd_ble_gap_adv_stop(m_advertising.adv_handle);
    APP_ERROR_CHECK(err_code);

    memset(&init, 0, sizeof(init));
    init.advdata.name_type = BLE_ADVDATA_FULL_NAME;
    init.advdata.include_appearance = false;
    init.advdata.flags = BLE_GAP_ADV_FLAGS_LE_ONLY_GENERAL_DISC_MODE;

    init.srdata.uuids_complete.uuid_cnt = sizeof(m_adv_uuids) / sizeof(m_adv_uuids[0]);
    init.srdata.uuids_complete.p_uuids = m_adv_uuids;

    //添加厂商数据
    my_advdata_manuf_data.company_identifier = 0x5257;
    my_advdata_manuf_data.data.p_data = my_advdata_data;
    my_advdata_manuf_data.data.size = 5;
    init.advdata.p_manuf_specific_data = &my_advdata_manuf_data;

    init.config.ble_adv_fast_enabled = true;
    init.config.ble_adv_fast_interval = APP_ADV_INTERVAL;
    init.config.ble_adv_fast_timeout = APP_ADV_DURATION;

    init.config.ble_adv_slow_enabled = true;
    init.config.ble_adv_slow_interval = 160;
    init.config.ble_adv_slow_timeout = 0;
```

```
    init.evt_handler = on_adv_evt;

    err_code = ble_advertising_init(&m_advertising, &init);
    APP_ERROR_CHECK(err_code);

    ble_advertising_conn_cfg_tag_set(&m_advertising, APP_BLE_CONN_CFG_TAG);

    err_code = ble_advertising_start(&m_advertising, BLE_ADV_MODE_FAST);
    APP_ERROR_CHECK(err_code);
}
```

按键处理函数的代码如下：

```
/*@brief Function for handling events from the BSP module.
*@param[in]    event    Event generated by button press.*/
void bsp_event_handler(bsp_event_t event)
{
    uint32_t err_code;
    switch (event)
    {
        case BSP_EVENT_SLEEP:
            sleep_mode_enter();
        break;
        case BSP_EVENT_DISCONNECT:
            err_code = sd_ble_gap_disconnect(m_conn_handle,
                                BLE_HCI_REMOTE_USER_TERMINATED_CONNECTION);
            if (err_code != NRF_ERROR_INVALID_STATE)
            {
                APP_ERROR_CHECK(err_code);
            }
        break;
        case BSP_EVENT_WHITELIST_OFF:
            if (m_conn_handle == BLE_CONN_HANDLE_INVALID)
            {
                err_code = ble_advertising_restart_without_whitelist(&m_advertising);
                if (err_code != NRF_ERROR_INVALID_STATE)
                {
                    APP_ERROR_CHECK(err_code);
                }
            }
        break;
        //添加按键功能的代码
        case BSP_EVENT_KEY_1:
```

```
            NRF_LOG_INFO("key2 ON");
            advertising_update_1();
        break;
        case BSP_EVENT_KEY_2:
            NRF_LOG_INFO("key3 ON");
            advertising_update_2();
        break;
        default:
        break;
    }
}
```

使用 Android 版 nRF Connect 扫描低功耗蓝牙 5.x 广播，可以发现：在启动广播后进入快广播模式，如图 3-9 所示；30 s 后，进入慢广播模式，如图 3-10 所示。

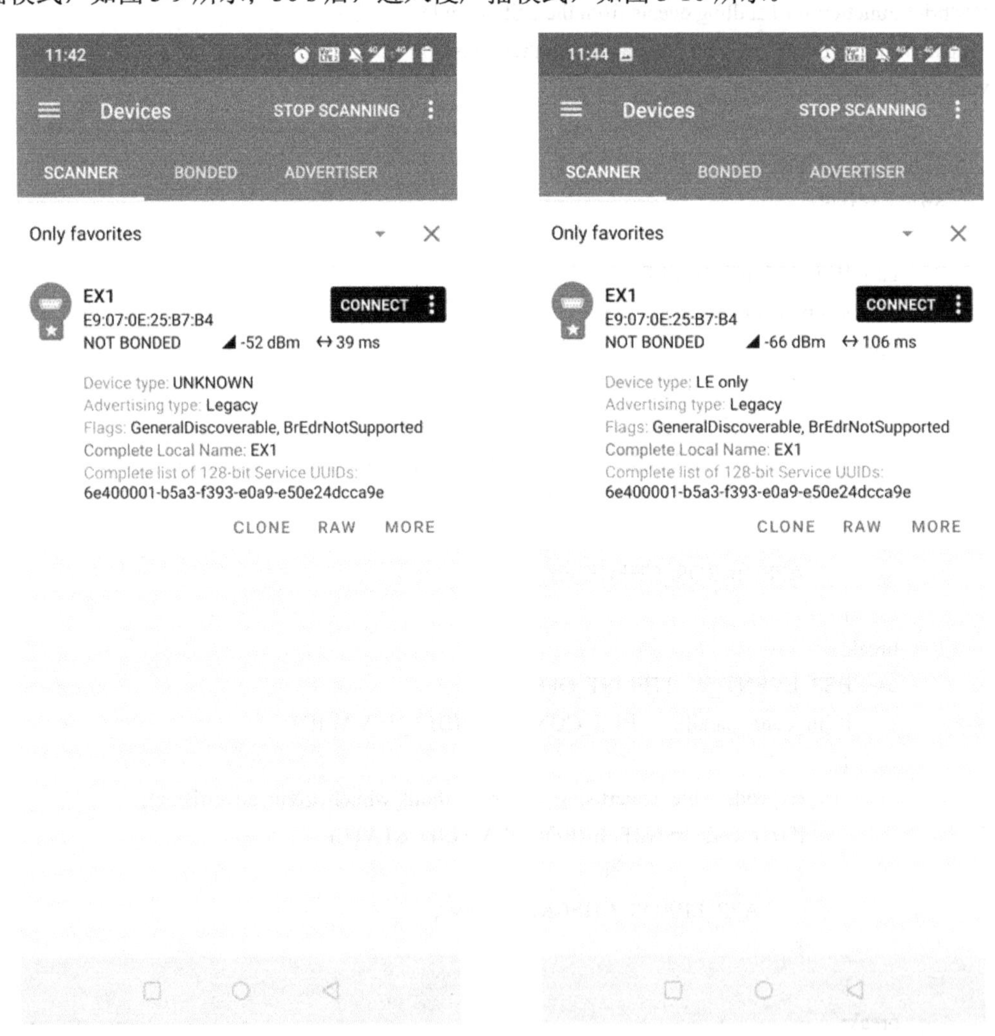

图 3-9　　　　图 3-10

按下按键后，可以修改广播的内容，如图 3-11 和图 3-12 所示。

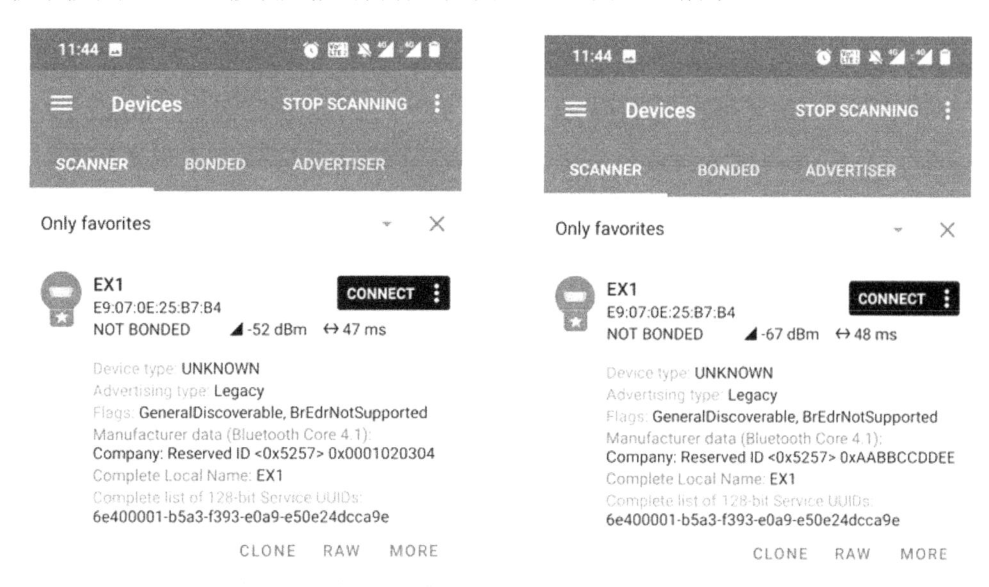

图 3-11　　　　图 3-12

3.5 实验小结

本章主要介绍低功耗蓝牙 5.x 广播的工作原理，通过本章的实验，开发者可以掌握低功耗蓝牙 5.x 广播的初始化方法，以及广播名称和广播内容的修改方法。

第4章

实验3：低功耗蓝牙5.x双向通信的实现

4.1 实验目标

（1）掌握低功耗蓝牙串口通信例程。

（2）掌握低功耗蓝牙5.x服务、特性的创建及使用，以及低功耗蓝牙5.x事件处理接口调用。

（3）了解低功耗蓝牙 5.x 建立连接的过程、数据收发，以及低功耗蓝牙 5.x 通信速率等参数。

（4）掌握手机版 nRF Connect、PC 版 nRF Connect、RTT 打印 Log、nrfjprog 工具常用命令等的使用方法。

4.2 实验准备

本实验是在 SDK 17.1.0 的低功耗蓝牙串口通信例程 ble_app_uart 上进行的，使用的协议栈为 S140，使用的开发板是 nRF52840 DK，使用的开发环境是 SES 和 Android 版 nRF Connect 工具，本实验的例程是 examples\ble_peripheral\ble_app_uart_EX2。

4.3 背景知识

4.3.1 低功耗蓝牙5.x双向通信的基本概念

本节主要对低功耗蓝牙 5.x 双向通信的基本概念进行简要介绍，开发者可参考低功耗蓝牙5.x的规范来详细了解这些基本概念。

本节涉及属性协议（Attribute Protocol）的概念，属性协议（ATT 协议）定义了两种角色：服务器（Server）和客户端（Client）。

服务器（Server）：提供数据的蓝牙设备。

客户端（Client）：需要数据的蓝牙设备。

简单来说，属性协议就是用于在服务器和客户端之间进行通信的协议。服务器保存了一个类似“属性数据库”的东西，其中包含了一系列的属性及其特性。而客户端可以通过属性协议从服务器获取这些属性。再具体一些，客户端可以查询（Discover）、读取（Read）甚至配置（Write）服务器中保存的属性。在配置之后，服务器可以实时地告知客户端属性值的变化。通知可以是无须客户端应答的（Notification），也可以是需要客户端响应的（Indication）。

为了便于理解，这里做进一步说明，属性协议允许服务器之类的设备将一组属性及其关联的值公开给对端（客户端之类的设备）。服务器公开的这些属性可以被客户端发现、读取和配置，并且可以由服务器指示和通知。

请求（Request）：客户端向服务器请求数据。

响应（Response）：服务器对请求的应答。

命令（Command）：客户端发送命令到服务器，无应答。

通知（Notification）：服务器主动将通知发送到客户端，无应答。

指示（Indication）：服务器主动向客户端发送指示，客户端需要确认。

确认（Confirmation）：客户端对指示进行应答。

其中请求和命令是由客户端主动发起的行为；通知和指示是指服务器将属性数值发送给客户端，以告知属性值已发生变化。

上面的通信方式中 Request 和 Response 是一对操作，Indication 和 Confirmation 也是一对操作，在没有得到对方的应答或者确认信息之前是不能进行下一个数据的请求或者指示数据。命令和通知因为没有应答信息，所以可以在任何时候进行。

低功耗蓝牙把所有事物、状态抽象成属性，属性是一条公开的带有标签的、可以被寻址的数据实体，包含标识符、句柄、数据内容、访问权限、安全等。

服务器的属性由属性句柄（Attribute Handle）、属性类型（Attribute Type）、属性值（Attribute Value）、属性许可（Attribute Permissions）组成，如图 4-1 所示。

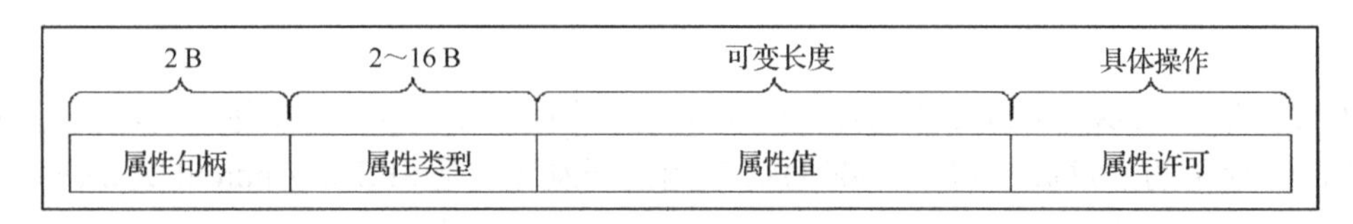

图 4-1

（1）属性类型（Attribute Type）。可以被公开的数据有许多类型，如温度、压强、体积、距离、功率、时间、充电状态、开关状态、状态机的状态等。为了区分如此多的数据类型，低功耗蓝牙采用一串 128 bit 的识别码来标识属性类型。这个从时间尺度和空间尺度都具有唯一性的识别码称为 UUID（Universally Unique Identifier），该识别码（数字串）在全球范围内不会重复，并且在可预见的未来也不会重复。

由于 128 bit 的 UUID 相当长，设备间为了识别数据的类型需要发送 16 B 的数据。为了提高传输效率，蓝牙技术联盟（SIG）定义了一个称为蓝牙基础 UUID 的 128 bit 的通用唯一识别码，可结合一个较短的 16 bit 数字串使用。蓝牙基础 UUID 和 16 bit 的数字串仍然遵循通用唯一识别码的分配规则，不过在设备间传输常用的 UUID 时，可以只发送 16 bit 的数字串，接收方收到后补上蓝牙基础 UUID 即可。

蓝牙基础 UUID 为“00000000-0000-1000-8000-00805F9B34FB”，假如要发送 16 bit 的数

字串为0x2a01，则完整的128 bit的UUID为“00002a01-0000-1000-8000-00805F9B34FB”。

（2）属性句柄。属性句柄犹如指向属性实体的指针，对端设备可通过属性句柄来访问该属性。属性句柄是一个2 B的数字串，有效范围为0x0001～0xFFFF。0x0000表示无效句柄，不能用于寻址属性。属性句柄为有序排列，后面的值会大于前面的值，通常下一个属性句柄的值是当前属性句柄的值加1。

（3）属性值（Attribute Value）。属性值是一个8 bit的字节数组，属性值的长度不包含在PDU中，所以需要从PDU的长度间接推算属性值的长度。属性值通常在一个PDU中发送，如果属性值太长，则可以通过多个PDU发送。

（4）属性许可（Attribute Permissions）。属性许可仅仅是对属性值的一种保护，对属性句柄和属性类型没有影响。也就是说，对方设备（对端）对这个属性许可的操作具有什么样的权限，也就规定了这个属性许可的安全级别。例如，读写是否需要认证或者需要授权。注意：属性许可是不能通过属性发现协议获取到的，只能在获取对方某个属性时，如果需要什么权限，对方就会发一个状态过来，根据状态进行下一步操作。

如果对安全属性的访问需要经过身份认证的连接，而客户端在服务器上没有经过安全性验证，则服务器会发送一个错误代码“Insufficient Authentication”（身份验证不足）给客户端。当客户端收到这个错误代码时，可以尝试对连接进行身份验证，如果身份验证成功的，就可以访问这个属性。

如果对安全属性的访问需要加密连接，而连接不是加密的，则服务器会发送错误代码“Insufficient Encryption”（加密不足）给客户端。当客户端收到这个错误代码时，可以尝试发起加密请求，如果加密成功，就可以访问这个属性。

在低功耗蓝牙5.x的双向通信中，作为客户端（Client）的设备，可以通过写命令（Write Command）和写请求（Write Request）向服务器发送数据，可参考低功耗蓝牙5.x协议第3卷Part F中的3.4.5节。

写命令：客户端向服务器发送命令，不需要服务器应答。

写请求：客户端向服务器发送请求，需要服务器应答。

在低功耗蓝牙5.x的双向通信中，作为服务器的设备，可以通过Notification（通知）和Indication（指示）向客户端发送数据，具体可参考低功耗蓝牙5.x协议第3卷Part F中的3.4.7节。

Notification：服务器向客户端发送通知，不需要客户端应答。

Indication：服务器向客户端发送通知，需要客户端应答。

ATT_MTU：MTU是Maximum Transmission Unit的简写，表示在一个传输单元中的最大有效数据传输量，MTU的格式为“op_code（1 B）attr handle（2 B）”，因此在一个传输单元中，开发者实际可传输的数据量为ATT_MTU－3 B。在低功耗蓝牙4.0中，只支持23 B的ATT_MTU，在低功耗蓝牙4.2及以后的版本中，ATT_MTU最大可以是247 B。

CLE：CLE是Connection Event Length Extension的简写，表示连接事件长度扩展。在低功耗蓝牙4.0中，单个连接间隔最多只能发送4个（iOS）或者6个（Android）数据包。当采用CLE时，协议栈会判断连接间隔剩下的时间是否还可以发送数据包，如果还可以发送数据包，则会继续发送数据，而且不限制数据包的数量。

Connection Interval：连接间隔，表示主机和从机在建立连接以后每隔多长时间交互一次数据，iOS要求连接间隔最小为15 ms，最大连接间隔和最小连接间隔之差最低为15 ms，因此 iOS 支持的连接间隔为 15～30 ms；Android 要求连接间隔最小为 7.5 ms。

4.3.2　低功耗蓝牙 5.x 双向通信的连接建立过程

当主机扫描到某个从机的广播后，可以通过发送连接请求来建立连接。连接建立过程如图 4-2 所示。

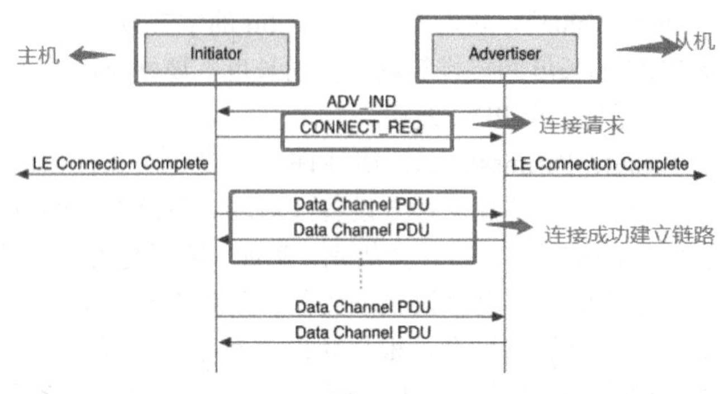

图 4-2

在主机和从机建立连接后，会约定一些连接参数，如连接间隔、从机延时、监管超时等，如图 4-3 所示。这些参数是由主机决定的，而从机只能请求这些参数。

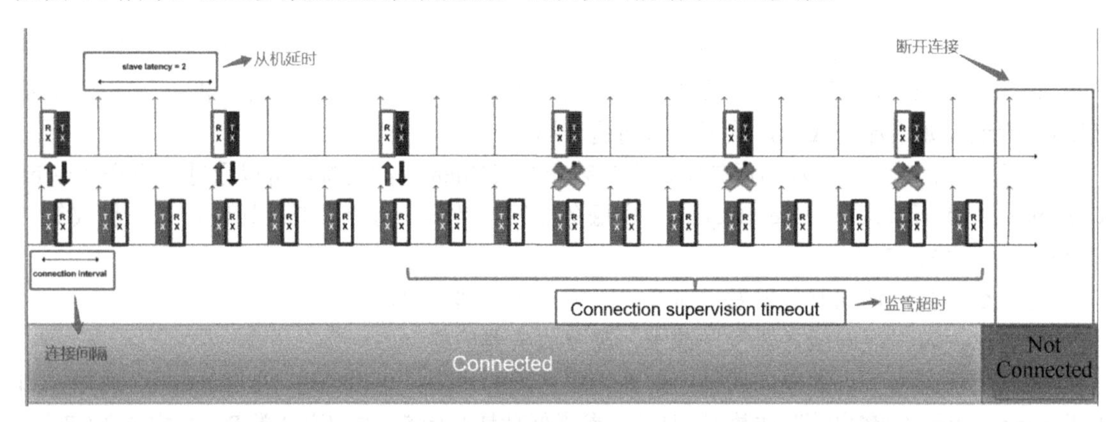

图 4-3

连接间隔约定了主机和从机之间交互数据的间隔，即使应用层没有数据交互，链路层也会有空包（不包括用户数据的数据包）进行交互；从机延时约定了空包的交互次数；监管超时约定了当主机和从机超过一定的时间没有进行空包交互时，认定连接不可靠，从而断开主机和从机的连接。

4.4　实验步骤

本实验需要准备一块 nRF52840 DK 开发板和一部安装了 Android 版 nRF Connect 的手机，如图 4-3 所示。

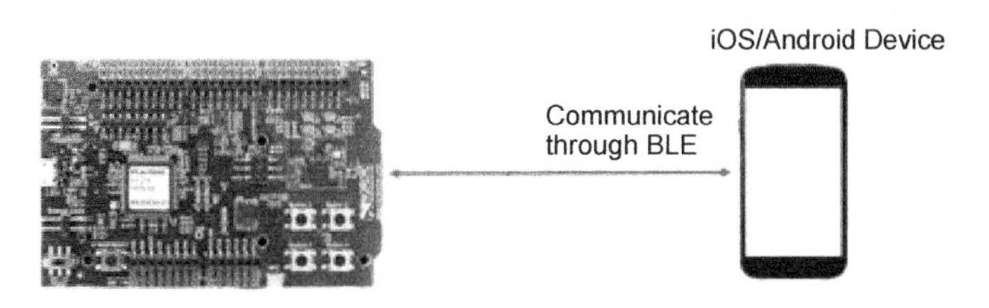

图 4-4

4.4.1　低功耗蓝牙 5.x 串口通信服务的实现

Nordic 的 SDK 中提供了一个可以直接编译和运行的低功耗蓝牙串口通信例程 ble_app_uart，本实验使用 Nordic UART Service（NUS: Nordic 透传服务）实现低功耗蓝牙 5.x 串口通信服务。实现方法如下：

（1）选择与 nRF52840 DK 开发板对应的工程文件，并将 nRF52840 DK 开发板与计算机连接后，编译低功耗蓝牙串口通信例程 ble_app_uart，生成目标固件，如图 4-4 所示。

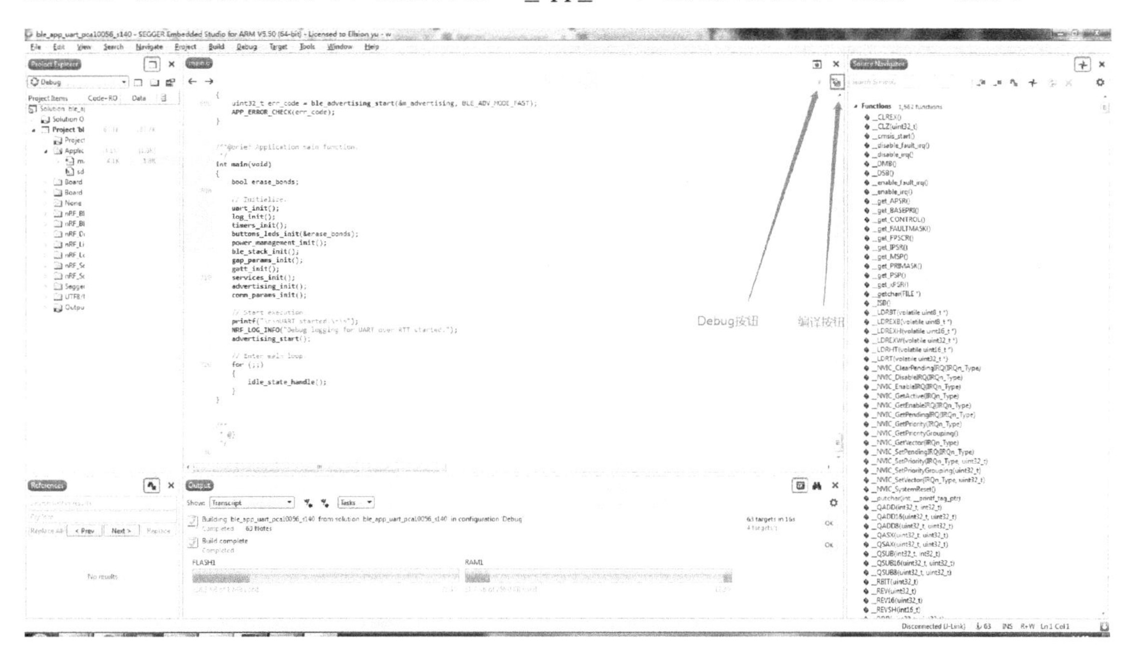

图 4-5

（2）将目标固件下载到 nRF52840 DK 开发板后，可以看到 nRF52840 DK 开发板的 LED1 在闪烁，表明低功耗蓝牙串口通信例程 ble_app_uart 在 nRF52840 DK 开发板上运行正常，同时在 Debug Terminal 调试窗口中可以看到输出的日志（Log），如图 4-6 所示。

（3）通过 Android 版 nRF Connect 扫描低功耗蓝牙设备（烧录了低功耗蓝牙串口通信例程的 nRF52840 DK 开发板），可以看到一个名为 Nordic_UART 的广播，如图 4-7（a）所示。单击“CONNECT”按钮，可以在手机与低功耗蓝牙设备（nRF52840 DK 开发板）之间建立连接，连接成功后，低功耗蓝牙设备（nRF52840 DK 开发板）上的 LED1 常亮。

（4）连接成功后，在 Android 版 nRF Connect 中看到的 Nordic UART Service（NUS）就是低

功耗蓝牙 5.x 串口通信服务，包括 TX Characteristic 和 RX Characteristic，如图 4-7（b）所示。

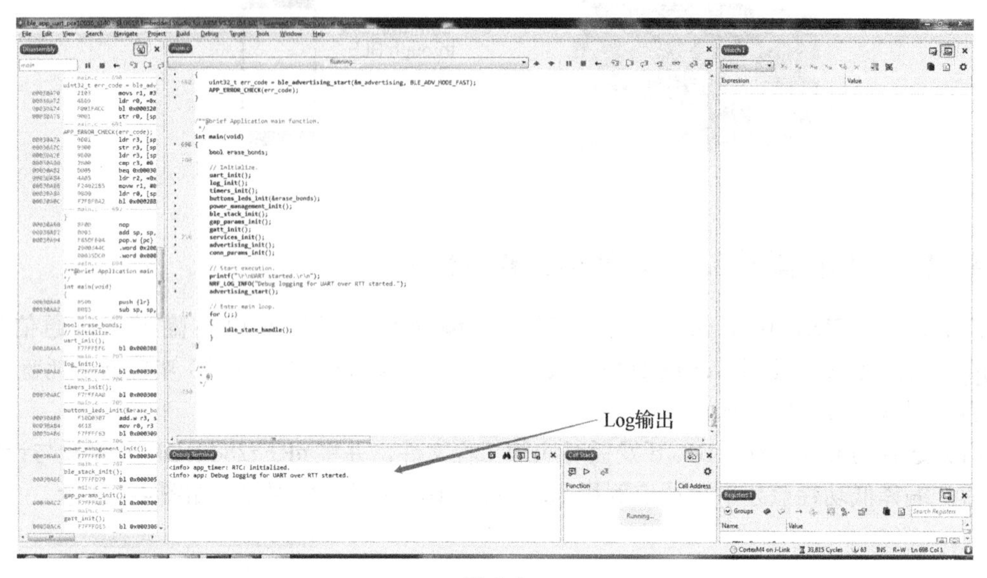

图 4-6

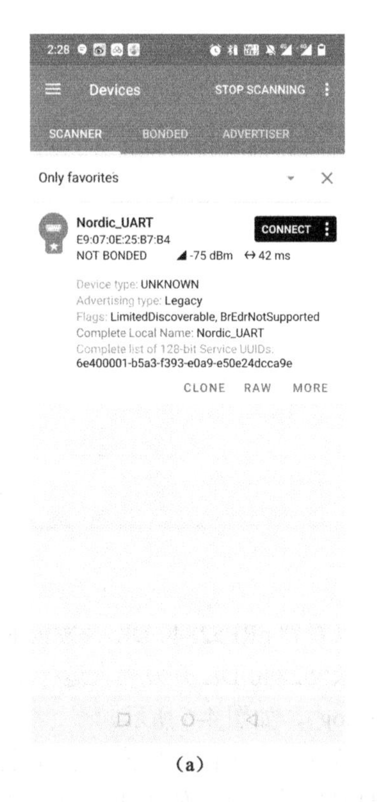

（a）

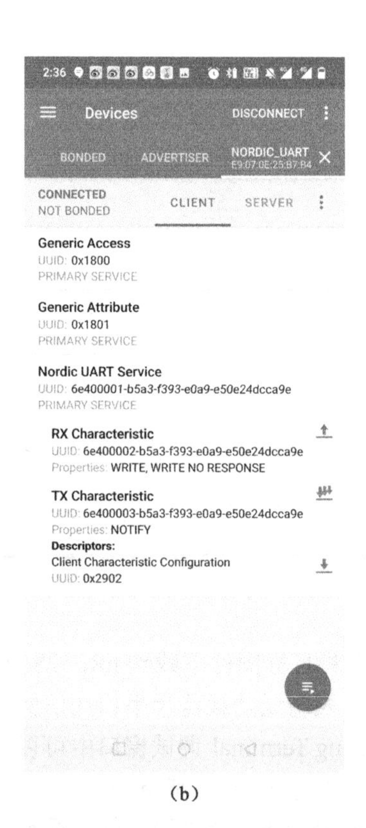

（b）

图 4-7

（5）在计算机中打开串口调试助手，将波特率设置为“115200”，通过串口接收低功耗蓝牙设备（nRF52840 DK 开发板）发送的数据，重新运行低功耗蓝牙串口通信例程 ble_app_uart，可看到如图 4-8 所示的信息“UART started”，代表程序正常运行。

图 4-8

（6）重新连接手机和低功耗蓝牙设备（nRF52840 DK 开发板）后，使能 CCCD，如图 4-9 所示，就可以接收低功耗蓝牙设备（nRF52840 DK 开发板）发来的数据，并通过串口调试助手打印出来。

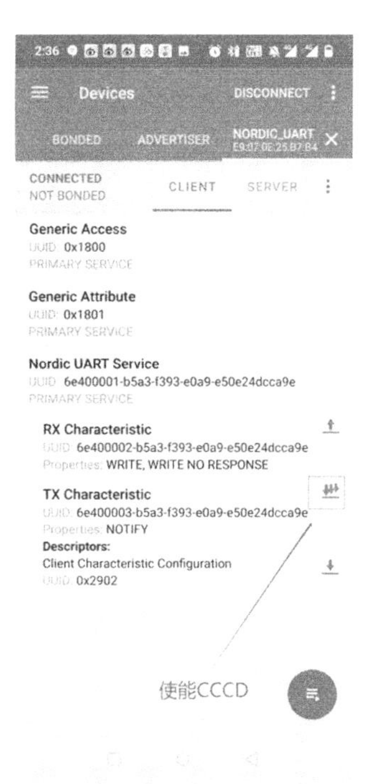

图 4-9

（7）在计算机中通过串口调试助手发送“123456”，如图 4-10 所示。

图 4-10

（8）在手机上能够显示出低功耗蓝牙设备（nRF52840 DK 开发板）发来的数据“123456”，如图 4-11（a）所示；通过手机发送“hello”，如图 4-11（b）所示。

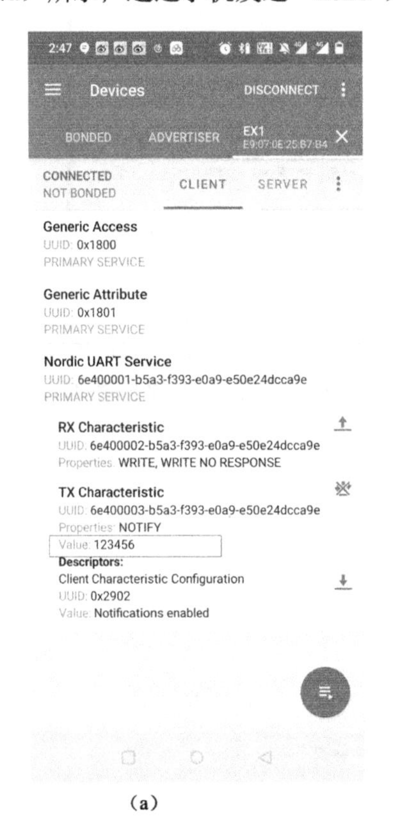

（a）

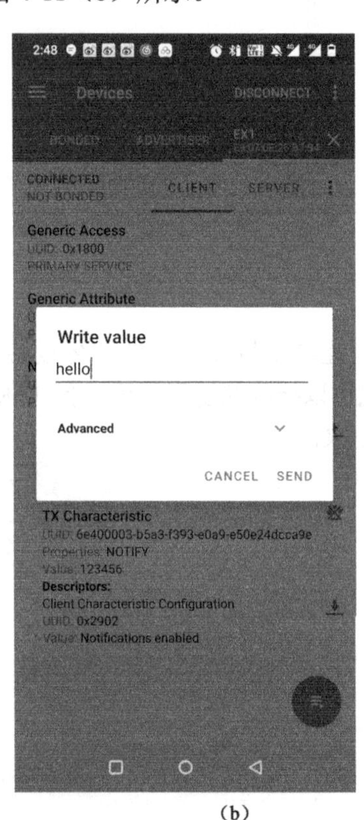

（b）

图 4-11

（9）低功耗蓝牙设备（nRF52840 DK 开发板）接收到手机发送的“hello”后，串口调试助手会显示“hello”，如图 4-12 所示。

图 4-12

4.4.2　main 函数的解析

main 函数如图 4-13 所示，其解析详见图 4-13 中的注释。

```
/**@brief Application main function.
 */
int main(void)
{
    bool erase_bonds;

    // Initialize.
    uart_init();
    log_init();
    timers_init();
    buttons_leds_init(&erase_bonds);
    power_management_init();
    ble_stack_init();
    gap_params_init();
    gatt_init();
    services_init();
    advertising_init();
    conn_params_init();

    // Start execution.
    printf("\r\nUART started.\r\n");
    NRF_LOG_INFO("Debug logging for UART over RTT started.");
    advertising_start();

    // Enter main loop.
    for (;;)
    {
        idle_state_handle();
    }
}


/**
 * @}
 */
```

UART初始化，串口交互
Log初始化，用来打印日志
app_timer初始化，低功耗定时timer
按键和LED初始化
低功耗管理模块初始化
协议栈初始化
GATT层参数
蓝牙服务初始化
GAP层，广播，连接参数初始化
开始广播
idle模式

图 4-13

4.4.3　协议栈初始化分析

函数 ble_stack_init()用于初始化并使能低功耗蓝牙 5.x 的协议栈，其代码如图 4-14 所示。

```
/**@brief Function for the SoftDevice initialization.
 *
 * @details This function initializes the SoftDevice and the BLE event interrupt.
 */
static void ble_stack_init(void)
{
    ret_code_t err_code;

    err_code = nrf_sdh_enable_request();    使能协议栈
    APP_ERROR_CHECK(err_code);

    // Configure the BLE stack using the default settings.
    // Fetch the start address of the application RAM.
    uint32_t ram_start = 0;
    err_code = nrf_sdh_ble_default_cfg_set(APP_BLE_CONN_CFG_TAG, &ram_start);    蓝牙协议栈配置
    APP_ERROR_CHECK(err_code);

    // Enable BLE stack.
    err_code = nrf_sdh_ble_enable(&ram_start);    使能蓝牙
    APP_ERROR_CHECK(err_code);

    // Register a handler for BLE events.
    NRF_SDH_BLE_OBSERVER(m_ble_observer, APP_BLE_OBSERVER_PRIO, ble_evt_handler, NULL);    注册BLE回调函数
}
```

图 4-14

其中，函数 nrf_sdh_enable_request()需要选择低功耗蓝牙 5.x 协议栈的低频时钟（低功耗蓝牙 5.x 协议栈的高频时钟必须为 32 MHz 的外部晶振，无须配置高频时钟；低频时钟可以选择为内部 32 kHz 的 RC 振荡器或者 32 kHz 的外部晶振，需要手动配置低频时钟），需要根据实际情况调整以下宏定义。

```
nrf_clock_lf_cfg_t const clock_lf_cfg =
{
```

```
        .source = NRF_SDH_CLOCK_LF_SRC,
        .rc_ctiv = NRF_SDH_CLOCK_LF_RC_CTIV,
        .rc_temp_ctiv = NRF_SDH_CLOCK_LF_RC_TEMP_CTIV,
        .accuracy = NRF_SDH_CLOCK_LF_ACCURACY
};
```

低功耗蓝牙 5.x 服务的初始化是通过函数 services_init()实现的，该函数可以添加低功耗蓝牙 5.x 服务特性，如图 4-15 所示。

```
/**@brief Function for initializing services that will be used by the application.
 */
static void services_init(void)
{
    uint32_t           err_code;
    ble_nus_init_t     nus_init;
    nrf_ble_qwr_init_t qwr_init = {0};

    // Initialize Queued Write Module.
    qwr_init.error_handler = nrf_qwr_error_handler;

    err_code = nrf_ble_qwr_init(&m_qwr, &qwr_init);
    APP_ERROR_CHECK(err_code);

    // Initialize NUS.
    memset(&nus_init, 0, sizeof(nus_init));

    nus_init.data_handler = nus_data_handler;   添加服务回调函数

    err_code = ble_nus_init(&m_nus, &nus_init);   服务初始化
    APP_ERROR_CHECK(err_code);
}
```

图 4-15

添加 TX Characteristic 和 RX Characteristic 的代码如图 4-16 所示。

```
    // Add the RX Characteristic.
    memset(&add_char_params, 0, sizeof(add_char_params));
    add_char_params.uuid                     = BLE_UUID_NUS_RX_CHARACTERISTIC;
    add_char_params.uuid_type                = p_nus->uuid_type;
    add_char_params.max_len                  = BLE_NUS_MAX_RX_CHAR_LEN;
    add_char_params.init_len                 = sizeof(uint8_t);
    add_char_params.is_var_len               = true;
    add_char_params.char_props.write         = 1;
    add_char_params.char_props.write_wo_resp = 1;

    add_char_params.read_access  = SEC_OPEN;
    add_char_params.write_access = SEC_OPEN;

    err_code = characteristic_add(p_nus->service_handle, &add_char_params, &p_nus->rx_handles);
    if (err_code != NRF_SUCCESS)
    {
        return err_code;
    }

    // Add the TX Characteristic.
    /**@snippet [Adding proprietary characteristic to the SoftDevice] */
    memset(&add_char_params, 0, sizeof(add_char_params));
    add_char_params.uuid              = BLE_UUID_NUS_TX_CHARACTERISTIC;
    add_char_params.uuid_type         = p_nus->uuid_type;
    add_char_params.max_len           = BLE_NUS_MAX_TX_CHAR_LEN;
    add_char_params.init_len          = sizeof(uint8_t);
    add_char_params.is_var_len        = true;
    add_char_params.char_props.notify = 1;

    add_char_params.read_access       = SEC_OPEN;
    add_char_params.write_access      = SEC_OPEN;
    add_char_params.cccd_write_access = SEC_OPEN;

    return characteristic_add(p_nus->service_handle, &add_char_params, &p_nus->tx_handles);
    /**@snippet [Adding proprietary characteristic to the SoftDevice] */
```

图 4-16

当事件被触发时，协议栈会将事件通知给应用层，这时就需要处理事件的回调函数，相关代码如图 4-17 所示。

```
void ble_nus_on_ble_evt(ble_evt_t const * p_ble_evt, void * p_context)
{
    if ((p_context == NULL) || (p_ble_evt == NULL))
    {
        return;
    }

    ble_nus_t * p_nus = (ble_nus_t *)p_context;

    switch (p_ble_evt->header.evt_id)
    {
        case BLE_GAP_EVT_CONNECTED:
            on_connect(p_nus, p_ble_evt);
            break;

        case BLE_GATTS_EVT_WRITE:
            on_write(p_nus, p_ble_evt);
            break;

        case BLE_GATTS_EVT_HVN_TX_COMPLETE:
            on_hvx_tx_complete(p_nus, p_ble_evt);
            break;

        default:
            // No implementation needed.
            break;
    }
}
```

图 4-17

图 4-17 中的函数都是 SDK 中的库函数，开发者无须修改，只需要知道协议栈是如何把事件通知到应用层的，调用了哪些回调函数即可。当添加 TX Characteristic 和 RX Characteristic 后，协议栈就会通过结构体指针通知应用层，通过函数 on_write()可以查看具体的实现。

4.5 低功耗蓝牙 5.x 的传输速率

虽然低功耗蓝牙主要应用于小数据量、低功耗的应用，但在某些时刻也需要传输较大的数据量，为此低功耗蓝牙 5.x 优化了协议栈，增加了 LE 2M PHY 的选项。本节对低功耗蓝牙 5.x 中的最大传输速率进行介绍，以便在后续的开发中使用这一新的功能。

4.5.1 传输速率的理论值

本节只讨论最大传输速率，所以只关注无应答的 Notification 和 Indication，开发者可参考协议栈手册中的 BLE data throughput 进一步了解传输速率的理论值。Nordic 官方公布的传输速率理论值如下：

在 ATT_MTU=23，并且其他特性都不打开的情况下，即 BLE 4.0 的标准特性，传输速率如图 4-18 所示。在 LE 1M PHY 选项下，nRF52 芯片的传输速率为 192 kbps，提高了 53 kbps 左右；在 LE 2M PHY 选项下，传输速率为 256 kbps。

Protocol	ATT MTU size	Event length	Method	Maximum data throughput (LE 1M PHY)	Maximum data throughput (LE 2M PHY)
GATT Client	23	7.5 ms	Receive Notification	192.0 kbps	256.0 kbps
			Send Write command	192.0 kbps	256.0 kbps
			Send Write request	10.6 kbps	10.6 kbps
			Simultaneous receive Notification and send Write command	128.0 kbps (each direction)	213.3 kbps (each direction)
GATT Server	23	7.5 ms	Send Notification	192.0 kbps	256.0 kbps
			Receive Write command	192.0 kbps	256.0 kbps
			Receive Write request	10.6 kbps	10.6 kbps

图 4-18

在 ATT_MTU=158，并且其他特性都不打开的情况下，传输速率如图 4-19 所示，可以看到，在 LE 2M PHY 选项下，传输速率为 330.6 kbps。

Protocol	ATT MTU size	Event length	Method	Maximum data throughput (LE 1M PHY)	Maximum data throughput (LE 2M PHY)
			Simultaneous send Notification and receive Write command	128.0 kbps (each direction)	213.3 kbps (each direction)
GATT Server	158	7.5 ms	Send Notification	248.0 kbps	330.6 kbps
			Receive Write command	248.0 kbps	330.6 kbps
			Receive Write request	82.6 kbps	82.6 kbps
			Simultaneous send Notification and receive Write command	165.3 kbps (each direction)	275.5 kbps (each direction)

图 4-19

在 ATT_MTU=247、DLE=251、CLE=conn interval 情况下，传输速率如图 4-20 所示。在打开 CLE 的情况下，传输速率最高可达 1376.2 kbps，这是低功耗蓝牙 5.x 目前所能达到的最大传输速率。

Protocol	ATT MTU size	LL payload size	Connection interval	Method	Maximum data throughput (LE 1M PHY)	Maximum data throughput (LE 2M PHY)
GATT Server	247	251	50 ms	Send Notification	702.8 kbps	1327.5 kbps
				Receive Write command	702.8 kbps	1327.5 kbps
				Simultaneous send Notification and receive Write command	390.4 kbps (each direction)	780.8 kbps (each direction)
GATT Server	247	251	400 ms	Send Notification	771.1 kbps	1376.2 kbps
				Receive Write command	760.9 kbps	1376.2 kbps
				Simultaneous send Notification and receive Write command	424.6 (each direction)	800.4 kbps (each direction)
Raw LL data	N/A	251	400 ms	N/A	803 kbps	1447.2 kbps

图 4-20

4.5.2　影响传输速率的主要因素

在低功耗蓝牙5.x应用中，有时需要快速地在两个低功耗蓝牙设备之间传输大量的数据，这时就需要知道低功耗蓝牙 5.x 的最大传输速率是多少，以及如何达到最大传输速率。影响低功耗蓝牙5.x传输速率的主要因素包括：

（1）连接间隔。

（2）连接间隔传输的数据包数量。

（3）数据包的大小。

要想达到最大传输速率（吞吐率），就需要尽量利用低功耗蓝牙5.x的带宽。

4.5.3　代码实例测试

根据前两节的讨论可知，要达到最大传输速率，就需要配置以下参数：

（1）增大ATT_MTU。目前低功耗蓝牙5.x协议栈支持的最大ATT_MTU为247，如果要修改，可以更改sdk_config.h中的如下选项：

```
//<o> NRF_SDH_BLE_GATT_MAX_MTU_SIZE - Static maximum MTU size.
#ifndef NRF_SDH_BLE_GATT_MAX_MTU_SIZE
#define NRF_SDH_BLE_GATT_MAX_MTU_SIZE 247
#endif
```

（2）增大DLE。目前低功耗蓝牙5.x协议栈支持的最大DLE为251，如果要修改，可以更改sdk_config.h中的如下选项：

```
//<i>Requested BLE GAP data length to be negotiated.
#ifndef NRF_SDH_BLE_GAP_DATA_LENGTH
#define NRF_SDH_BLE_GAP_DATA_LENGTH 251
#endif
```

（3）打开CLE。CLE是指连接事件长度扩展，可以通过下面的接口进行配置，该参数的配置是在协议栈初始化之后进行的。

```
//status 为 true 时，打开 CLE
void conn_evt_len_ext_set(bool status)
{
    ret_code_t err_code;
    ble_opt_t    opt;

    memset(&opt, 0x00, sizeof(opt));
    opt.common_opt.conn_evt_ext.enable = status ? 1 : 0;

    err_code = sd_ble_opt_set(BLE_COMMON_OPT_CONN_EVT_EXT, &opt);
    APP_ERROR_CHECK(err_code);
}
```

这里还有一个参数需要注意，即 NRF_SDH_BLE_GAP_EVENT_LENGTH，这个参数定义了连接事件的长度，单位是1.25 ms。该参数可在sdk_config.h中配置，在一般情况下，该参数的值可以等于连接间隔。

```
//<o>NRF_SDH_BLE_GAP_EVENT_LENGTH - GAP event length.
//<i> The time set aside for this connection on every connection interval in 1.25 ms units.
#ifndef NRF_SDH_BLE_GAP_EVENT_LENGTH
#define NRF_SDH_BLE_GAP_EVENT_LENGTH 400
#endif
```

（4）选择 LE 2M PHY 选项。目前低功耗蓝牙 5.x 协议栈支持 3 种 LE PHY，分别是 LE 1M PHY、LE 2M PHY 和 LE Coded PHY，其中 LE 2M PHY 用于高速模式。需要注意的是：选择 LE 2M PHY 选项后，低功耗蓝牙 5.x 的通信距离会有所降低（这是因为高速模式的接收灵敏度会有所下降），LE 2M PHY 通信距离通常为 LE 1M PHY 通信距离的 80%。LE Coded PHY 用于长距离模式，可以将低功耗蓝牙 5.x 的通信距离提升 4 倍，LE 2M PHY 兼顾了通信距离和传输速率，开发者可以在实际应用中根据自己的需要综合考虑。

LE PHY 可以通过调用 sd_ble_gap_phy_update(uint16_t conn_handle, ble_gap_phys_t const *p_gap_phys)函数进行更新，外设在接收到 ble_evt_connected 事件时请求更新。例如，通过以下代码可选择 LE 2M PHY。

```
static void ble_evt_handler(ble_evt_t const * p_ble_evt, void * p_context)
{
    uint32_t err_code;
    ble_gap_evt_t const * p_gap_evt = &p_ble_evt->evt.gap_evt;
    switch (p_ble_evt->header.evt_id)
    {
        case BLE_GAP_EVT_CONNECTED:
            //这里给出了更新 LE PHY 的代码，省略了其他部分的代码
            ble_gap_phys_t const phys =
            {
                .rx_phys = BLE_GAP_PHY_2MBPS,
                .tx_phys = BLE_GAP_PHY_2MBPS,
            };
            err_code = sd_ble_gap_phy_update(p_ble_evt->evt.gap_evt.conn_handle, &phys);
            APP_ERROR_CHECK(err_code);
        break;
    }
}
```

（5）调整连接间隔。由于启用了 CLE（不受单个连接间隔内，只能发送 4～6 个数据包的限制），因此只需要选择一个合适的连接间隔即可，无须使用低功耗蓝牙 5.x 协议栈中的最小连接间隔（7.5 ms）。但需要注意的是，NRF_SDH_BLE_GAP_EVENT_LENGTH 要大于或等于连接间隔。根据 Nordic 协议栈给出的参考数据可知，当实际连接间隔为 50 ms 或者 400 ms 时，对应的传输速率分别是 1327.5 kbps 和 1376.2 kbps。下面将最大连接间隔和最小连接间隔均设置为 50 ms，以确保在连接时使用该连接间隔进行通信，在此基础上对传输速率进行测试，代码如下：

```
/*Minimum acceptable connection interval (20 ms), Connection interval uses 1.25 ms units*/
```

```
#define MIN_CONN_INTERVAL    MSEC_TO_UNITS(50, UNIT_1_25_MS)
/*Maximum acceptable connection interval (75 ms), Connection interval uses 1.25 ms units*/
#define MAX_CONN_INTERVAL    MSEC_TO_UNITS(50, UNIT_1_25_MS)
```

（6）增大协议栈的队列缓冲区。在 RAM 有剩余空间的情况下，可以给协议栈配置更大的队列缓冲区。队列缓冲区的默认值是 1，可根据实际情况进行配置。例如，下面的代码将队列缓冲区的值设置成了 7。

```
//<o> NRF_SDH_BLE_TOTAL_LINK_COUNT - Total link count.
//<i> Maximum number of total concurrent connections using the default configuration.
#ifndef NRF_SDH_BLE_TOTAL_LINK_COUNT
#define NRF_SDH_BLE_TOTAL_LINK_COUNT 7
#endif
```

注意，经过上面的修改以后，在协议栈初始化时，会报 NO_MEM 的错误，如图 4-21 所示，这时 Log 会提示需要将 RAM 修改为多大，根据需要进行调整即可。

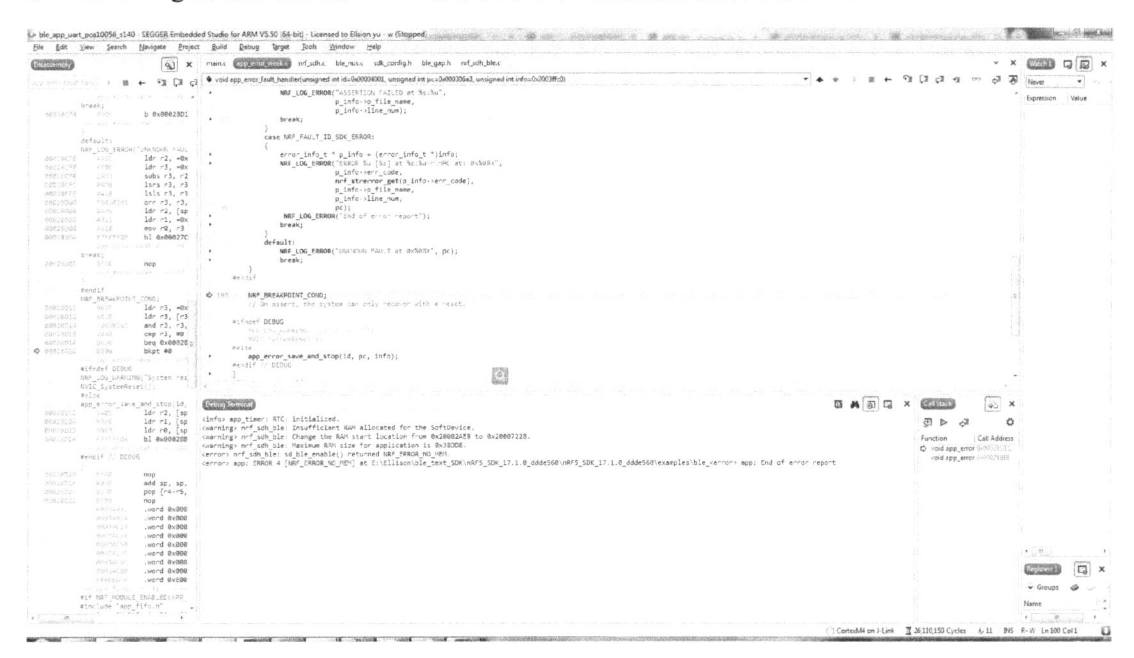

图 4-21

经过上面的修改，即可达到最大传输速率，理论值是 1376.2 kbps。

4.5.4　实际测试

（1）测试 LE 1M PHY 选项。打开 Android 版 nRF Connect，连接手机和 nRF52840 DK 开发板，将连接间隔设置为 50 ms，如图 4-22 所示。

在 Android 版 nRF Connect 上使能 CCCD 后，按下 nRF52840 DK 开发板上的按键 Button2，开始发送 255 个数据包，如图 4-23 所示。

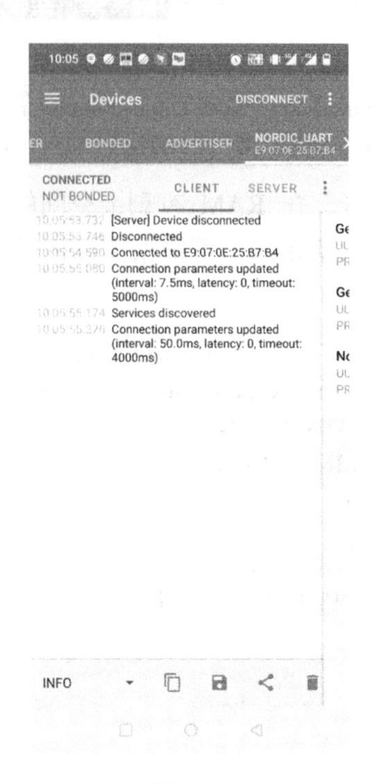

图 4-22

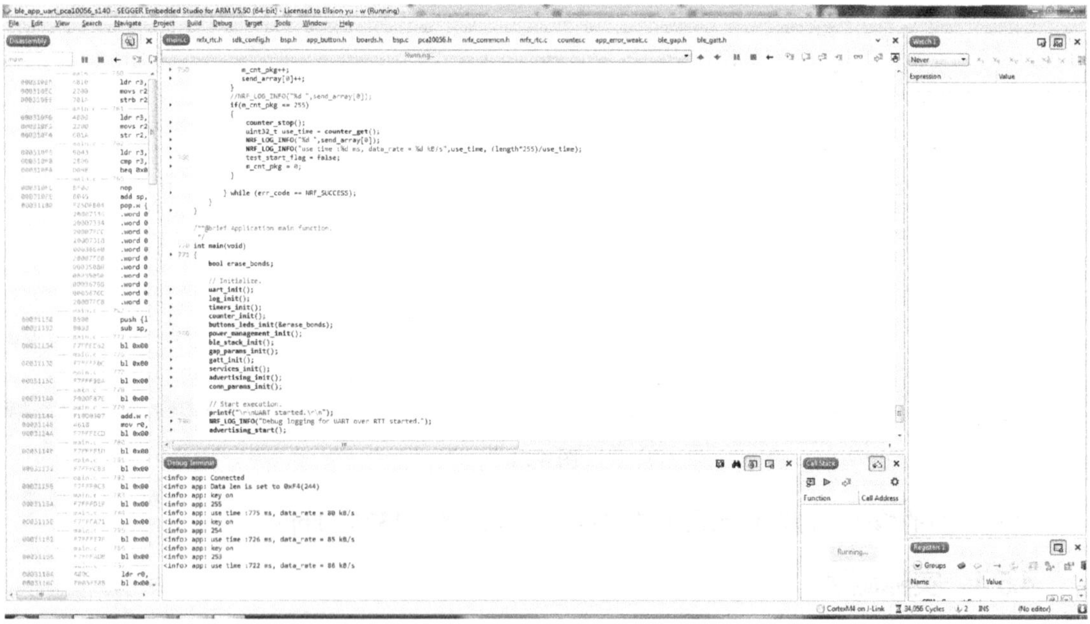

图 4-23

可以看到，发送 255 个数据包的总耗时为 706 ms，传输速率是 255×244/722=86 kB/s，接近 LE 1M PHY 的理论传输速率，即 702.8 kbps。在 Android 版 nRF Connect 中可以看到，没有发生丢包现象，每个数据包都被准确接收，从 0x00 到 0xFE，共 255 个数据包，如图 4-24 所示。

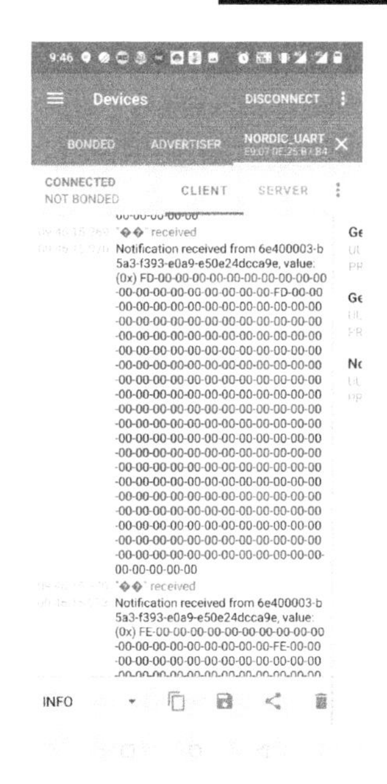

图 4-24

（2）测试 LE 2M PHY 选项。在 Android 版 nRF Connect 上使能 CCCDs 后，首先选择“Set preferred PHY”，如图 4-25 所示；然后勾选“LE 2M(Dooouble Speed)”，如图 4-26 所示。设置好的参数如图 4-27 所示。

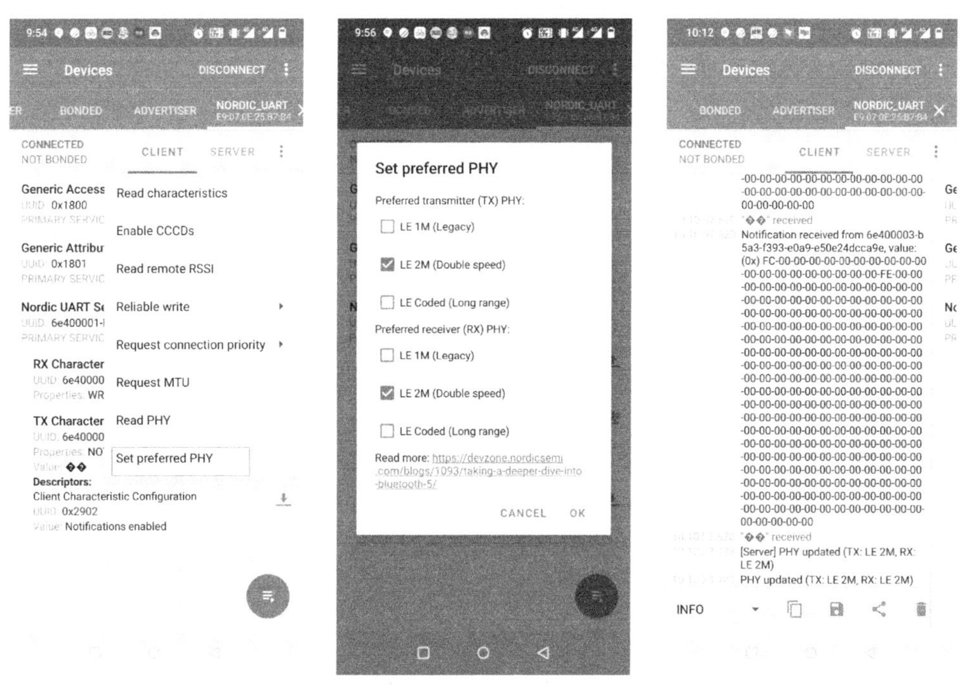

图 4-25　　　　图 4-26　　　　图 4-27

设置好参数后，按下 nRF52840 DK 开发板按键 Button2，开始发送 255 个数据包，如

图 4-28 所示，可以看到发送 255 个数据包的时间减少到了 417 ms，传输速率提高到 149 kB/s，接近 LE 2M PHY 的理论传输速率，即 1327.5 kbps。

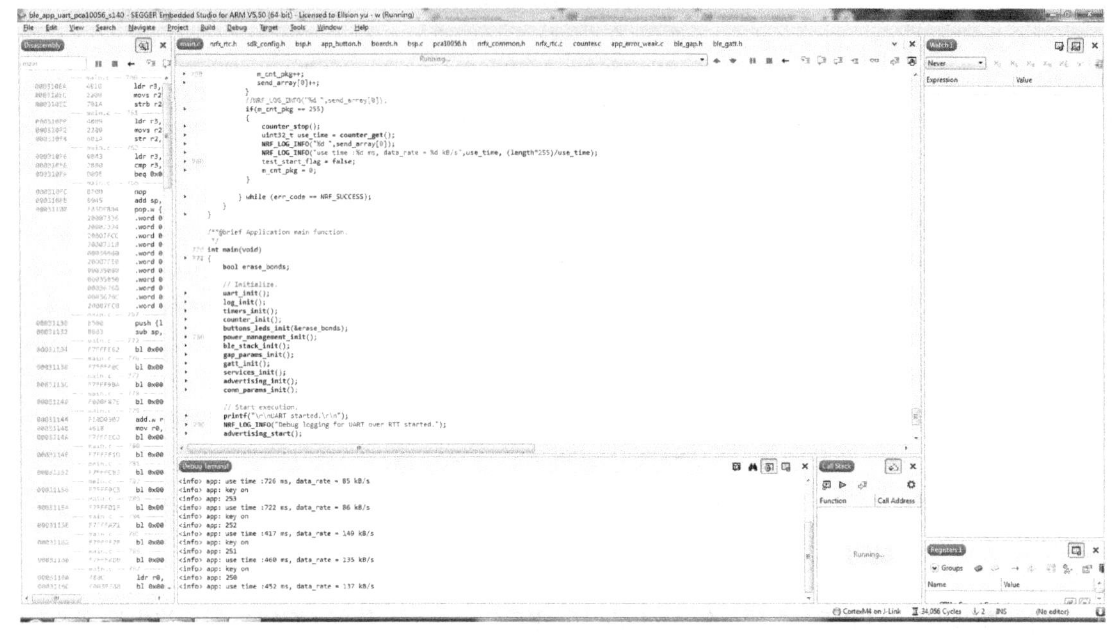

图 4-28

在 Android 版 nRF Connect 中可以看到，没有发生丢包现象，每个数据包都被准确接收到，从 0xFF 到 0xFD，共 255 个数据包，如图 4-29 所示。

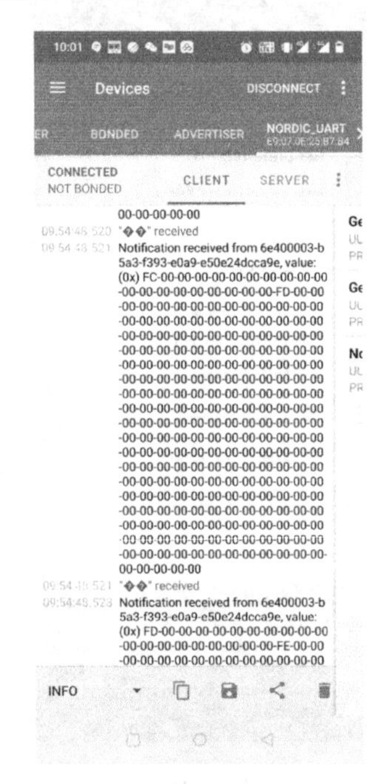

图 4-29

发送 2550 个数据包的传输速率如图 4-30 所示。

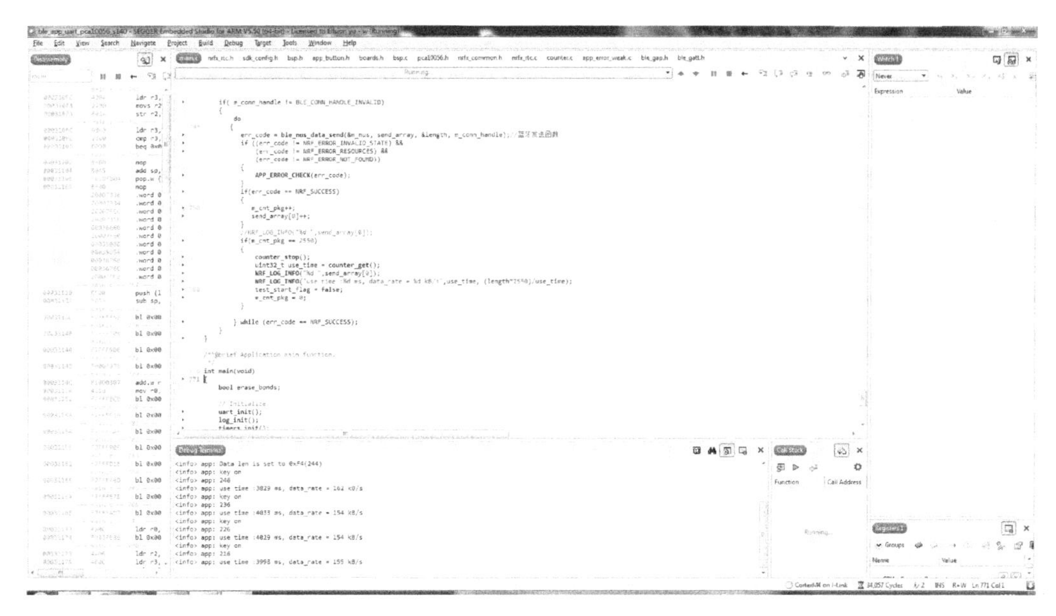

图 4-30

影响低功耗蓝牙 5.x 传输速率的因素很多，如测试环境、连接间隔、ATT_MTU SIZE、DLE、LE PHY、CLE 等。通过不断的尝试，可以尽可能接近所能达到的最大传输速率。

4.5.5　实验分析

低功耗蓝牙 5.x 的最大传输速率可以达到 1376.2 kbps，经过实际测试可知，除了上述影响传输速率的因素，同一环境下的其他无线通信系统信号，如 Wi-Fi 等，也会影响低功耗蓝牙 5.x 的传输速率。

上述实验测试得出的只是传输速率的理论值，和实际的应用场景还存在着较大的差别，主要原因是数据来源方式的不同。在实验测试中，待传输的数据来源于一个内部的数组，不是从外设获取的数据。在实际的使用场景中，数据可能是从 UART、SPI、I2C 等接口接收到的，或者是传感器模块产生的数据，由于需要额外的传输开销，这将会影响传输速率。同时，由于环境的复杂性，以及手机系统需要调度多种任务和射频活动，实际的传输速率无法达到理论传输速率。

4.6　开发调试工具

4.6.1　nrfjprog 命令行工具

开发 Nordic 的 nRF 系列芯片，通常可以使用 nrfjprog 命令行工具。nrfjprog 是一个命令行工具，可以通过命令行的方式进行代码的擦除、烧写、读取，以及芯片复位、存储器/寄存器访问等操作。本节简要介绍 nrfjprog 命令行工具的一些常用技巧。

（1）查看版本号。命令为：

```
nrfjprog -v
```

（2）烧写。命令为：

```
nrfjprog--program [hex_path] [-f UNKNOWN]
```

参数 UNKNOWN 可以自动适配 nRF51 系列和 nRF52 系列的各种芯片，无须手动指定。nrfjprog v9.5 及以后的版本，在 nrfjprog.ini 中默认指定的芯片类型为 UNKNOWN，所以在命令中可以省略“-f UNKNOWN”。如果 nrfjprog 命令行工具的版本较低，或者没有 nrfjprog.ini 文件，则不能省略“-f UNKNOWN”。例如：

```
nrfjprog.exe --family nRF52 --program [hex_path]
```

（3）擦除。命令为：

```
nrfjprog.exe --family nRF52 --eraseall
```

（4）读/写指定地址的内存数据。命令为：

```
nrfjprog --memrd 0x08C78790 [-f UNKNOWN] [--n 4]
nrfjprog --memwr 0x08C78790 [-f UNKNOWN] --val 0x11
```

（5）重启芯片。命令为：

```
nrfjprog --reset [-f UNKNOWN]
```

（6）擦除读保护。在某些特殊情况下，芯片会锁住（Read Back Protection），导致无法下载程序，这时可通过擦除读保护来解锁，命令为：

```
nrfjprog.exe --family nRF52 --recover
```

（7）命令列表。命令为：

```
nrfjprog
```

4.6.2 RTT 打印 Log

在开发过程中，往往需要查看系统的运行情况，以便进行调试，这时可通过 RTT 打印 Log。开启 Log 的方法如下。

在 sdk_config.h 中修改以下代码：

```
//==========================================================
//<e> NRF_LOG_BACKEND_RTT_ENABLED - nrf_log_backend_rtt - Log RTT backend
//==========================================================
#ifndef NRF_LOG_BACKEND_RTT_ENABLED
#define NRF_LOG_BACKEND_RTT_ENABLED 1
#endif

//<q> NRF_FPRINTF_FLAG_AUTOMATIC_CR_ON_LF_ENABLED - For each printed LF, function will add CR.
#ifndef NRF_FPRINTF_FLAG_AUTOMATIC_CR_ON_LF_ENABLED
#define NRF_FPRINTF_FLAG_AUTOMATIC_CR_ON_LF_ENABLED 1
#endif
```

```
//<e> NRF_LOG_ENABLED - nrf_log - Logger
//==========================================================================
#ifndef NRF_LOG_ENABLED
#define NRF_LOG_ENABLED 1
#endif
```

RTT 打印 Log 有 4 个等级（1～4），相关的宏如下所示：

```
//<o> NRF_LOG_DEFAULT_LEVEL - Default Severity level

//<0=> Off
//<1=> Error
//<2=> Warning
//<3=> Info
//<4=> Debug

#define NRF_LOG_DEFAULT_LEVEL 3
```

通过上述的宏可以看到，0 表示关闭 Log，1 表示只打印 Error，2 表示打印 Error 和 Warning，3 表示打印 Error、Warning 和 Info，4 表示打印所有的 Log，等级最高。上述 4 个等级对应的 API 函数如下：

```
#define NRF_LOG_ERROR(...)   NRF_LOG_INTERNAL_ERROR(__VA_ARGS__)
#define NRF_LOG_WARNING(...)   NRF_LOG_INTERNAL_WARNING( __VA_ARGS__)
#define NRF_LOG_INFO(...)   NRF_LOG_INTERNAL_INFO( __VA_ARGS__)
#define NRF_LOG_DEBUG(...)   NRF_LOG_INTERNAL_DEBUG( __VA_ARGS__)
```

上述 API 的用法和函数 printf()的用法一样。

4.7 资料学习

在 Nordic 官方网站上可以下载所有的技术文档，文档中心界面如图 4-31 所示。

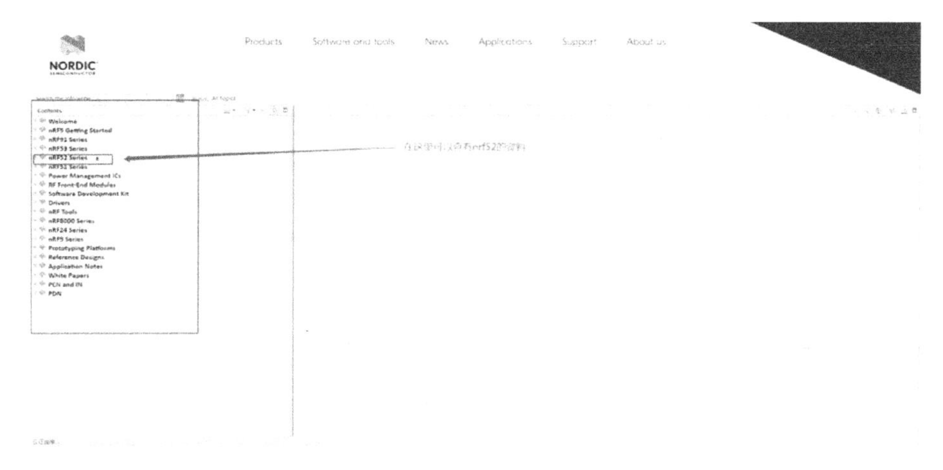

图 4-31

开发者可在 Nordic 文档中心在线浏览或下载 nRF52840 芯片的数据手册，如图 4-32 所示。

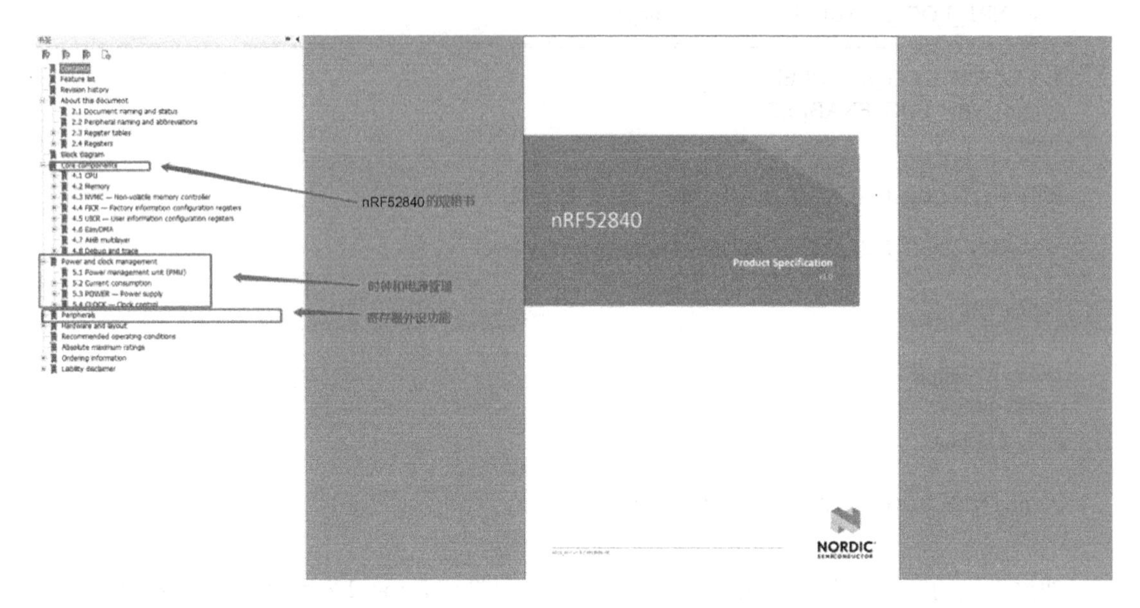

图 4-32

S140 SoftDevice Specification 的规格说明的下载界面如图 4-33 所示，开发者可以了解低功耗蓝牙协议栈的架构，以及协议栈相关资源的使用情况。

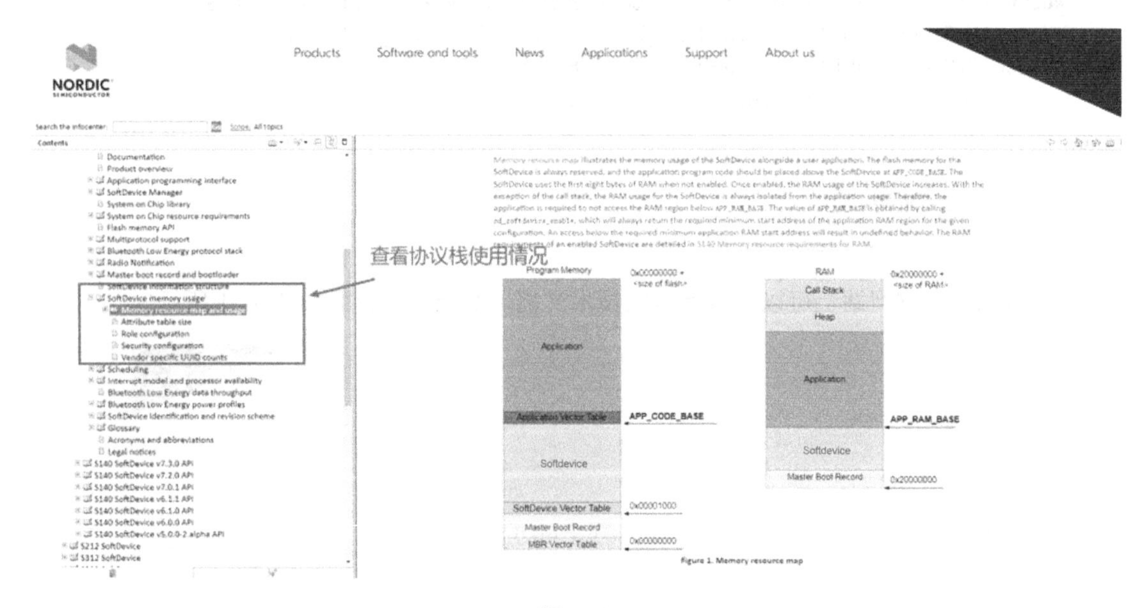

图 4-33

S140 SoftDevice API 如图 4-34 所示，开发者可以了解相关 API 的用法。

图 4-34

4.8 实验小结

本章主要介绍低功耗蓝牙 5.x 双向通信的实现，本章的实验是在低功耗蓝牙串口通信例程 ble_app_uart 的基础上进行的。通过本章的实验，开发者可掌握低功耗蓝牙 5.x 串口通信例程 ble_app_uart 的用法；通过本章的实际测试，开发者可了解影响低功耗蓝牙 5.x 传输速率的主要因素。

第5章 实验4：添加电池电量服务

5.1 实验目标

（1）理解低功耗蓝牙5.x协议定义的标准服务，学会如何添加一个标准服务。

（2）掌握ADC和定时器等外设的使用方法。

5.2 实验准备

本实验是在SDK 17.1.0上进行的，使用的开发板是nRF52840 DK，使用的开发工具是SES和Android版nRF Connect，本实验的例程是examples\ble_peripheral\ble_app_uart_bas。

5.3 背景知识

本节主要介绍低功耗蓝牙5.x的配置文件、服务、特性和UUID。

（1）低功耗蓝牙5.x的配置文件。低功耗蓝牙5.x协议定义了一些标准的配置文件（Profile），配置文件描述了在某个应用场景中低功耗蓝牙设备应具有什么功能、执行什么工作。每个配置文件中都会包含一个或多个服务（Service），每个服务都代表从机的一种能力。

可以将配置文件理解为一种规范或一种标准的通信协议。只要遵守该规范，不同厂家的低功耗蓝牙设备就可以相互连接与通信。例如，基于蓝牙的键盘和鼠标，无论Android、iOS系统，还是Windows系统，均可以实现即插即用，这就是“标准”的力量。低功耗蓝牙5.x支持的标准配置文件主要包括的内容如图5-1所示。

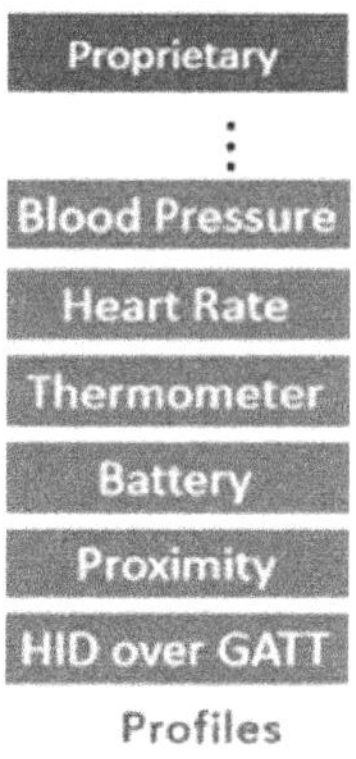

图5-1

通俗地说，配置文件是指从机应具有的数据或者特性，在从机中添加配置文件后，从机可作为GATT的服务器，主机可作为GATT的客户端。配置文件包含一个或者多个服务，每个服务又都包含一个或者多个特性（Characteristic）。

主机可以发现和获取从机的服务及特性，然后与从机通信。例如，主机可主动向从机写数据或从从机读数据，从机也可主动向主机通知数据。特性是主从通信的最小单元。

（2）服务（Service）。在低功耗蓝牙 5.x 的从机中，有多个服务，如电池电量服务、系统信息服务等。如果某个服务是一个低功耗蓝牙 5.x 协议定义的标准服务，则可将该服务看成配置文件。例如，HID、心率计、体温计、血糖仪等，都是低功耗蓝牙 5.x 协议定义的标准服务，因此都可以看成配置文件。

标准服务是由低功耗蓝牙 5.x 协议定义的服务，低功耗蓝牙 5.x 协议规定了这些服务的 UUID 和数据交互格式，规范了有相同需求的产品，提高了不同设备之间的互通性。各大芯片厂商或开发者在开发产品时，若希望自己的产品能和市面上的产品进行交互兼容，不同的设备之间可以相互通信，则需要使用标准服务进行开发。

（3）特性（Characteristic）。在低功耗蓝牙 5.x 中，数据是通过特性来封装的，而一个或多个特性组成了一个服务。服务可以看成一个独立的单元或者一个基本的低功耗蓝牙应用。主机和从机之间的通信是通过特性来实现的，可以将特性看成一个标签，主机或者从机可以通过这个标签来获取或者写入想要的内容。

每个服务中都包含了一个或多个特性，每个具体的特性都是低功耗蓝牙 5.x 的主题。例如，当前的电池电量是 80%，会通过电池电量的特性保存在从机的配置文件中，这样主机就可以通过该特性来读取电池电量的数据。

（4）UUID。UUID 即统一识别码，每一个服务和特性都需要一个唯一的 UUID 来标识。

5.4 实验步骤

本实验是在低功耗蓝牙串口通信例程的基础上增加一个低功耗蓝牙 5.x 的标准服务，即电池电量服务。本实验需要一款 nRF52840 DK 开发板，以及一部安装了 Android 版 nRF Connect 的手机，如图 5-2 所示。

图 5-2

（1）添加库文件。本实验使用 Nordic 提供的电池电量服务的库文件 ble_bas.c 来发送电池电量数据，使用库文件 nrfx_saadc.c 来驱动 ADC 采集电池电量数据。将这两个库文件添加到工程中，如图 5-3 所示，这两个库文件分别在 nRF_BLE_Services 和 nRF_Drivers 中。

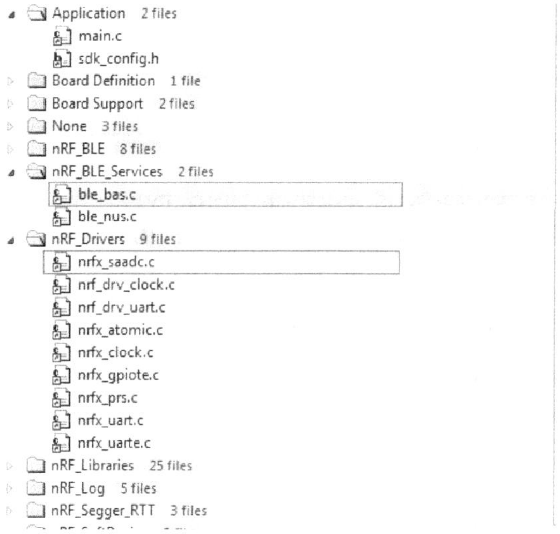

```
Application  2 files
    main.c
    sdk_config.h
Board Definition  1 file
Board Support  2 files
None  3 files
nRF_BLE  8 files
nRF_BLE_Services  2 files
    ble_bas.c
    ble_nus.c
nRF_Drivers  9 files
    nrfx_saadc.c
    nrf_drv_clock.c
    nrf_drv_uart.c
    nrfx_atomic.c
    nrfx_clock.c
    nrfx_gpiote.c
    nrfx_prs.c
    nrfx_uart.c
    nrfx_uarte.c
nRF_Libraries  25 files
nRF_Log  5 files
nRF_Segger_RTT  3 files
```

图 5-3

（2）修改 sdk_config.h 中相应的宏。打开文件 sdk_config.h，修改相应的宏，以便使能 SAADC、使能 BAS 电池电量服务、开启 RTT 打印 Log，代码如下：

```
//<e> SAADC_ENABLED - nrf_drv_saadc - SAADC peripheral driver - legacy layer
//==========================================================
#ifndef SAADC_ENABLED
#define SAADC_ENABLED 1
#endif

//<e> NRFX_SAADC_ENABLED - nrfx_saadc - SAADC peripheral driver
//==========================================================
#ifndef NRFX_SAADC_ENABLED
#define NRFX_SAADC_ENABLED 1
#endif

//<e> BLE_BAS_ENABLED - ble_bas - Battery Service
//==========================================================
#ifndef BLE_BAS_ENABLED
#define BLE_BAS_ENABLED 1
#endif

//<q> NRF_FPRINTF_FLAG_AUTOMATIC_CR_ON_LF_ENABLED - For each printed LF, function will
add CR.
#ifndef NRF_FPRINTF_FLAG_AUTOMATIC_CR_ON_LF_ENABLED
#define NRF_FPRINTF_FLAG_AUTOMATIC_CR_ON_LF_ENABLED 0
#endif
```

（3）初始化电池电量服务。电池电量服务是低功耗蓝牙 5.x 协议定义的标准服务，无须开发者构建该服务的函数。Nordic 提供了电池电量服务的库文件，只需要在 main.c 中添加“#include "ble_bas.h"”即可引用相关的函数。下面的代码声明了电池电量服务实例 m_bas，将广播名称修改为“Nordic_UART_BAS”，并修改了广播中的 UUID，添加了电池电量服务 UUID

（0x180F）。

```
BLE_BAS_DEF(m_bas);                         /*Structure used to identify the battery service*/
#define DEVICE_NAME    "Nordic_UART_BAS"
static ble_uuid_t m_adv_uuids[] =           /*Universally unique service identifier*/
{
    {BLE_UUID_NUS_SERVICE, NUS_SERVICE_UUID_TYPE},
    {BLE_UUID_BATTERY_SERVICE, BLE_UUID_TYPE_BLE},          //电池电量服务 UUID
};
```

在服务初始化函数中添加电池电量服务的初始化，代码如下：

```
/*@brief Function for initializing services that will be used by the application.*/
static void services_init(void)
{
    uint32_t err_code;
    ble_nus_init_t nus_init;
    nrf_ble_qwr_init_t qwr_init = {0};
    ble_bas_init_t bas_init;

    //Initialize Queued Write Module
    qwr_init.error_handler = nrf_qwr_error_handler;

    err_code = nrf_ble_qwr_init(&m_qwr, &qwr_init);
    APP_ERROR_CHECK(err_code);

    //Initialize NUS
    memset(&nus_init, 0, sizeof(nus_init));

    nus_init.data_handler = nus_data_handler;

    err_code = ble_nus_init(&m_nus, &nus_init);
    APP_ERROR_CHECK(err_code);

    //Initialize Battery Service
    memset(&bas_init, 0, sizeof(bas_init));

    bas_init.evt_handler = bas_event_handler;         //注册电池电量服务的回调函数
    bas_init.support_notification = true;
    bas_init.p_report_ref = NULL;
    bas_init.initial_batt_level = 100;

    //Here the sec level for the Battery Service can be changed/increased
    bas_init.bl_rd_sec = SEC_OPEN;
    bas_init.bl_cccd_wr_sec = SEC_OPEN;
    bas_init.bl_report_rd_sec = SEC_OPEN;

    err_code = ble_bas_init(&m_bas, &bas_init);          //初始化电池电量服务
    APP_ERROR_CHECK(err_code);
}
```

（4）添加 ADC 功能模块，实现 VDD 电压检测。低功耗蓝牙设备通常采用电池供电，因此监测设备的电池电量变化是低功耗设备正常工作的重要环节，可以确保设备的正常工作并在电池电量下降到一定范围时及时预警。监测电池电量变化需要使用到 ADC 外设，即芯片内部的 SAADC 模块。

使用 SAADC 模块，需要在 main.c 中添加#include "nrf_drv_saadc.h"，引入 SAADC 库文件。首先初始化 SAADC 模块，然后配置通道相应的参数和缓冲。为了实验方便，可将 ADC 输入引脚配置为 VDD 引脚，相当于 ADC 输入引脚直接与 VDD 引脚相连，直接测量 VDD 引脚的电压。ADC 输入引脚可以从 AIN0～AIN7 引脚选择，内部框图和相关硬件如图 5.4 所示。

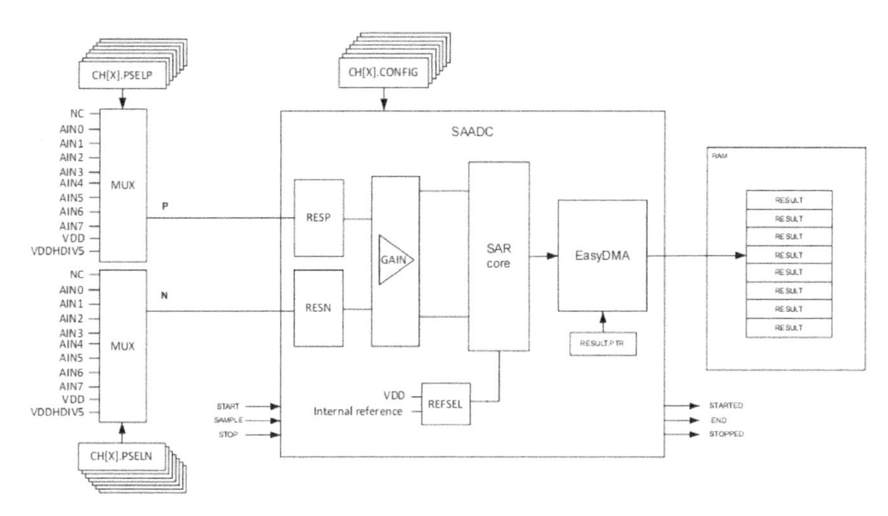

图 5-4

ADC 外设总共有 8 个独立测量通道，最多可配置 8 组单端采样输入或 4 组差分采样输入。通过寄存器 CH[n].PSELP（n=0～7）和 CH[n].PSELN（n=0～7）可以配置 ADC 的采样输入，并将采样输入映射到相应的物理引脚。本实验选择 VDD 引脚作为 ADC 采样输入（见图 5-5），将 VDD 的电压值作为 ADC 采样输入，当采用电池供电时，采样的 VDD 电压即电池电压，这样做还可以节省一个 I/O 引脚。

Address offset: 0x510 + (n × 0x10)

Input positive pin selection for CH[n]

Bit number	31	30	29	28	27	26	25	24	23	22	21	20	19	18	17	16	15	14	13	12	11	10	9	8	7	6	5	4	3	2	1	0
ID																												A	A	A	A	A
Reset 0x00000000	0	0	0	0	0	0	0	0	0	0	0	0	0	0	0	0	0	0	0	0	0	0	0	0	0	0	0	0	0	0	0	0

ID	Acce	Field	Value ID	Value	Description
A	RW	PSELP			Analog positive input channel
			NC	0	Not connected
			AnalogInput0	1	AIN0
			AnalogInput1	2	AIN1
			AnalogInput2	3	AIN2
			AnalogInput3	4	AIN3
			AnalogInput4	5	AIN4
			AnalogInput5	6	AIN5
			AnalogInput6	7	AIN6
			AnalogInput7	8	AIN7
			VDD	9	VDD
			VDDHDIV5	0x0D	VDDH/5

图 5-5

参考电压可选择设置为 VDD 引脚电压的 1/4 或内部基准电压（0.6 V），电压增益可配置为 1/6 到 4（共 8 挡），由 CH[*n*].CONFIG（*n*=0～7）寄存器进行设置，见图 5-6。

注意：如果选择 VDD 引脚电压的 1/4 作为参考电压，VDD 引脚电压容易受到外部影响而产生波动，则会对测量结果有影响；芯片内部基准电压的精度高、稳定性好、温漂小，建议优先选择内部基准电压（0.6 V）作为参考电压。

Address offset: 0x518 + (n × 0x10)

Input configuration for CH[n]

Bit number	31	30	29	28	27	26	25	24	23	22	21	20	19	18	17	16	15	14	13	12	11	10	9	8	7	6	5	4	3	2	1	0
ID								G				F		E	E	E				D		C	C	C			B	B			A	A
Reset 0x00020000	0	0	0	0	0	0	0	0	0	0	0	0	0	0	1	0	0	0	0	0	0	0	0	0	0	0	0	0	0	0	0	0

ID	Acce	Field	Value ID	Value	Description
A	RW	RESP			Positive channel resistor control
			Bypass	0	Bypass resistor ladder
			Pulldown	1	Pull-down to GND
			Pullup	2	Pull-up to VDD
			VDD1_2	3	Set input at VDD/2
B	RW	RESN			Negative channel resistor control
			Bypass	0	Bypass resistor ladder
			Pulldown	1	Pull-down to GND
			Pullup	2	Pull-up to VDD
			VDD1_2	3	Set input at VDD/2
C	RW	GAIN			Gain control
			Gain1_6	0	1/6
			Gain1_5	1	1/5
			Gain1_4	2	1/4
			Gain1_3	3	1/3
			Gain1_2	4	1/2
			Gain1	5	1
			Gain2	6	2
			Gain4	7	4
D	RW	REFSEL			Reference control
			Internal	0	Internal reference (0.6 V)
			VDD1_4	1	VDD/4 as reference

图 5-6

参考电压和电压增益可以根据 SAADC 的待测电压有效输入范围来进行相应设置，公式为：

ADC 输入引脚的电压= (±0.6 V 或±VDD 引脚电压的 1/4) /电压增益

nRF52840 DK 开发板上为 nRF52840 芯片供电的 LDO 输出电压值为 3.0 V，本次实验测量的就是 VDD 引脚上的实际电压。当选择内部基准电压 0.6 V、单端输入、增益为 1/6 时，输入范围为 0.6 V/(1/6) = 3.6 V，量程符合测量范围。

若模拟输入引脚的输入电压大于当前配置输入电压范围，需要在 ADC 引脚加入电阻分压电路；若待测电压乘以最大增益 4 后数值还较小，则可以根据需要增加电压放大电路。

本例程以 ADC 单端采样输入为例进行说明，完成相关的配置后 SAADC 模块同样可支持差分采样输入。模拟输入引脚 AIN0～AIN7 的输入电压不能超过 VDD 引脚的电压或低于 VSS 引脚的电压，否则将会导致芯片永久损坏。测量结果使用如下公式进行转换：

$$\text{RESULT}=(V_\text{P}-V_\text{N})\times(\text{GAIN/REFERENCE})\times2^{\text{RESOLUTION}-m}$$

式中，RESULT 是 ADC 的采样结果，为有符号 16 位数，并以小端字节顺序存储在 RAM 中（可通过接口函数获取）；V_P 为正端输入电压；V_N 为负端输入电压（单端输入时为 0）；GAIN 为电压增益；REFERENCE 为参考电压；RESOLUTION 为采样分辨率；当设置为差分采样输

入时 m 为 1，当设置为单端采样输入时 m 为 0。

例如，内部基准电压 0.6 V，当设置为单端采样输入时，增益为 1/6，采样分辨率为 10 位，实际采样结果可通过下式计算：

$$V_{\mathrm{p}} = (\mathrm{RESULT} \times 3.6/1024)\ \mathrm{V}$$

SAADC 模块的初始化代码如下：

```
#define SAMPLES_IN_BUFFER 1
static nrf_saadc_value_t   m_buffer_pool[2][SAMPLES_IN_BUFFER];    //初始化缓冲区

static void saadc_init(void)
{
    ret_code_t err_code;
    //SAADC 通道配置参数
    nrf_saadc_channel_config_t channel_config =NRF_DRV_SAADC_DEFAULT_
        CHANNEL_CONFIG_SE(NRF_SAADC_INPUT_VDD); //将 ADC 引脚设置为 VDD 引脚
    err_code = nrf_drv_saadc_init(NULL, saadc_callback);          //初始化 SAADC
    APP_ERROR_CHECK(err_code);
    //SAADC 通道初始化，配置前面的参数
    err_code = nrf_drv_saadc_channel_init(0, &channel_config);
    APP_ERROR_CHECK(err_code);
    //配置缓冲区 buffer1
    err_code = nrf_drv_saadc_buffer_convert(m_buffer_pool[0], SAMPLES_IN_BUFFER);
    APP_ERROR_CHECK(err_code);
    //配置缓冲区 buffer2
    err_code = nrf_drv_saadc_buffer_convert(m_buffer_pool[1], SAMPLES_IN_BUFFER);
    APP_ERROR_CHECK(err_code);
}
```

可以通过 NRF_DRV_SAADC_DEFAULT_CHANNEL_CONFIG_SE()来选择映射的引脚，引脚结构体如下：

```
/* @brief Input selection for the analog-to-digital converter. */
typedef enum
{
    NRF_SAADC_INPUT_DISABLED = SAADC_CH_PSELP_PSELP_NC,         //Not connected.
    NRF_SAADC_INPUT_AIN0 = SAADC_CH_PSELP_PSELP_AnalogInput0,   //Analog input 0 (AIN0).
    NRF_SAADC_INPUT_AIN1 = SAADC_CH_PSELP_PSELP_AnalogInput1,   //Analog input 1 (AIN1).
    NRF_SAADC_INPUT_AIN2 = SAADC_CH_PSELP_PSELP_AnalogInput2,   //Analog input 2 (AIN2).
    NRF_SAADC_INPUT_AIN3 = SAADC_CH_PSELP_PSELP_AnalogInput3,   //Analog input 3 (AIN3).
    NRF_SAADC_INPUT_AIN4 = SAADC_CH_PSELP_PSELP_AnalogInput4,   //Analog input 4 (AIN4).
    NRF_SAADC_INPUT_AIN5 = SAADC_CH_PSELP_PSELP_AnalogInput5,   //Analog input 5 (AIN5).
    NRF_SAADC_INPUT_AIN6 = SAADC_CH_PSELP_PSELP_AnalogInput6,   //Analog input 6 (AIN6).
    NRF_SAADC_INPUT_AIN7 = SAADC_CH_PSELP_PSELP_AnalogInput7,   //Analog input 7 (AIN7).
    NRF_SAADC_INPUT_VDD    = SAADC_CH_PSELP_PSELP_VDD,          //VDD as input.
#if defined(SAADC_CH_PSELP_PSELP_VDDHDIV5) || defined(__NRFX_DOXYGEN__)
    NRF_SAADC_INPUT_VDDHDIV5 = SAADC_CH_PSELP_PSELP_VDDHDIV5   //VDDH/5 as input.
```

```
#endif
} nrf_saadc_input_t;
```

上述代码在调用函数 nrf_drv_saadc_init()时，该函数的第 1 个参数是 NULL，表示使用默认的配置参数 NRFX_SAADC_DEFAULT_CONFIG；该函数的第 2 个参数注册了回调函数 saadc_callback()，在该回调函数中可对数据进行处理。

```
__STATIC_INLINE ret_code_t nrf_drv_saadc_init(nrf_drv_saadc_config_t const * p_config,
                                              nrf_drv_saadc_event_handler_t   event_handler)
{
    if (p_config == NULL)
    {
        static const nrfx_saadc_config_t default_config = NRFX_SAADC_DEFAULT_CONFIG;
        p_config = &default_config;
    }
    return nrfx_saadc_init(p_config, event_handler);
}
```

其中 NRFX_SAADC_DEFAULT_CONFIG 配置如下，resolution 表示采样分辨率，设置为 10 bit；oversample 表示是否设置过采样，这里设置为否，如果需要过采样则需要设置周期；interrupt_priority 表示 ADC 的中断优先级，这里将优先级设置为 6；low_power_mode 表示是否使用低功耗，这里设置为否。

```
/*@brief Macro for setting @ref nrfx_saadc_config_t to default settings*/
#define NRFX_SAADC_DEFAULT_CONFIG
{
    .resolution = (nrf_saadc_resolution_t)NRFX_SAADC_CONFIG_RESOLUTION,
    .oversample = (nrf_saadc_oversample_t)NRFX_SAADC_CONFIG_OVERSAMPLE,
    .interrupt_priority = NRFX_SAADC_CONFIG_IRQ_PRIORITY,
    .low_power_mode = NRFX_SAADC_CONFIG_LP_MODE
}
```

通道是通过函数 NRF_DRV_SAADC_DEFAULT_CHANNEL_CONFIG_SE()来配置的，如下所示：

```
/*@brief Macro for setting @ref nrf_saadc_channel_config_t to default settings in single-ended mode.
* @param PIN_P Analog input.*/
#define NRFX_SAADC_DEFAULT_CHANNEL_CONFIG_SE(PIN_P)
{
    //resistor_p 表示正端输入，关闭（断开）SAADC 的旁路电阻
    .resistor_p = NRF_SAADC_RESISTOR_DISABLED,
    //resistor_n 表示负端输入，关闭（断开）SAADC 的旁路电阻
    .resistor_n = NRF_SAADC_RESISTOR_DISABLED,
    //gain 表示增益，这里设置为 1/6
    .gain = NRF_SAADC_GAIN1_6,
    //reference 表示参考电压，这里设置为芯片内部参考电压，0.6 V
    .reference = NRF_SAADC_REFERENCE_INTERNAL,
    //acq_time 表示采样时间，这里设置为 10 μs
```

```
    .acq_time = NRF_SAADC_ACQTIME_10US,
    //mode 表示 SAADC 模式，这里设置为单端输入
    .mode = NRF_SAADC_MODE_SINGLE_ENDED,
    //burst 表示突发模式，禁用
    .burst = NRF_SAADC_BURST_DISABLED,
    //pin_p 表示正端输入引脚，即开发者指定的引脚号
    .pin_p = (nrf_saadc_input_t)(PIN_P),
    //pin_n 表示负端输入引脚，禁用
    .pin_n = NRF_SAADC_INPUT_DISABLED
}
```

（5）添加定时器。为了不影响主逻辑的运行，通过定时器可以使 ADC 周期性地进行采样。本实验在函数 timers_init()中创建一个定时器，当定时时间到时，调用函数 nrf_drv_saadc_sample()进行采样，代码如下：

```
APP_TIMER_DEF(m_battery_timer_id);
#define BATTERY_ACQUISITION_INTERVAL APP_TIMER_TICKS(100)

static void m_battery_timer_handler(void * p_context)
{
    UNUSED_PARAMETER(p_context);
    ret_code_t err_code = nrf_drv_saadc_sample();          //ADC 采样
    APP_ERROR_CHECK(err_code);
}

/*@brief Function for initializing the timer module.*/
static void timers_init(void)
{
    ret_code_t err_code = app_timer_init();
    APP_ERROR_CHECK(err_code);

    err_code = app_timer_create(&m_battery_timer_id, APP_TIMER_MODE_REPEATED,
                                                    m_battery_timer_handler);
    APP_ERROR_CHECK(err_code);
}
```

本实验在电池电量服务的回调函数中实现了定时器的开启和关闭，当服务使能通知时，会产生事件 BLE_BAS_EVT_NOTIFICATION_ENABLED，此时将打开定时器，采样周期是 BATTERY_ACQUISITION_INTERVAL 毫秒；当服务关闭通知时，会产生事件 BLE_BAS_EVT_NOTIFICATION_DISABLED，此时将关闭定时器。代码如下：

```
static void bas_event_handler(ble_bas_t * p_bas, ble_bas_evt_t * p_evt){
    ret_code_t err_code;
    switch(p_evt->evt_type){
        case BLE_BAS_EVT_NOTIFICATION_ENABLED:
            err_code = app_timer_start(m_battery_timer_id, BATTERY_ACQUISITION_INTERVAL,
                                                            NULL);
```

```
            APP_ERROR_CHECK(err_code);
        break;
        case BLE_BAS_EVT_NOTIFICATION_DISABLED:
            err_code = app_timer_stop(m_battery_timer_id);
            APP_ERROR_CHECK(err_code);
        break;
        default:
        break;
    }
}
```

（6）获取采样结果并上报电池电量。测量电池电压的主要目是对电池的电量进行评估，以确保电池电量可以满足低功耗设备正常工作的条件，并在电池电量达到一定的界限时进行上报与提示。

通过测量电池电压来评估电池电量时，只需要电池两极间的电压即可。评估的依据是电池电压和电池剩余电量之间存在的某种已知关系。通常，电池电量和电池电压之间关系并不是规律的线性关系。根据电池的放电曲线可建立一个数据表，该数据表标明了不同电池电压时的电池剩余电量，从而提高了电池电量的评估精度。但建立上述的数据表不仅需要经过大量的测试，而且电池电压和电池剩余电量的关系会受到电池温度、自放电、老化等因素的影响。本章的电池电量是通过查找相关的数据表获得的，所以最后得到的电池电量是参考值。

如果需要知道准确的电池电量，则需要采用库仑计并使用高级的电池电量计算方法。在电池的回路上串联一个电量计量芯片，通过测试单位时间内电池的回路电流大小，如果电流是随时间变化且会产生不同的压差，则可以对电流的变化进行积分，从而计算出电池电量。

当开启定时器后，系统会周期性地进行采样，这将触发 ADC 的中断函数，即前面注册的函数 saadc_callback()。在函数 saadc_callback()中，可以缓存器中的采样数据转换成电池电压，通过查找相关的数据表即可获得电池电量并上报给主机。

```
#define SAMPLES_IN_BUFFER 1
static nrf_saadc_value_t    m_buffer_pool[2][SAMPLES_IN_BUFFER];

void saadc_callback(nrf_drv_saadc_evt_t const * p_event)
{
    if (p_event->type == NRF_DRV_SAADC_EVT_DONE)
    {
        ret_code_t err_code;
        int16_t adc_value;
        uint16_t battery_voltage;
        uint8_t battery_level;

        err_code = nrf_drv_saadc_buffer_convert(p_event->data.done.p_buffer, SAMPLES_IN_BUFFER);
        APP_ERROR_CHECK(err_code);
        adc_value = p_event->data.done.p_buffer[0];
        //将电压转化成电池电量
        battery_voltage = (adc_value * 3.6 / 1024.0) * 1000;
        battery_level = battery_level_in_percent(battery_voltage);
```

```
        //上报主机
        err_code = ble_bas_battery_level_update(&m_bas, battery_level, BLE_CONN_HANDLE_ALL);
        if ((err_code != NRF_SUCCESS) && (err_code != NRF_ERROR_INVALID_STATE) &&
            (err_code != NRF_ERROR_RESOURCES) && (err_code != NRF_ERROR_BUSY) &&
            (err_code != BLE_ERROR_GATTS_SYS_ATTR_MISSING))
        {
            APP_ERROR_HANDLER(err_code);
        }
    }
}
```

根据 ADC 的初始化配置可知，V_N 为 0，GAIN 为 1/6，REFERENCE 为 0.6 V，RESOLUTION 为 10，m 为 0。根据前文的计算公式可得，V_P=(RESULT×3.6/1024) V，乘以 1000 后可得到以 mV 为单位的实际电压。

某型号锂电池的电池电压和电池电量的数据表如表 5-1 所示。

表 5-1

电池电量百分比/%	电池电压/mV	电池电量百分比/%	电池电压/mV
100	≥3000	100～42	2900<实际电压<3000
42～18	2740<实际电压≤2900	18～6	2440<实际电压≤2740
6～0	2100<实际电压≤2440	0	实际电压≤2100

将得到的电池电压值进行划分，划分函数如下：

```
static __INLINE uint8_t battery_level_in_percent(const uint16_t mvolts)
{
    uint8_t battery_level;

    if (mvolts >= 3000)
    {
        battery_level = 100;
    }
    else if (mvolts > 2900)
    {
        battery_level = 100 - ((3000 - mvolts) * 58) / 100;
    }
    else if (mvolts > 2740)
    {
        battery_level = 42 - ((2900 - mvolts) * 24) / 160;
    }
    else if (mvolts > 2440)
    {
        battery_level = 18 - ((2740 - mvolts) * 12) / 300;
    }
```

```
    else if (mvolts > 2100)
    {
        battery_level = 6 - ((2440 - mvolts) * 6) / 340;
    }
    else
    {
        battery_level = 0;
    }
    return battery_level;
}
```

通过调用函数 ble_bas_battery_level_update()可将电池电量发送给电池电量服务的主机。

（7）main 函数的编写。main 函数已经实现了 ADC 的初始化工作，本实验只需要调用 ADC 的初始化函数即可，代码如下：

```
/*@brief Application main function.*/
int main(void)
{
    bool erase_bonds;

    //Initialize.
    uart_init();
    log_init();
    timers_init();
    buttons_leds_init(&erase_bonds);
    power_management_init();
    ble_stack_init();
    gap_params_init();
    gatt_init();
    services_init();
    advertising_init();
    conn_params_init();
    saadc_init();
    //Start execution.
    printf("\r\nUART started.\r\n");
    NRF_LOG_INFO("Debug logging for UART over RTT started.");
    advertising_start();

    //Enter main loop.
    for (;;)
    {
        idle_state_handle();
    }
}
```

5.5　应用固件的烧写和调试

5.5.1　编译和烧写

单击编译按钮，如图 5-6 所示，等待编译提示 OK 后，将 PC 端的 SES 开发工具和 nRF52840 DK 开发板连接成功，即可将应用程序烧写到 nRF52840 DK 开发板。

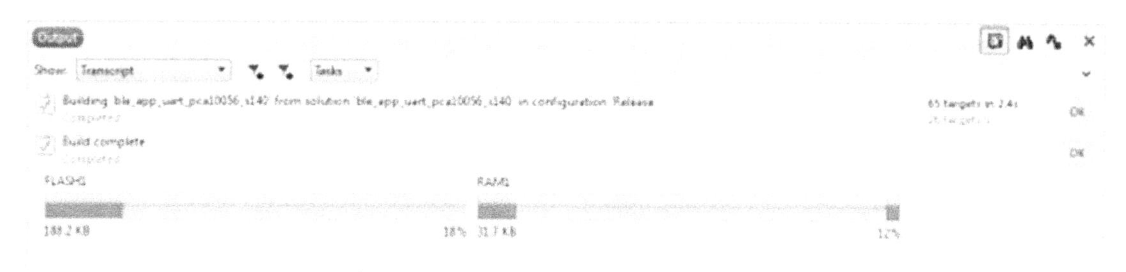

图 5-7

5.5.2　查看电池电量服务数据

打开 Android 版 nRF Connect，可搜索到名为“Nordic_UART_BAS”的广播，广播的数据包中包含了电池电量服务的 UUID，单击“CONNECT”按钮，如图 5-7 所示。

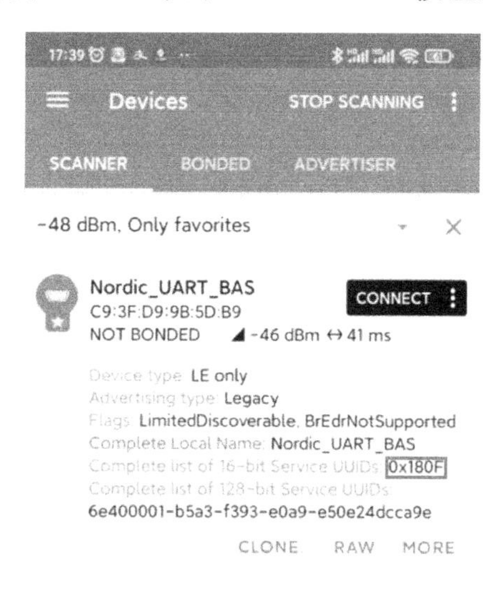

图 5-8

连接完成后，在 Android 版 nRF Connect 中可以看到电池电量服务（Battery Service），单击“ ”按钮可使能 NOTIFY 特性，如图 5-8 所示。在 Android 版 nRF Connect 中可以查看电池电量，如图 5-9 所示，可以看到电池电量的数据在不断变化。

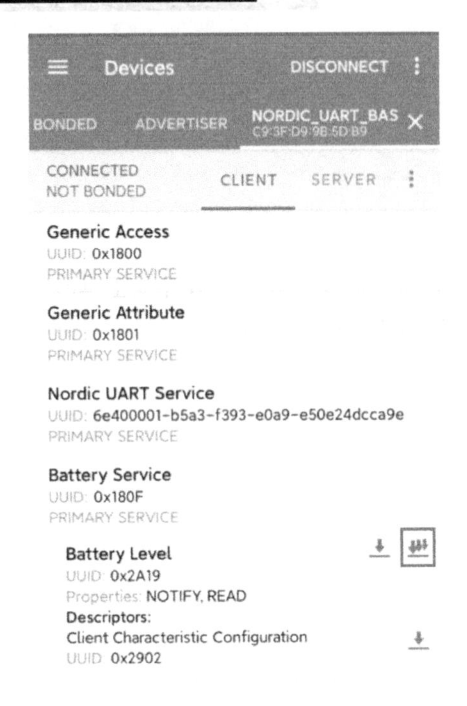

图 5-9

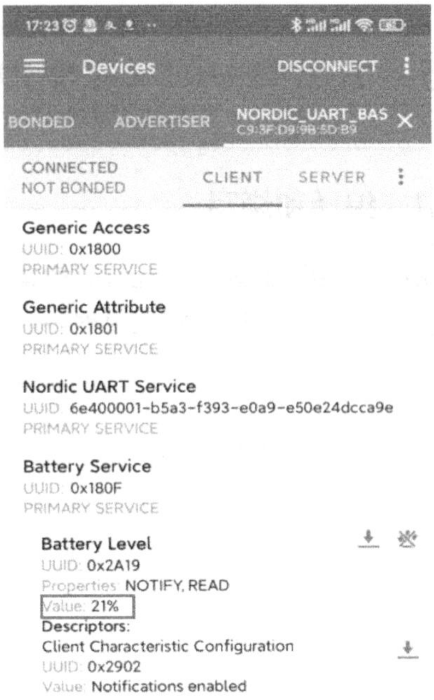

图 5-10

5.5.3 添加电池电量服务的注意事项

由于添加服务会增加 GATT 的大小，因此在编译环节可能会提示协议栈 RAM 不足，出现该提示时需要开发者手动更改分配给协议栈的 RAM 大小。

5.5.4 实验观察

通过本实验，开发者可通过 Android 版 nRF Connect 工具连接低功耗蓝牙设备，并看到电池电量服务（Battery Service），该服务包括 READ 和 NOTIFY 特性。通过 Android 版 nRF Connect，开发者可以看到电池电量在不断变化，从而实现了监测电池电量的目的。

5.6 实验小结

本实验主要介绍了低功耗蓝牙 5.x 配置文件的使用，通过本实验，开发者可在低功耗蓝牙串口通信例程上增加电池电量服务，从而掌握在应用中添加低功耗蓝牙 5.x 协议定义的标准服务的方法。

第6章 实验5：添加私有服务

6.1 实验目标

（1）掌握在低功耗蓝牙串口通信例程 ble_app_uart 上添加私有服务的方法，理解读、写、通知等相关服务的特性。

（2）掌握按键模块、LED 模块的使用方法。

6.2 实验准备

本实验是在 SDK 17.1.0 上进行的，使用的开发板是 nRF52840 DK，使用的开发工具是 SES 和 Android 版 nRF Connect，本实验的例程是 examples\ble_peripheral\ble_app_uart_lbs。

6.3 背景知识

虽然低功耗蓝牙 5.x 协议在不断发展和更新，但协议中所定义的标准服务永远是有限的。在低功耗蓝牙产品的开发中，往往会遇到很多场景，当前低功耗蓝牙 5.x 协议所定义的标准服务往往不能满足实际的需要，因此该协议允许开发者自定义私有服务，以便满足不同场景的需求，这为低功耗蓝牙的产品开发提供了极大的灵活性和便利性，同时也拓宽了低功耗蓝牙的应用领域。例如，开发者可以自定义一个开关量的配置文件，数据 01 表示开灯，数据 00 表示关灯，通过手机发送数据 01 和 00，就可以控制灯的亮灭。

私有服务是指低功耗蓝牙芯片厂商或者开发者定义的服务，可以根据实际的场景来定制服务的特性。使用私有服务的产品与其他产品不具有互通性。Nordic 为开发者提供的低功耗蓝牙串口通信例程就是基于私有服务的。

说明：由于低功耗蓝牙 5.x 协议的制定相对于应用有一定的滞后性，因此很多低功耗蓝牙的应用都是基于私有服务来实现的。

6.4 实验步骤

6.4.1 移植库文件

本实验使用的是 Nordic 提供的 LBS（Led Button Server），该服务是一个私有服务，用于发送按键和 LED 数据，相应的库函数为 ble_lbs.c。

本实验首先将“\components\ble\ble_services\ble_lbs”放入工程目录中，然后修改 ble_lbs.c 的内容，如图 6-1 所示。移植到工程目录中的文件不会影响 SDK 的源文件。

) ▸ nRF5_SDK ▸ nRF5_SDK_17.1.0_ddde560 ▸ examples ▸ ble_peripheral ▸ ble_app_uart_lbs ▸

助(H)

共享 ▾ 新建文件夹

名称	修改日期	类型	大小
ble_lbs	2021/11/12 11:00	文件夹	
hex	2021/11/12 9:52	文件夹	
pca10040	2021/11/12 9:42	文件夹	
pca10040e	2021/11/12 9:42	文件夹	
pca10056	2021/11/12 9:42	文件夹	
pca10056e	2021/11/12 9:42	文件夹	
pca10100	2021/11/12 9:42	文件夹	
pca10100e	2021/11/12 9:42	文件夹	
ble_app_uart.eww	2021/8/21 18:48	EWW 文件	8 KB
main.c	2021/11/12 11:51	C 文件	32 KB

图 6-1

在工程树中添加刚加入的 ble_lbs.c，如图 6-2 所示。

Application 2 files	[3.9K]	[2.2K]
main.c	4 bytes	2.2K
sdk_config.h		
Board Definition 1 file	[1.7K]	[119 bytes]
Board Support 2 files	[4.3K]	[230 bytes]
bsp.c	2.8K	214 bytes
bsp_btn_ble.c	1.5K	16 bytes
None 3 files		
nRF_BLE 8 files	[19.8K]	[729 bytes]
nRF_BLE_Services 2 files	[2.9K]	[48 bytes]
ble_lbs.c	1.2K	16 bytes
ble_nus.c	1.7K	32 bytes
nRF_Drivers 8 files		
nRF_Libraries 25 files	[23.0K]	[3.2K]

图 6-2

引入库文件目录，如图 6-3 所示。

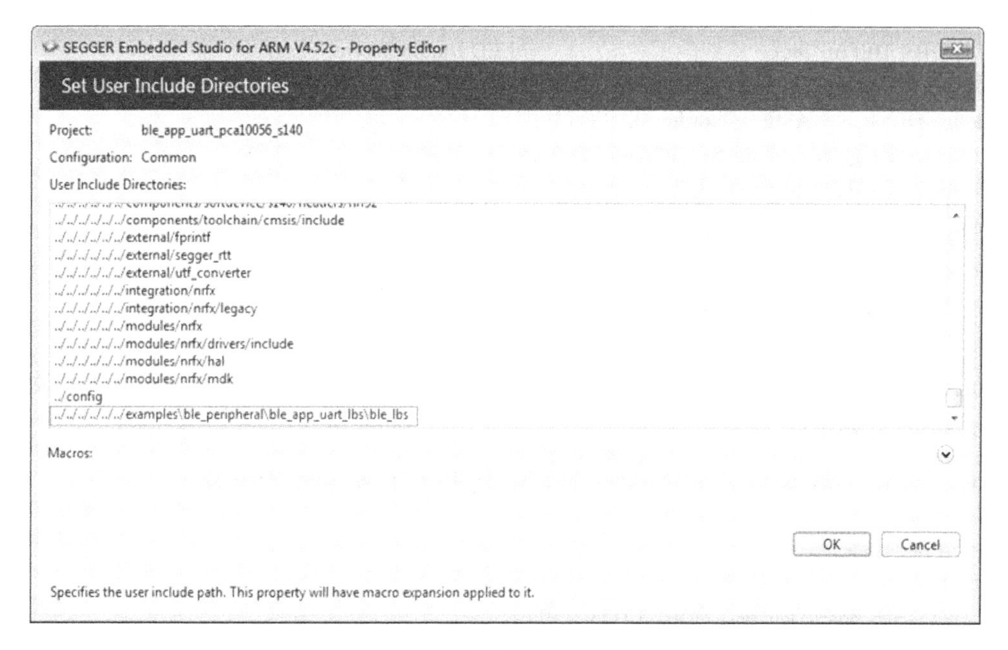

图 6-3

6.4.2　修改 sdk_config.h 中相应的宏

打开文件 sdk_config.h，修改相应的宏，使能 LBS、添加私有服务个数、开启 RTT 打印 Log。代码如下：

```
//<q> BLE_LBS_ENABLED    - ble_lbs - LED Button Service
#ifndef BLE_LBS_ENABLED
#define BLE_LBS_ENABLED 1
#endif

//<o> NRF_SDH_BLE_VS_UUID_COUNT - The number of vendor-specific UUIDs.
#ifndef NRF_SDH_BLE_VS_UUID_COUNT
#define NRF_SDH_BLE_VS_UUID_COUNT 2
#endif

//<q> NRF_FPRINTF_FLAG_AUTOMATIC_CR_ON_LF_ENABLED - For each printed LF, function will add CR.
#ifndef NRF_FPRINTF_FLAG_AUTOMATIC_CR_ON_LF_ENABLED
#define NRF_FPRINTF_FLAG_AUTOMATIC_CR_ON_LF_ENABLED 0
#endif
```

6.4.3　初始化 LBS

LBS 是 Nordic 提供的私有服务，无须开发者自己构建库函数，Nordic 提供了 LBS 的库函数，只需要在 main.c 中添加“#include "ble_lbs.h"”即可引用这些库函数。

下面的代码声明了 LBS 实例 m_lbs，将广播的名称修改为“Nordic_UART_LBS”，并修改了广播的 UUID，定义了控制 LED 的引脚，修改了 LBS 的 UUID（0x1523）。

```
BLE_LBS_DEF(m_lbs);                              /*LED Button Service instance*/
/*Name of device. Will be included in the advertising data*/
#define DEVICE_NAME    "Nordic_UART_LBS"
/*LED to be toggled with the help of the LED Button Service*/
#define LEDBUTTON_LED    BSP_BOARD_LED_2
static ble_uuid_t m_adv_uuids[] =                /*Universally unique service identifier*/
{
    {LBS_UUID_SERVICE, BLE_UUID_TYPE_VENDOR_BEGIN}
};
```

在服务初始化函数中添加 LBS，注册 LED 写特性操作时的回调函数，在函数内对 LED 进行控制。代码如下：

```
static void led_write_handler(uint16_t conn_handle, ble_lbs_t * p_lbs, uint8_t led_state)
{
    if (led_state)
    {
        bsp_board_led_on(LEDBUTTON_LED);
        NRF_LOG_INFO("Received LED ON!");
    }
    else
    {
        bsp_board_led_off(LEDBUTTON_LED);
        NRF_LOG_INFO("Received LED OFF!");
    }
}

/*@brief Function for initializing services that will be used by the application.*/
static void services_init(void)
{
    uint32_t    err_code;
    ble_nus_init_t    nus_init;
    nrf_ble_qwr_init_t qwr_init = {0};
    ble_lbs_init_t    init = {0};

    //Initialize Queued Write Module.
    qwr_init.error_handler = nrf_qwr_error_handler;

    err_code = nrf_ble_qwr_init(&m_qwr, &qwr_init);
    APP_ERROR_CHECK(err_code);

    //Initialize NUS.
    memset(&nus_init, 0, sizeof(nus_init));

    nus_init.data_handler = nus_data_handler;
    err_code = ble_nus_init(&m_nus, &nus_init);
```

```
    APP_ERROR_CHECK(err_code);

    //Initialize LBS.
    init.led_write_handler = led_write_handler;              //注册 LED 写回调函数

    err_code = ble_lbs_init(&m_lbs, &init);                  //初始化 LBS
    APP_ERROR_CHECK(err_code);
}
```

这时编译程序，会提示协议栈的 RAM 空间不足，如图 6-4 所示。

```
Debug Terminal
fo> app_timer: RTC: initialized.
rning> nrf_sdh_ble: Insufficient RAM allocated for the SoftDevice.
rning> nrf_sdh_ble: Change the RAM start location from 0x20002AE8 to 0x20002AF8.
rning> nrf_sdh_ble: Maximum RAM size for application is 0x3D508.
ror> nrf_sdh_ble: sd_ble_enable() returned NRF_ERROR_NO_MEM.
ror> app: ERROR 4 [NRF_ERROR_NO_MEM] at D:\nRF5_SDK\nRF5_SDK_17.1.0_ddde560\examples\ble_peripheral\ble_app_uart_lbs\main.c:471
at: 0x00030683
```

图 6-4

右键单击“Section Placement Macros”进行编辑，如图 6-5 所示。

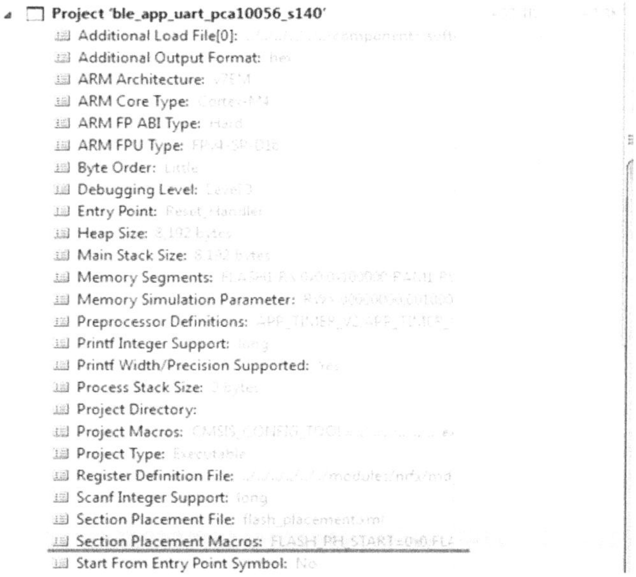

Project 'ble_app_uart_pca10056_s140'
- Additional Load File[0]:
- Additional Output Format:
- ARM Architecture:
- ARM Core Type:
- ARM FP ABI Type:
- ARM FPU Type:
- Byte Order:
- Debugging Level:
- Entry Point:
- Heap Size:
- Main Stack Size:
- Memory Segments:
- Memory Simulation Parameter:
- Preprocessor Definitions:
- Printf Integer Support:
- Printf Width/Precision Supported:
- Process Stack Size:
- Project Directory:
- Project Macros:
- Project Type:
- Register Definition File:
- Scanf Integer Support:
- Section Placement File:
- Section Placement Macros:
- Start From Entry Point Symbol:

图 6-5

将协议栈的 RAM 大小按照提示进行修改，如图 6-6 和图 6-7 所示。

再次编译程序，在提示 OK 后烧写并运行编译后的程序。打开 Android 版 nRF Connect 后，可搜索到名为“Nordic_UART_LBS”的广播，在该广播中的数据包中已经添加了 LBS 的 UUID，单击“CONNECT”按钮，如图 6-8 所示。

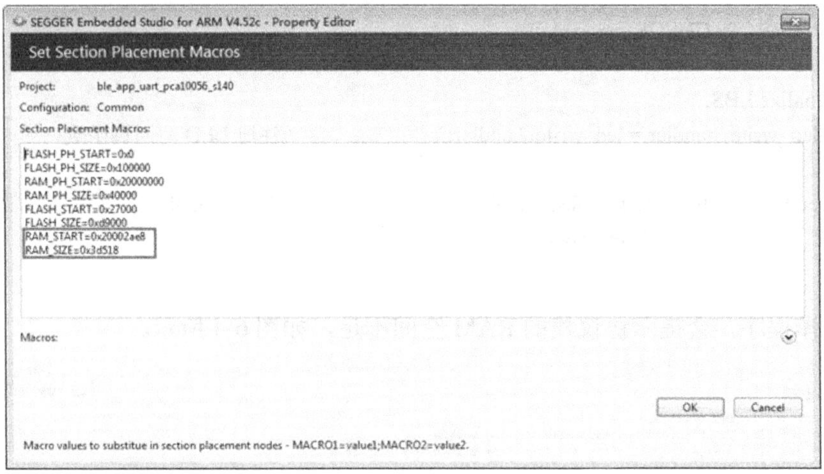

SEGGER Embedded Studio for ARM V4.52c - Property Editor
Set Section Placement Macros
Project: ble_app_uart_pca10056_s140
Configuration: Common
Section Placement Macros:
FLASH_PH_START=0x0
FLASH_PH_SIZE=0x100000
RAM_PH_START=0x20000000
RAM_PH_SIZE=0x40000
FLASH_START=0x27000
FLASH_SIZE=0xd9000
RAM_START=0x20002ae8
RAM_SIZE=0x3d518
Macros:
OK
Cancel
Macro values to substitue in section placement nodes - MACRO1=value1;MACRO2=value2.

图 6-6

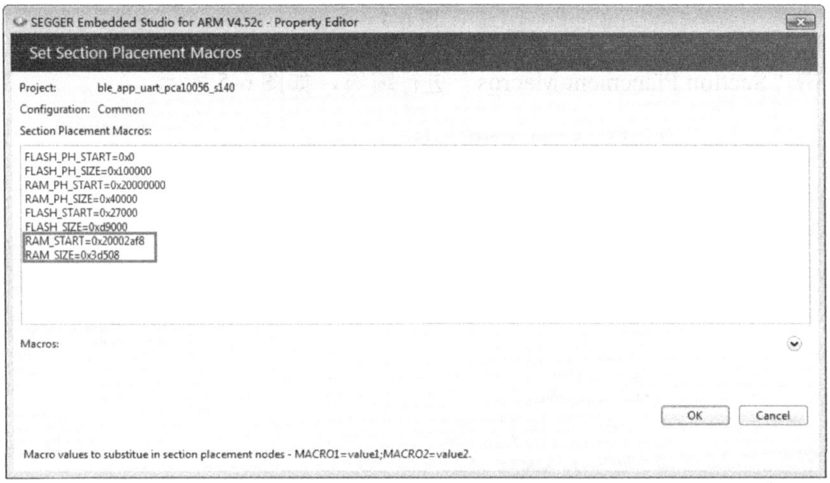

SEGGER Embedded Studio for ARM V4.52c - Property Editor
Set Section Placement Macros
Project: ble_app_uart_pca10056_s140
Configuration: Common
Section Placement Macros:
FLASH_PH_START=0x0
FLASH_PH_SIZE=0x100000
RAM_PH_START=0x20000000
RAM_PH_SIZE=0x40000
FLASH_START=0x27000
FLASH_SIZE=0xd9000
RAM_START=0x20002af8
RAM_SIZE=0x3d508
Macros:
OK
Cancel
Macro values to substitue in section placement nodes - MACRO1=value1;MACRO2=value2.

图 6-7

13:49
Devices
STOP SCANNING
SCANNER
BONDED
ADVERTISER
-89 dBm, Only favorites
Nordic_UART_LBS (Nordic)
CONNECT
C9:3F:D9:9B:5D:B9
NOT BONDED
-50 dBm ↔ 43 ms
Device type: LE only
Advertising type: Legacy
Flags: LimitedDiscoverable, BrEdrNotSupported
Complete Local Name: Nordic_UART_LBS
Complete list of 128-bit Service UUIDs:
6e401523-b5a3-f393-e0a9-e50e24dcca9e
CLONE
RAW
MORE

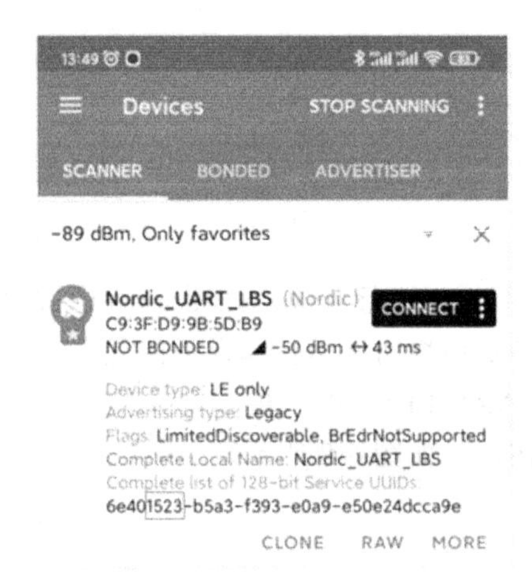

图 6-8

连接成功后可看到添加的 LBS，其中有 Button 和 LED 两个特性，Button 的特性为可读、可通知，LED 的特性为可读、可写，如图 6-9 所示。单击 LED 的写按钮，在弹出的界面中可以控制 LED 的开关，如图 6-10 所示。初始化阶段注册了 LED 的回调函数，在这里可以下发命令来控制 LED 的开关。

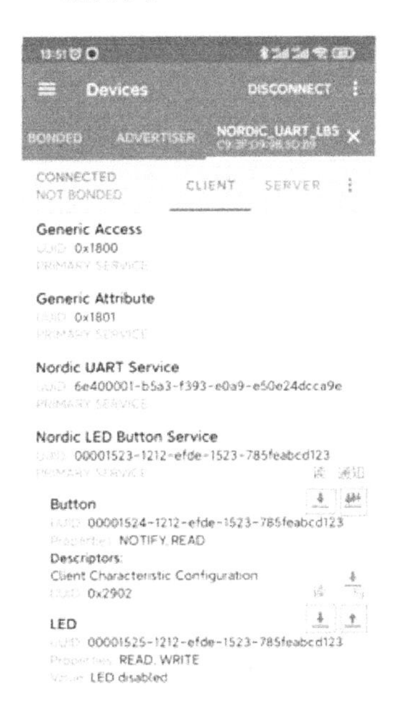

图 6-9

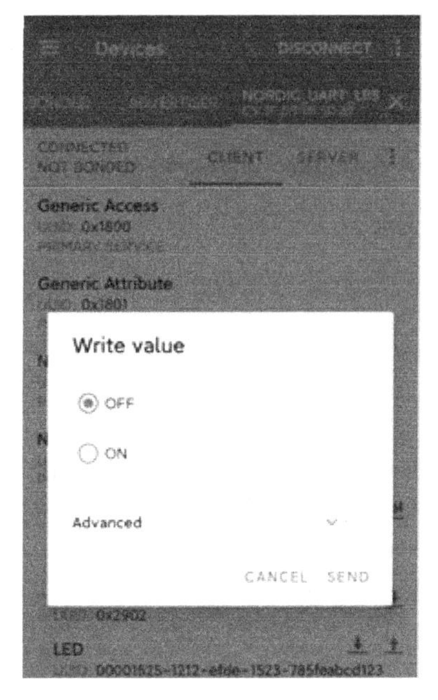

图 6-10

6.4.4 修改 LBS 中 LED 的特性

如果 LED 也具有通知的特性，那么在开发者使能通知时，就可以实时查看 LED 的当前状态。在初始化 LED 特性的函数 ble_lbs_init()中，可以添加通知（NOTIFY）特性。代码如下：

```
uint32_t ble_lbs_init(ble_lbs_t * p_lbs, const ble_lbs_init_t * p_lbs_init)
{
    uint32_t   err_code;
    ble_uuid_t   ble_uuid;
    ble_add_char_params_t   add_char_params;

    //Initialize service structure.
    p_lbs->led_write_handler = p_lbs_init->led_write_handler;

    //Add service.
    ble_uuid128_t base_uuid = {LBS_UUID_BASE};
    err_code = sd_ble_uuid_vs_add(&base_uuid, &p_lbs->uuid_type);
    VERIFY_SUCCESS(err_code);

    ble_uuid.type = p_lbs->uuid_type;
    ble_uuid.uuid = LBS_UUID_SERVICE;
```

```
    err_code = sd_ble_gatts_service_add(BLE_GATTS_SRVC_TYPE_PRIMARY, &ble_uuid,
                                        &p_lbs->service_handle);
    VERIFY_SUCCESS(err_code);

    //Add Button characteristic.
    memset(&add_char_params, 0, sizeof(add_char_params));
    add_char_params.uuid = LBS_UUID_BUTTON_CHAR;
    add_char_params.uuid_type = p_lbs->uuid_type;
    add_char_params.init_len = sizeof(uint8_t);
    add_char_params.max_len = sizeof(uint8_t);
    add_char_params.char_props.read = 1;
    add_char_params.char_props.notify = 1;

    add_char_params.read_access = SEC_OPEN;
    add_char_params.cccd_write_access = SEC_OPEN;

    err_code = characteristic_add(p_lbs->service_handle, &add_char_params,
                                  &p_lbs->button_char_handles);
    if (err_code != NRF_SUCCESS)
    {
        return err_code;
    }

    //Add LED characteristic.
    memset(&add_char_params, 0, sizeof(add_char_params));
    add_char_params.uuid = LBS_UUID_LED_CHAR;
    add_char_params.uuid_type = p_lbs->uuid_type;
    add_char_params.init_len = sizeof(uint8_t);
    add_char_params.max_len = sizeof(uint8_t);
    add_char_params.char_props.read = 1;
    add_char_params.char_props.write = 1;
    add_char_params.char_props.notify = 1;          //使能通知特性

    add_char_params.read_access = SEC_OPEN;
    add_char_params.write_access = SEC_OPEN;
    add_char_params.cccd_write_access = SEC_OPEN;       //使能 CCCD 的安全需求

    return characteristic_add(p_lbs->service_handle, &add_char_params, &p_lbs->led_char_handles);
}
```

关于特性的值，可以参考下面的结构体。

```
/*@brief GATT Characteristic Properties*/
typedef struct
{
  /*Standard properties */
```

```
    uint8_t broadcast          :1; /*Broadcasting of the value permitted*/
    uint8_t read               :1; /*Reading the value permitted*/
    uint8_t write_wo_resp      :1; /*Writing the value with Write Command permitted*/
    uint8_t write              :1; /*Writing the value with Write Request permitted*/
    uint8_t notify             :1; /*Notification of the value permitted*/
    uint8_t indicate           :1; /*Indications of the value permitted*/
    uint8_t auth_signed_wr     :1; /*Writing the value with Signed Write Command permitted*/
} ble_gatt_char_props_t;
```

在成功添加通知特性后，还需要添加通知函数。通知函数用来告知主机 LED 的当前状态，该函数的代码如下所示。编写完通知函数后需要在 ble_lbs.h 中声明该函数。

```
uint32_t ble_lbs_on_led_change(uint16_t conn_handle, ble_lbs_t * p_lbs, uint8_t led_state)
{
    ble_gatts_hvx_params_t params;
    uint16_t len = sizeof(led_state);

    memset(&params, 0, sizeof(params));
    params.type = BLE_GATT_HVX_NOTIFICATION;
    params.handle = p_lbs->led_char_handles.value_handle;
    params.p_data = &led_state;
    params.p_len = &len;

    return sd_ble_gatts_hvx(conn_handle, &params);
}
```

6.4.5　修改按键的逻辑

通过函数 bsp_event_handler()可以修改按键的逻辑，本实验在该函数中修改了按键的处理函数内容，当按下按键 Button0 时，会控制 LED 的开关，并将 LED 的当前状态通知到主机。代码如下：

```
static uint8_t led_state;

/*@brief Function for handling events from the BSP module.
  *@param[in]    event    Event generated by button press.*/
void bsp_event_handler(bsp_event_t event)
{
    uint32_t err_code;
    uint8_t button_state;
    switch (event)
    {
        case BSP_EVENT_KEY_0:
            if(led_state){
                led_state = 0;
                bsp_board_led_off(LEDBUTTON_LED);
            } else {
                led_state = 1;
```

```
                bsp_board_led_on(LEDBUTTON_LED);
            }
            //上报主机当前 LED 状态
            err_code = ble_lbs_on_led_change(m_conn_handle, &m_lbs, led_state);
            if (err_code != NRF_SUCCESS &&
                    err_code != BLE_ERROR_INVALID_CONN_HANDLE &&
                    err_code != NRF_ERROR_INVALID_STATE &&
                    err_code != BLE_ERROR_GATTS_SYS_ATTR_MISSING)
            {
                APP_ERROR_CHECK(err_code);
            }
        break;
        default:
        break;
    }
}
```

6.5 应用的实验与测试

6.5.1 应用固件的烧写与测试

在向 nRF52840 DK 开发板烧写应用固件后，用 Android 版 nRF Connect 通过蓝牙连接 nRF52840 DK 开发板，在 Android 版 nRF Connect 中可以看到 LED 特性中添加了通知特性，如图 6-11 所示。使能通知（NOTIFY）特性（见图 6-12）后，即可看到 LED 状态的变化。

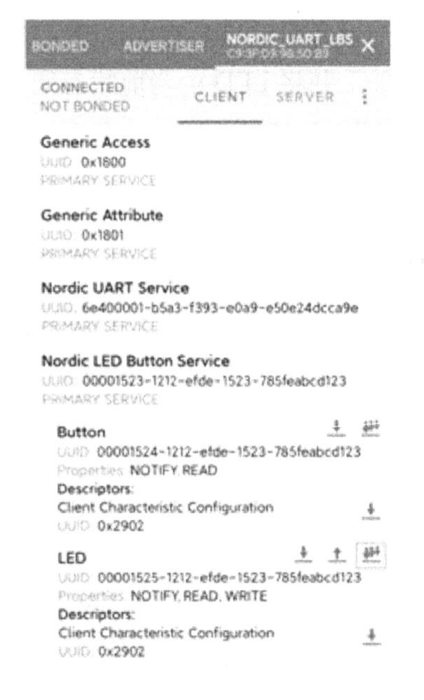

图 6-11

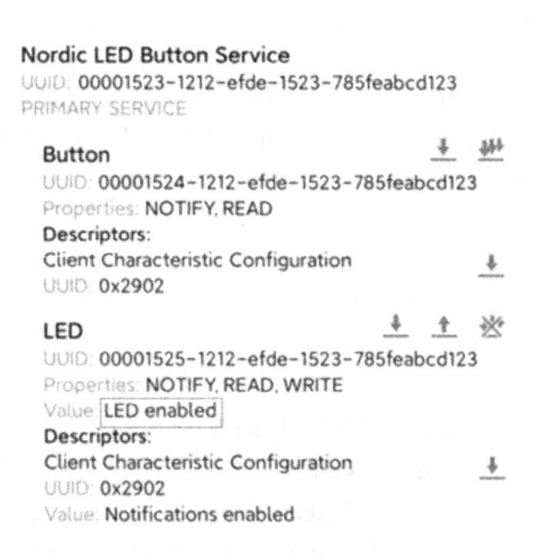

图 6-12

6.5.1　实验观察

本实验通过 Android 版 nRF Connect 工具连接低功耗蓝牙设备（nRF52840 DK 开发板）后，可以看到新添加的 LBS。LBS 包含 Button 和 LED 两个特性，通过 Android 版 nRF Connect 工具可以修改 Button 的特性，从而控制 nRF52840 DK 开发板上 LED 的亮灭。

6.6　实验小结

本章在介绍低功耗蓝牙 5.x 私有服务基本概念的基础上，重点介绍了在低功耗蓝牙串口通信例程中添加私有服务的方法。

第7章 实验6：添加配对、绑定功能

7.1 实验目标

（1）在低功耗蓝牙 HRS 例程 ble_app_hrs 中添加配对、绑定功能。
（2）理解配对和绑定功能，以及添加配对模块和绑定模块的代码。
（3）实现绑定信息的删除。

7.2 实验准备

本实验是在 SDK 17.1.0 上进行的，使用的开发板是 nRF52840 DK，使用的开发工具是 SES 和 Android 版 nRF Connect，本实验的例程是 examples\ble_peripheral\ble_app_hrs。

7.3 背景知识

7.3.1 配对和绑定的定义

安全是低功耗蓝牙的首要关注问题，配对（Paring）和绑定（Bonding）是实现低功耗蓝牙安全的一种机制。

对于低功耗蓝牙来说，配对和绑定是两种不同的机制。简单来说，配对是指低功耗蓝牙主从机交换加密特性，并创建临时密钥；绑定则是指在配对之后交换并保存长期密钥，用于之后的快速连接。注意：配对不是永久的安全机制，绑定才是。

7.3.1.1 配对

配对是加密特性的交换，包括 IO 能力、是否需要中间保护等。配对是由客户端发起的，一旦配对成功，就会确定主从机之间的加密机制并使该机制生效。例如，如果一个服务器在 IO 能力上仅支持 No Input、No Output，那么主从机双方就会采用“Just Works”的连接方式。

配对完成后，一个临时的密钥就被生成和交换，连接会被加密，但配对仅使用一个临时的加密密钥。在加密的连接中，会生成长期密钥，长期密钥类似于一个数字签名，具体交换哪些密钥、密钥的长短，取决于配对双方所支持的加密特性。

配对包括配对能力交换、设备认证、密钥生成、连接加密和秘密信息分发等过程，配对的目的有三个，分别是加密连接、认证设备和生成密钥。

7.3.1.2 绑定

绑定才真正意味着在加密特性交换和连接加密后（配对完成），完成了双方长期密钥的交换，双方已经存储并将在下次连接时使用该长期密钥。长期密钥可以通过绑定程序来交换，但如果长期密钥没有被成功存储和使用，则不能认为绑定已成功。

如果一个设备和另一个设备已经成功绑定，如一个用于心率监测的手环和一部手机，则两个设备无须交换密钥就可以实现加密连接，在手机向手环发起连接时仅需要请求手环开启加密，双方就可以使用已经存储的密钥进行通信。这样可以防止第三方在密钥交换的过程中窃取密钥，因为在配对时已经完成了密钥交换并存储了密钥。

配对和绑定实现了低功耗蓝牙的安全，对应用来说该过程是完全透明的，无须对添加了配对和绑定功能的数据进行特殊处理。安全有两种选项：加密或者签名，目前的大多数应用都选择加密。

除了可以采用配对和绑定来实现低功耗蓝牙的安全，开发者也可以在应用层来实现低功耗蓝牙的安全，两者在功能和安全性上没有本质的区别。如果在应用层实现低功耗蓝牙的安全，则需要完成密码算法、密钥生成、密钥交换等过程，会增加大量的工作。如果开发者不是安全方面的专家，则应用就有可能存在安全漏洞。配对和绑定实现了低功耗蓝牙安全的标准化，将其放在低功耗蓝牙协议栈中，使安全性得到了充分保障，开发者可以安全地使用低功耗蓝牙进行通信，从而更加专注于应用本身的开发。

7.3.2 相关概念知识

（1）SM：Security Manager，低功耗蓝牙协议栈的安全管理，规定了和低功耗蓝牙安全相关的要素，包括配对、绑定和SMP。

（2）SMP：Security Manager Protocol（安全管理协议），SMP的重点是两个低功耗蓝牙设备之间的交互命令序列，对配对的空中包进行了严格的时序规定。

（3）OOB：Out Of Band（带外），OOB通信方式是指不通过低功耗蓝牙的射频来交互配对信息，而是通过类似人眼、NFC、UART等带外方式来交互配对信息，这里的人眼、NFC、UART等通信方式被称为OOB通信方式。

（4）Passkey，又称为PIN码，是指用户在键盘中输入的一串数字，以实现设备的认证。低功耗蓝牙的Passkey必须是6位的数字。

（5）Numeric Comparison：数字比较。和Passkey一样，数字比较也是用来认证设备的，只不过Passkey是通过键盘输入的，而数字比较是显示在显示器上的，数字比较也必须是6位的数字。

（6）MITM：Man In The Middle。MITM是指在设备A和设备B的通信过程中，设备C会插入进来模拟设备A或者设备B，并且具备截获与篡改设备A和设备B之间所有通信报文的能力，从而达到让设备 A 或者设备 B 信任设备 C，把设备 C 当成设备 B 或者设备 A 来通信。如果应用场景对安全要求比较高，则需要具备 MITM 保护能力。在安全管理中，MITM 保护能力是通过认证（Authentication）来实现的。在安全管理中实现认证的方式有三种：OOB 认证信息、Passkey 和数字比较。开发者可以根据实际情况，选择其中一种认证方式。

（7）LESC：LE Secure Connections，又称为安全连接（SC），LESC 是低功耗蓝牙 4.2 引入的一种新的密钥生成方式和验证方式。LESC 是通过基于椭圆曲线的 Diffie-Hellman 密钥算法来生成设备 A 和设备 B 的共享密钥的，在生成共享密钥的过程中需要用到公私钥对，以及其他的密码算法。LESC 同时还规定了相应的通信协议以生成该共享密钥，并验证该共享密钥。需要注意的是，LESC 会对配对产生一定的影响，可以把 LESC 看成一种新的配对方式。

（8）IO Capabilities：输入/输出能力（IO 能力），是指低功耗蓝牙设备的输入/输出能力，如是否有键盘、是否有显示器、是否可以输入 Yes 和 No 两个确认值等。

（9）Key Size：密钥长度。一般来说，密钥的默认长度为 16 B，但为了适应一些低端的低功耗蓝牙设备处理能力，开发者可以减少密钥的长度，如 10 B。

7.3.3 绑定的流程

绑定可分为三个阶段，如图 7-1 所示。

（1）交换配对信息：交互待绑定双方各自支持的配对特性，如是否支持安全连接、MITM、OOB，以及各自的 IO 能力等。

（2）生成密钥：生成短期密钥或者长期密钥。

（3）分配密钥：通过低功耗蓝牙的空中包分发一些秘密信息，即分发密钥。在分发秘密信息前，必须保证连接已加密。

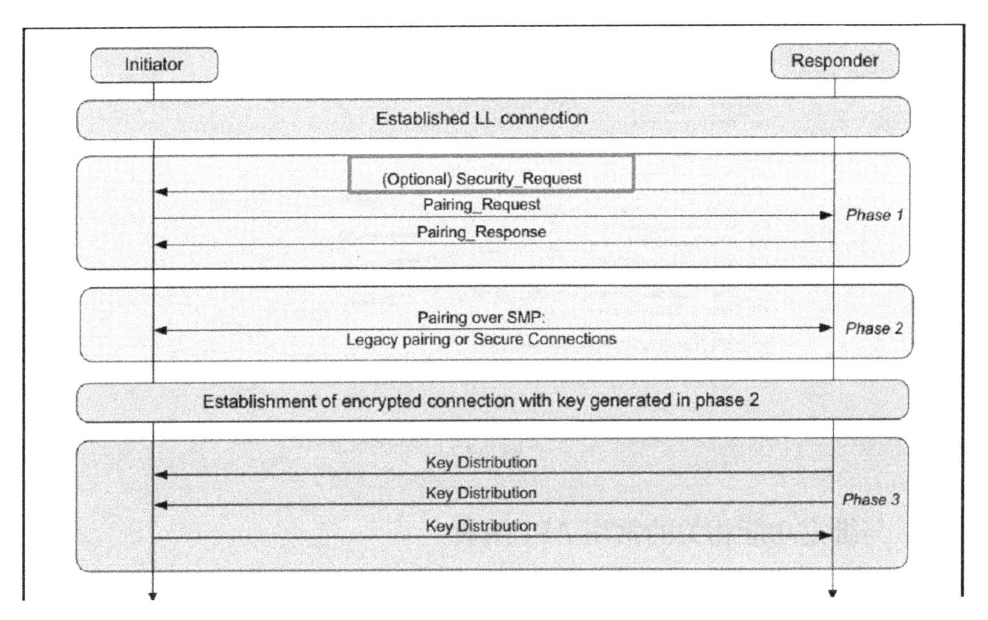

图 7-1

注意：绑定只能由主机发起，但从机可以发送绑定请求。

7.3.4 绑定的方式（等级）

主机和从机的 IO 能力共有以下 5 种：

（1）Display Only：仅显示屏。

（2）Display and Yes/No entry：带显示屏，可选择 Yes 或 No。

（3）Keyboard Only：仅键盘。

（4）No IO Capabilities：无 IO 能力。

（5）Keyboard and Display：带显示屏和按键。

在绑定的第一个阶段，主机和从机会交互双方各自的 IO 能力，根据双方的 IO 能力选择一种绑定方式。绑定的方式有以下几种：

（1）Just Works：没有 MITM 保护功能。

（2）Passkey：主机手动输入 PIN 码。

（3）Numeric Comparison：只有 LESC 才有，安全等级比 Passkey 高。

7.3.5 例程讲解

低功耗蓝牙 HRS 例程 ble_app_hrs 已经添加了绑定功能模块，和没有配对的低功耗蓝牙应用相比，有配对的低功耗蓝牙应用只多了一个初始化函数 peer_manager_init()，该函数的代码如图 7-2 所示。

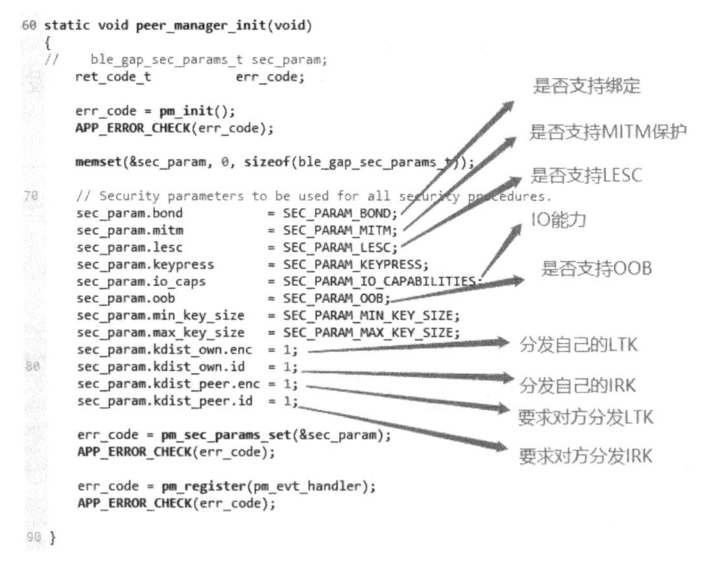

```
60 static void peer_manager_init(void)
   {
   //    ble_gap_sec_params_t sec_param;
       ret_code_t           err_code;

       err_code = pm_init();
       APP_ERROR_CHECK(err_code);

       memset(&sec_param, 0, sizeof(ble_gap_sec_params_t));

70     // Security parameters to be used for all security procedures.
       sec_param.bond              = SEC_PARAM_BOND;
       sec_param.mitm              = SEC_PARAM_MITM;
       sec_param.lesc              = SEC_PARAM_LESC;
       sec_param.keypress          = SEC_PARAM_KEYPRESS;
       sec_param.io_caps           = SEC_PARAM_IO_CAPABILITIES;
       sec_param.oob               = SEC_PARAM_OOB;
       sec_param.min_key_size      = SEC_PARAM_MIN_KEY_SIZE;
       sec_param.max_key_size      = SEC_PARAM_MAX_KEY_SIZE;
       sec_param.kdist_own.enc     = 1;
80     sec_param.kdist_own.id      = 1;
       sec_param.kdist_peer.enc    = 1;
       sec_param.kdist_peer.id     = 1;

       err_code = pm_sec_params_set(&sec_param);
       APP_ERROR_CHECK(err_code);

       err_code = pm_register(pm_evt_handler);
       APP_ERROR_CHECK(err_code);

90 }
```


图 7-2

7.3.6 与绑定功能相关的常用 API 函数

本节主要介绍与绑定功能相关的常用 API 函数的用法。

7.3.6.1 发起绑定的 API 函数

发起绑定的 API 函数主要用于发起 GAP 绑定的流程，该 API 函数的原型定义在 ble_gap.h

中，第1个参数是连接时分配的句柄，第2个参数是开发者设置的绑定等级。代码如下：

```
/*@brief Initiate the GAP Authentication procedure.
 * @param[in] conn_handle Connection handle.
 * @param[in] p_sec_params Pointer to the @ref ble_gap_sec_params_t structure with the security parameters
to be used during the pairing or bonding procedure.*/
SVCALL(SD_BLE_GAP_AUTHENTICATE, uint32_t, sd_ble_gap_authenticate(uint16_t conn_handle,
                                    ble_gap_sec_params_t const *p_sec_params));
```

7.3.6.2 读取绑定信息的API函数

读取绑定信息的API函数用于从Flash中读取存储的绑定信息，如对端的MAC地址、长期密钥等。该API函数的原型定义在peer_manager.c中，第1个参数是绑定时分配的ID，绑定信息保存在第2个参数指定的结构中。代码如下：

```
/*@brief Function for reading a peer's bonding data (@ref PM_PEER_DATA_ID_BONDING).
 * @details See @ref pm_peer_data_load for parameters and return values*/
ret_code_t pm_peer_data_bonding_load(pm_peer_id_t peer_id, pm_peer_data_bonding_t * p_data);
```

7.3.6.3 删除绑定信息的API函数

删除绑定信息的API函数用于永久删除Flash中绑定的信息，该API函数的原型定义在peer_manager.c中，只有1个参数，即绑定的ID。代码如下：

```
/*@brief Function for freeing persistent storage for a peer.*/
ret_code_t pm_peer_delete(pm_peer_id_t peer_id);
```

7.3.6.4 设置配对PIN码的API函数

设置配对PIN码的API函数用于开发者在Passkey中制定PIN码，该API函数的原型定义在ble_gap.h中。代码如下：

```
ble_opt_t opt;
memset(&opt, 0, sizeof(opt));
char * key = "123456";
opt.gap_opt.passkey.p_passkey = key;
err_code = sd_ble_opt_set(BLE_GAP_OPT_PASSKEY, &opt);
```

7.4 实验步骤

7.4.1 绑定模块移植

在Nordic的SDK中，带有绑定功能的例程是低功耗蓝牙HRS例程ble_app_hrs，该例程保存在SDK的“examples\ble_peripheral”目录中。由于绑定模块涉及的源文件以及相关宏定义非常多，将绑定模块移植到自己的应用中会非常烦琐耗时且容易出错，因此在添加绑定功能时，建议将自己的应用移植到带有绑定功能的例程中。本实验将NUS（Nordic UART Service）

添加到低功耗蓝牙 HRS 例程 ble_app_hrs（带绑定功能的例程），即将例程 ble_app_uart 中的功能模块移植到例程 ble_app_hrs 中。

7.4.2 在例程 ble_app_hrs 中添加 NUS

将 SDK 目录“components\ble\ble_services\ble_nus”中的 ble_nus.c，以及目录“components\ble\ble_link_ctx_manager”中的 ble_link_ctx_manager.c 文件添加到工程中，并将对应的头文件路径添加到工程中。

在 sdk_config.h 中使能 NUS 的相关宏，开启 RTT 打印 Log，代码如下：

```
//<e> BLE_NUS_ENABLED - ble_nus - Nordic UART Service
//==========================================================
#ifndef BLE_NUS_ENABLED
#define BLE_NUS_ENABLED 1
//<o> NRF_SDH_BLE_VS_UUID_COUNT - The number of vendor-specific UUIDs.
#ifndef NRF_SDH_BLE_VS_UUID_COUNT
#define NRF_SDH_BLE_VS_UUID_COUNT 1
//==========================================================
//<e> NRF_LOG_BACKEND_RTT_ENABLED - nrf_log_backend_rtt - Log RTT backend
//==========================================================
#ifndef NRF_LOG_BACKEND_RTT_ENABLED
#define NRF_LOG_BACKEND_RTT_ENABLED 1
//<q> NRF_FPRINTF_FLAG_AUTOMATIC_CR_ON_LF_ENABLED - For each printed LF, function will
add CR.
#ifndef NRF_FPRINTF_FLAG_AUTOMATIC_CR_ON_LF_ENABLED
#define NRF_FPRINTF_FLAG_AUTOMATIC_CR_ON_LF_ENABLED 0
```

在 main 函数中添加 NUS 功能模块的代码，如下所示：

```
#include "ble_nus.h"
BLE_NUS_DEF(m_nus, NRF_SDH_BLE_TOTAL_LINK_COUNT);

static void nus_data_handler(ble_nus_evt_t * p_evt)
{
        if (p_evt->type == BLE_NUS_EVT_RX_DATA)
        {
                uint32_t err_code;
                NRF_LOG_INFO("Received data from BLE NUS. Writing data on UART.");
                NRF_LOG_HEXDUMP_INFO(p_evt->params.rx_data.p_data, p_evt->params.rx_data.length);
        }
}
static void services_init(void)
{
    ret_code_t    err_code;
    ble_nus_init_t    nus_init;
    .../*此处省略了其他服务的配置*/
    nus_init.data_handler = nus_data_handler;
    err_code = ble_nus_init(&m_nus, &nus_init);
    APP_ERROR_CHECK(err_code);
}
```

调试并运行代码，根据 SEGGER RTT 窗口的提示（见图 7-3），修改协议栈的 RAM 配置（见图 7-4）。

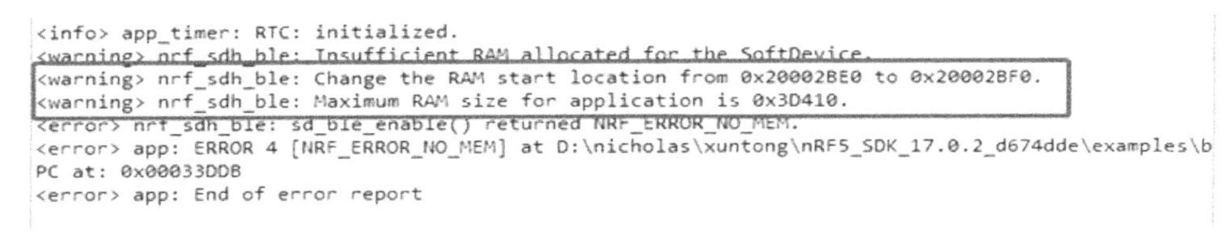

图 7-3

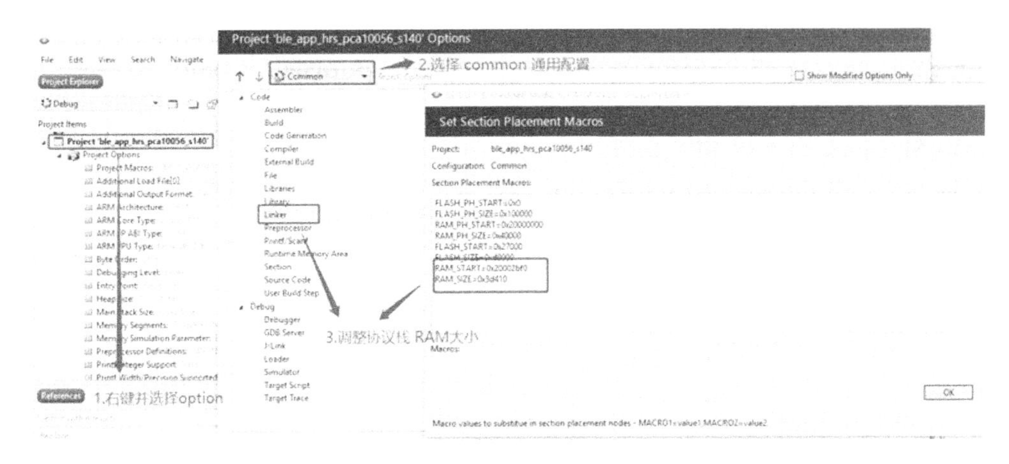

图 7-4

通过 Android 版 nRF Connect 工具连接低功耗蓝牙设备，并查看 NUS 是否添加成功，如图 7-5 所示。

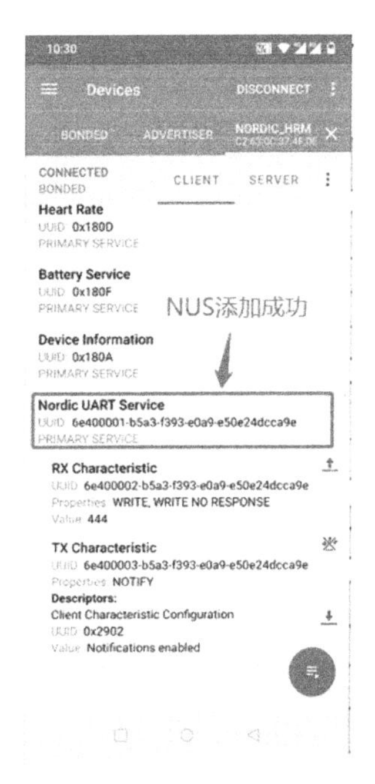

图 7-5

7.4.3 Passkey配对模式的实现

Passkey配对模式的实现步骤如下：

（1）修改函数peer_manager_init()中的绑定信息，将sec_param改为全局变量（其他地方会用到），代码如下：

```
#define SEC_PARAM_BOND  1
#define SEC_PARAM_MITM  0
#define SEC_PARAM_LESC  0
#define SEC_PARAM_KEYPRESS  0
#define SEC_PARAM_IO_CAPABILITIES  BLE_GAP_IO_CAPS_DISPLAY_ONLY
#define SEC_PARAM_OOB  0
#define SEC_PARAM_MIN_KEY_SIZE  7
#define SEC_PARAM_MAX_KEY_SIZE  16
```

（2）在协议栈触发低功耗蓝牙（BLE）连接成功事件时，调用API函数发起配对请求，并在分发PIN码的事件中将其RTT输出到调试窗口。代码如下：

```
static void ble_evt_handler(ble_evt_t const * p_ble_evt, void * p_context)
{
    ret_code_t err_code;
    switch (p_ble_evt->header.evt_id)
    {
        case BLE_GAP_EVT_CONNECTED:
            err_code = sd_ble_gap_authenticate(m_conn_handle, &sec_param);    //发起绑定请求
            NRF_LOG_INFO("err:%d.",err_code);
        break;
        case  BLE_GAP_EVT_PASSKEY_DISPLAY:
        {
            uint8_t passkey[BLE_GAP_PASSKEY_LEN] = {0};
            memcpy(passkey,    p_ble_evt->evt.gap_evt.params.passkey_display.passkey,    BLE_GAP_
PASSKEY_LEN);
            NRF_LOG_INFO("Passkey PIN:");
            NRF_LOG_HEXDUMP_INFO(passkey,BLE_GAP_PASSKEY_LEN);
        }break;
    }
}
```

（3）打开Android版nRF Connect工具，连接nRF52840 DK开发板，输入配对PIN码，如图7-6和图7-7所示。配对PIN码可在Debug Terminal中查询，如图7-8所示。

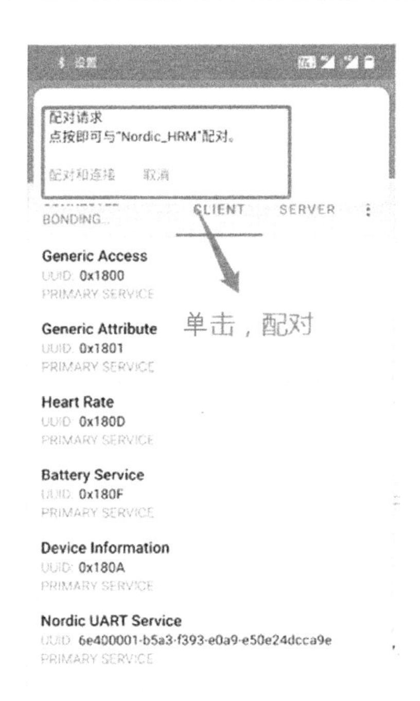

图 7-6

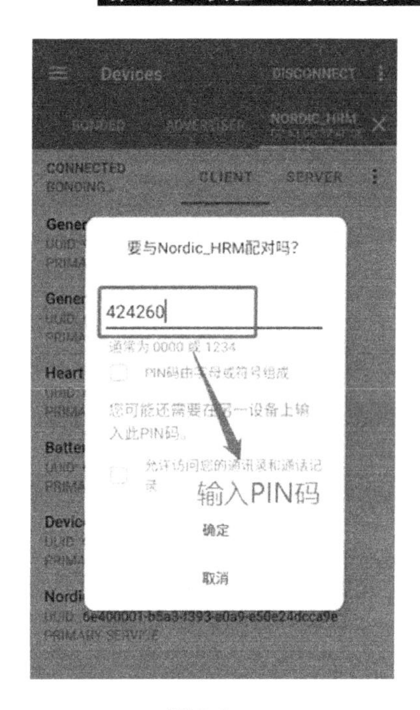

图 7-7

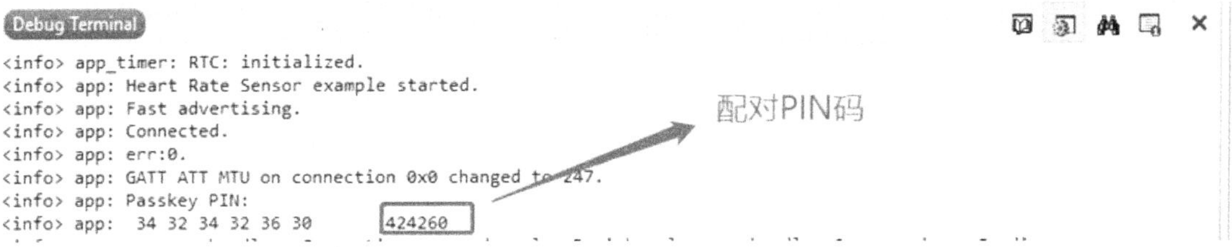

```
Debug Terminal
<info> app_timer: RTC: initialized.
<info> app: Heart Rate Sensor example started.
<info> app: Fast advertising.
<info> app: Connected.
<info> app: err:0.
<info> app: GATT ATT MTU on connection 0x0 changed to 247.
<info> app: Passkey PIN:
<info> app:  34 32 34 32 36 30        424260
```

配对PIN码

图 7-8

7.4.4　数字比较的实现

数字比较的实现步骤如下：

（1）修改绑定参数的配置，代码如下：

```
#define SEC_PARAM_BOND 1
#define SEC_PARAM_MITM 1
#define SEC_PARAM_LESC 1
#define SEC_PARAM_KEYPRESS 0
#define SEC_PARAM_IO_CAPABILITIES BLE_GAP_IO_CAPS_DISPLAY_YESNO
#define SEC_PARAM_OOB 0
#define SEC_PARAM_MIN_KEY_SIZE 7
#define SEC_PARAM_MAX_KEY_SIZE 16
```

（2）增加两个按键的功能，用于选择是否完成配对，在 BSP 模块的回调函数 bsp_event_handler 中增加以下代码：

```
void bsp_event_handler(bsp_event_t event)
{
    ret_code_t err_code;
    switch (event)
    {
        case BSP_EVENT_KEY_2:
        {
            NRF_LOG_INFO("key2 press");
            uint8_t    key_type =    BLE_GAP_AUTH_KEY_TYPE_PASSKEY;
            err_code = sd_ble_gap_auth_key_reply(m_conn_handle,key_type,    NULL);//完成绑定
            NRF_LOG_INFO("Numeric Match , ret:%d",err_code);
        }break;
        case BSP_EVENT_KEY_3:
        {
            NRF_LOG_INFO("key3 press");
            uint8_t       key_type =BLE_GAP_AUTH_KEY_TYPE_NONE ;
            err_code = sd_ble_gap_auth_key_reply(m_conn_handle,key_type, NULL);//拒绝绑定
            NRF_LOG_INFO("Numeric    REJECT , ret:%d",err_code);
        }break;
        default:
        break;
    }
}
```

（3）打开 Android 版 nRF Connect，通过低功耗蓝牙协议连接 nRF52840 DK 开发板，输入 PIN 码可完成配对，如图 7-9 所示。确认 PIN 码可在图 7-10 中查询。

图 7-9

```
<info> app_timer: RTC: initialized.
<info> app: Heart Rate Sensor example started.
<info> app: Fast advertising.
<info> app: Connected.
<info> app: err:0.
<info> app: GATT ATT MTU on connection 0x0 changed to 247
<info> app: BLE_GAP_EVT_LESC_DHKEY_REQUEST
<info> nrf_ble_lesc: Calling sd_ble_gap_lesc_dhkey_reply on conn_handle: 0
<info> app: Passkey PIN:
<info> app:  35 37 36 35 33 33        576533
<info> app: key2 press
<info> app: Numeric Match , ret:0
```

确认PIN码

确认绑定

图 7-10

7.5 实验拓展

本节将讨论在实际开发中经常会遇到的与绑定相关的一些问题。

（1）SDK 支持的设备绑定数量。只要设备的存储空间足够大，那么从理论上来讲，可以绑定的设备数量就不受限制。修改宏 FDS_VIRTUAL_PAGES 的值能够增加 FDS（Flash Data Storage）的大小，增加可以绑定设备的数量。

（2）绑定信息的删除。如果在手机中删除了绑定信息，那么也需要在设备端删除绑定信息，否则下次就无法通信连接。在低功耗蓝牙事件的回调函数中，添加以下代码即可删除绑定信息。

```
if (p_evt->evt_id == PM_EVT_CONN_SEC_CONFIG_REQ)
{
    pm_conn_sec_config_t cfg;
    cfg.allow_repairing = true;
    pm_conn_sec_config_reply(p_evt->conn_handle, &cfg);
}
```

（3）无法绑定。部分 Android 手机在采用 Passkey 配对模式进行绑定时，还没等输入 PIN 码，就弹出了输入框。这个问题常见于使用键鼠例程绑定设备时，这可以在初始化 GAP 时，通过设置 GAP 外观来解决，如图 7-11 所示。

```
/**@brief Function for the GAP initialization.
 *
 * @details This function sets up all the necessary GAP (Generic Access Profile) parameters of the
 *          device including the device name, appearance, and the preferred connection parameters.
 */
static void gap_params_init(void)
{
    ret_code_t              err_code;
    ble_gap_conn_params_t   gap_conn_params;
    ble_gap_conn_sec_mode_t sec_mode;

    BLE_GAP_CONN_SEC_MODE_SET_OPEN(&sec_mode);

    err_code = sd_ble_gap_device_name_set(&sec_mode,
                                          (const uint8_t *)DEVICE_NAME,
                                          strlen(DEVICE_NAME));
    APP_ERROR_CHECK(err_code);

    err_code = sd_ble_gap_appearance_set(BLE_APPEARANCE_HID_KEYBOARD);
    APP_ERROR_CHECK(err_code);

    memset(&gap_conn_params, 0, sizeof(gap_conn_params));

    gap_conn_params.min_conn_interval = MIN_CONN_INTERVAL;
    gap_conn_params.max_conn_interval = MAX_CONN_INTERVAL;
    gap_conn_params.slave_latency     = SLAVE_LATENCY;
    gap_conn_params.conn_sup_timeout  = CONN_SUP_TIMEOUT;

    err_code = sd_ble_gap_ppcp_set(&gap_conn_params);
    APP_ERROR_CHECK(err_code);
}
```

设置GAP外观

修改为其他值

图 7-11

7.6 实验小结

本章在介绍配对和绑定，以及相关概念的基础上，重点介绍了在低功耗蓝牙 HRS 例程 ble_app_hrs 中添加配对、绑定功能的方法。本实验在一个具有绑定模块的例程中添加了实际应用，实现绑定及解绑的完整过程。

第8章 实验7：低功耗蓝牙的主机扫描

8.1 实验目标

（1）在低功耗蓝牙串口通信例程 ble_app_uart 的基础上，主机扫描附近的广播数据包。
（2）掌握低功耗蓝牙连接的发起方法。
（3）掌握广播数据包中的数据筛选方法。

8.2 实验准备

本实验是在 SDK 17.1.0 上进行的，使用的开发板是 nRF52840 DK，使用的开发工具是 SES 和 Android 版 nRF Connect，本实验的例程是 examples\ble_peripheral\ble_app_uart_c。

8.3 背景知识

8.3.1 广播的概念

广播是低功耗蓝牙的重要基础，是指从机每隔一段时间就发送一次广播数据包。这个时间间隔称为广播间隔，这个广播动作称为广播事件。低功耗蓝牙设备通过广播频道发现其他设备，从机进行广播，主机进行扫描。只有当从机处于广播状态时，主机才能发现该从机。在每个广播事件中，广播数据包会分别在第 37、38 和 39 个频道上依次广播，如图 8-1 所示。

低功耗蓝牙 5.x 协议中的广播间隔为 20 ms～10.24 s。广播间隔会影响建立连接的时间，广播间隔越大，建立连接的时间就越长，当然功耗会更低。另外，低功耗蓝牙的链路层会在两个广播事件之间添加一个 0～10 ms 的随机延时，从而保证在多个设备广播时，不会一直发生广播碰撞的情况。也就是说，设置 100 ms 的广播间隔，实际上两次广播事件的时间间隔可能是 100～110 ms 之间的任意时间。

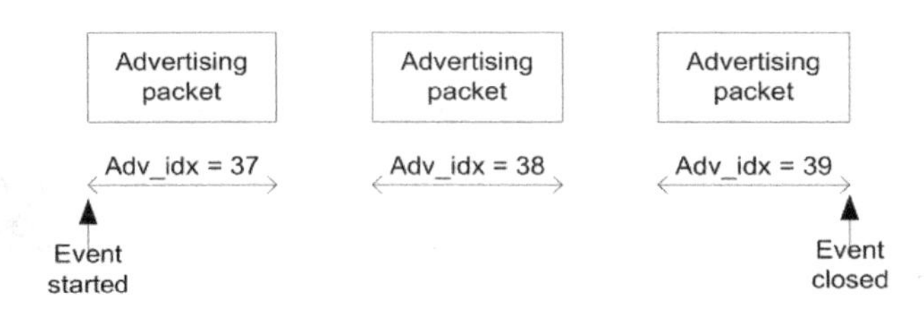

图 8-1

广播数据包最多能携带 31 B 的数据，该数据包通常包含可读的广播名称、设备是否可连接等信息。当主机接收到从机的广播数据包后，主机可以再发送获取更多数据包的请求，这时从机将广播扫描回应数据包，扫描回应数据包和广播数据包一样，都可以携带 31 B 的数据。

8.3.2 扫描的概念

扫描是主机监听从机广播数据包和发送扫描请求的过程。主机通过扫描，可以获取到从机的广播数据包和扫描回应数据包，主机可以对已扫描到的从机发起连接请求，从而连接从机并进行通信。

扫描有两个重要的时间参数：扫描窗口和扫描间隔，如图 8-2 所示。如果扫描窗口等于扫描间隔，那么主机将一直处于扫描状态之中，持续监听从机的广播数据包。

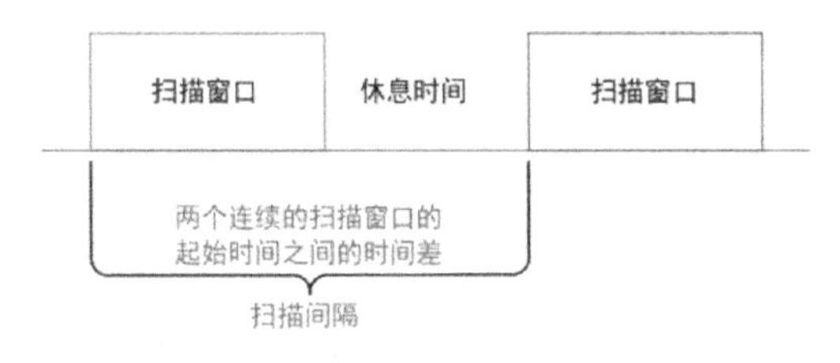

图 8-2

8.3.3 主机扫描的原理

低功耗蓝牙广播是在第 37、38 和 39 个频道上进行的，主机扫描的原理就是以一定的广播间隔在 3 个频道上扫描。如果从机在主机扫描的频道中进行广播，那么主机就能获取从机的广播数据包，如图 8-3 所示。

图 8-3 中，主机的扫描间隔为 50 ms、扫描窗口为 25 ms，即每隔 50 ms 就在一个频道上扫描 25 ms，而从机的广播间隔为 20 ms，每 20 ms 在第 37、38 和 39 个频道上广播一次，最终主机能捕捉到的广播数据包有 3 ms 时刻第 37 个频道上的广播、23 ms 时刻第 37 个频道上的广播、63 ms 时刻第 38 个频道上的广播、103 ms 时刻第 39 个频道上的广播、123 ms 时刻第 39 个频道上的广播。

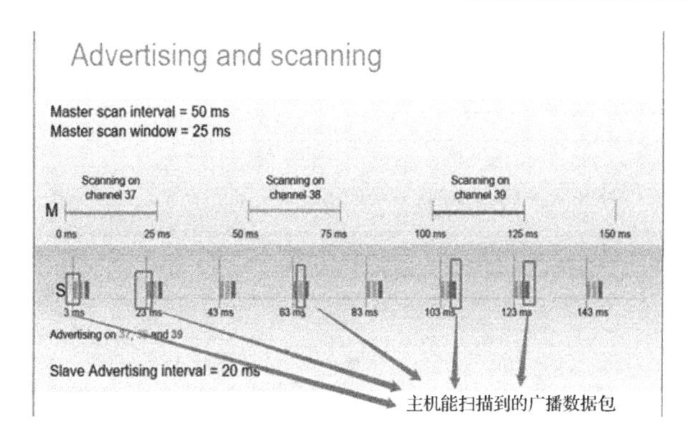

图 8-3

8.3.4　主动扫描和被动扫描

低功耗蓝牙广播包分为广播数据包和扫描回应数据包。要接收对端的广播数据包，可以使用被动扫描。主动扫描不仅可以捕获到对端设备的广播数据包，还可以捕获可能的扫描回应数据包。

更具体来说，在实际场景中如果需要获得扫描回应数据包，需要主机设置为主动扫描。如果仅仅需要广播数据包，则设置为被动扫描。主动扫描和被动扫描的区别在于：主动扫描可以获得广播数据包和扫描回应数据包；而被动扫描只能获得广播数据包，不能获得扫描回应数据包。

主机如果想获取从机的扫描回应包数据，就要开启主动扫描，主动向从机发起扫描请求，其过程如图 8-4 所示。

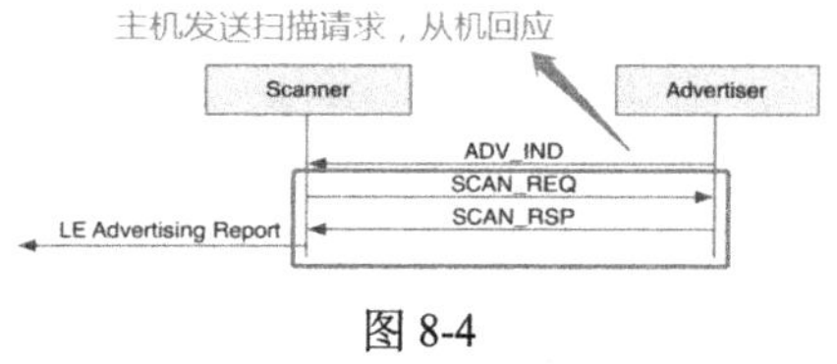

图 8-4

8.4　实验步骤

8.4.1　扫描例程讲解

例程 ble_app_uart_c 中已经实现了低功耗蓝牙主机扫描功能，并且能根据筛选条件，当扫描到符合条件的从机时，对该从机发起连接请求，代码如图 8-5 所示。

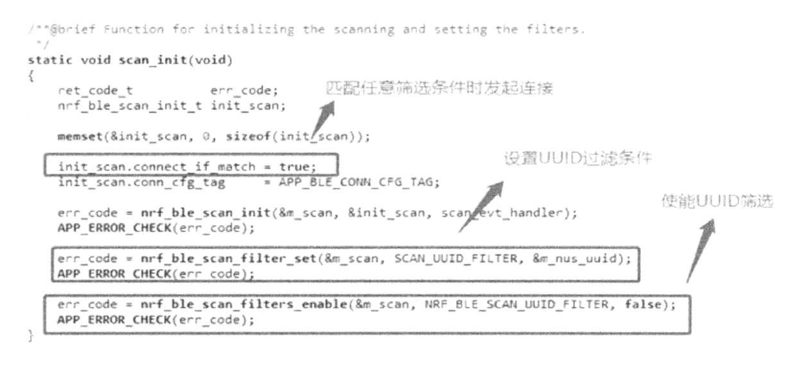
```
/**@brief Function for initializing the scanning and setting the filters.
 */
static void scan_init(void)
{
    ret_code_t          err_code;
    nrf_ble_scan_init_t init_scan;

    memset(&init_scan, 0, sizeof(init_scan));

    init_scan.connect_if_match = true;
    init_scan.conn_cfg_tag     = APP_BLE_CONN_CFG_TAG;

    err_code = nrf_ble_scan_init(&m_scan, &init_scan, scan_evt_handler);
    APP_ERROR_CHECK(err_code);

    err_code = nrf_ble_scan_filter_set(&m_scan, SCAN_UUID_FILTER, &m_nus_uuid);
    APP_ERROR_CHECK(err_code);

    err_code = nrf_ble_scan_filters_enable(&m_scan, NRF_BLE_SCAN_UUID_FILTER, false);
    APP_ERROR_CHECK(err_code);
}
```


图 8-5

扫描模块的默认参数配置代码如图 8-6 所示。

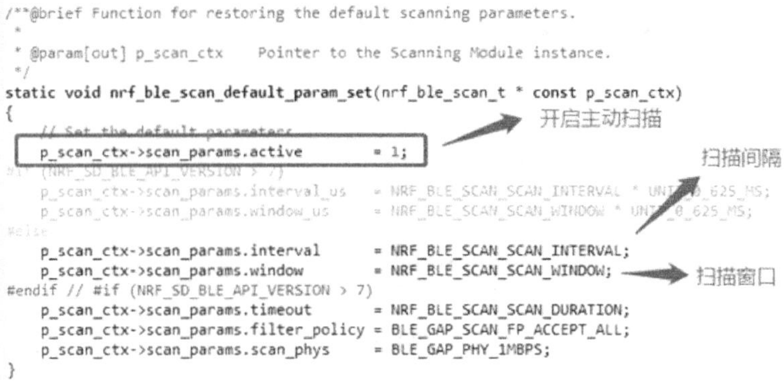

```
/**@brief Function for restoring the default scanning parameters.
 *
 * @param[out] p_scan_ctx    Pointer to the Scanning Module instance.
 */
static void nrf_ble_scan_default_param_set(nrf_ble_scan_t * const p_scan_ctx)
{
    // Set the default parameters.
    p_scan_ctx->scan_params.active          = 1;
#if (NRF_SD_BLE_API_VERSION > 7)
    p_scan_ctx->scan_params.interval_us     = NRF_BLE_SCAN_SCAN_INTERVAL * UNIT_0_625_MS;
    p_scan_ctx->scan_params.window_us       = NRF_BLE_SCAN_SCAN_WINDOW * UNIT_0_625_MS;
#else
    p_scan_ctx->scan_params.interval        = NRF_BLE_SCAN_SCAN_INTERVAL;
    p_scan_ctx->scan_params.window          = NRF_BLE_SCAN_SCAN_WINDOW;
#endif // #if (NRF_SD_BLE_API_VERSION > 7)
    p_scan_ctx->scan_params.timeout         = NRF_BLE_SCAN_SCAN_DURATION;
    p_scan_ctx->scan_params.filter_policy = BLE_GAP_SCAN_FP_ACCEPT_ALL;
    p_scan_ctx->scan_params.scan_phys       = BLE_GAP_PHY_1MBPS;
}
```

开启主动扫描

扫描间隔

扫描窗口

图 8-6

参数配置是在 sdk_config.h 中实现的，代码如图 8-7 所示。

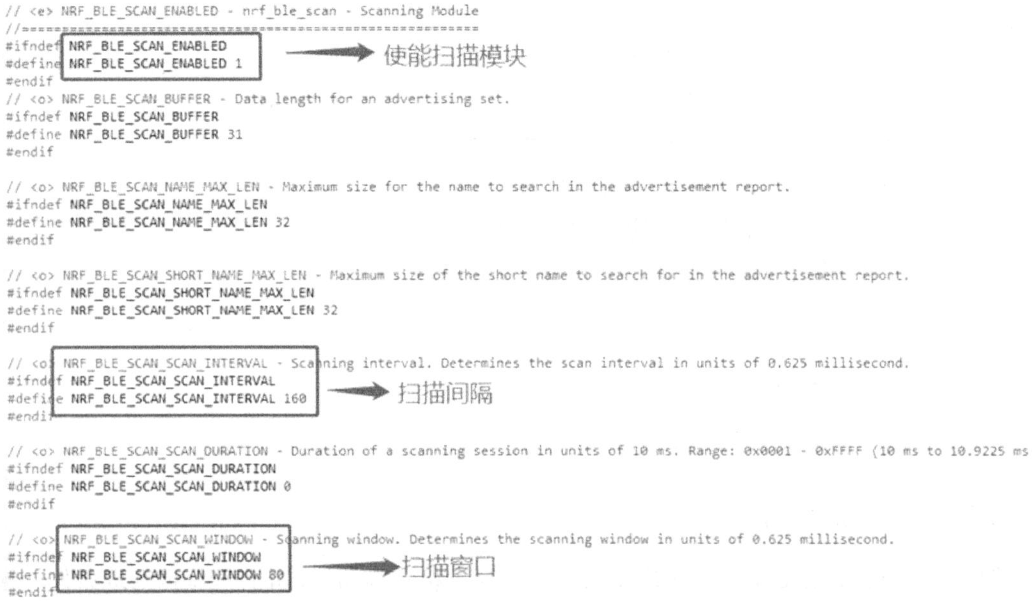

```
// <e> NRF_BLE_SCAN_ENABLED - nrf_ble_scan - Scanning Module
//==========================================================
#ifndef NRF_BLE_SCAN_ENABLED
#define NRF_BLE_SCAN_ENABLED 1
#endif
// <o> NRF_BLE_SCAN_BUFFER - Data length for an advertising set.
#ifndef NRF_BLE_SCAN_BUFFER
#define NRF_BLE_SCAN_BUFFER 31
#endif

// <o> NRF_BLE_SCAN_NAME_MAX_LEN - Maximum size for the name to search in the advertisement report.
#ifndef NRF_BLE_SCAN_NAME_MAX_LEN
#define NRF_BLE_SCAN_NAME_MAX_LEN 32
#endif

// <o> NRF_BLE_SCAN_SHORT_NAME_MAX_LEN - Maximum size of the short name to search for in the advertisement report.
#ifndef NRF_BLE_SCAN_SHORT_NAME_MAX_LEN
#define NRF_BLE_SCAN_SHORT_NAME_MAX_LEN 32
#endif

// <o> NRF_BLE_SCAN_SCAN_INTERVAL - Scanning interval. Determines the scan interval in units of 0.625 millisecond.
#ifndef NRF_BLE_SCAN_SCAN_INTERVAL
#define NRF_BLE_SCAN_SCAN_INTERVAL 160
#endif

// <o> NRF_BLE_SCAN_SCAN_DURATION - Duration of a scanning session in units of 10 ms. Range: 0x0001 - 0xFFFF (10 ms to 10.9225 ms
#ifndef NRF_BLE_SCAN_SCAN_DURATION
#define NRF_BLE_SCAN_SCAN_DURATION 0
#endif

// <o> NRF_BLE_SCAN_SCAN_WINDOW - Scanning window. Determines the scanning window in units of 0.625 millisecond.
#ifndef NRF_BLE_SCAN_SCAN_WINDOW
#define NRF_BLE_SCAN_SCAN_WINDOW 80
#endif
```

使能扫描模块

扫描间隔

扫描窗口

图 8-7

8.4.2 扫描附近所有设备

本节演示如何扫描到一个低功耗蓝牙设备的广播数据包和扫描回应数据包，图 8-8 是要扫描设备的广播数据包信息。例程 ble_app_uart_c 初始化了扫描模块，并开启了扫描，代码如图 8-9 所示。

开启扫描后，当低功耗蓝牙协议栈扫描到从机的广播时，就会触发一个事件（可以看成扫描到广播事件），只需要在这个事件中组合广播数据包和扫描回应数据包即可，如图 8-10 所示。

Devices STOP SCANNING
SCANNER BONDED ADVERTISER
Only favorites
EX1
E9:07:0E:25:B7:B4 CONNECT
Raw data:
0x0201060409455831 11079ECADC240EE5A9E093F3A3B50100406E
Details:

LEN.	TYPE	VALUE
2	0x01	0x06
4	0x09	0x455831
17	0x07	0x9ECADC240EE5A9E093F3A3B501004 06E

设备广播数据 OK

图 8-8

```
int main(void)
{
    // Initialize.
    log_init();
    timer_init();
    uart_init();
    buttons_leds_init();
    db_discovery_init();
    power_management_init();
    ble_stack_init();
    gatt_init();
    nus_c_init();
    scan_init();                         初始化扫描

    // Start execution.
    printf("BLE UART central example started.\r\n");
    NRF_LOG_INFO("BLE UART central example started.");
    scan_start();                        开启扫描

    // Enter main loop.
    for (;;)
    {
        idle_state_handle();
    }
}
```

图 8-9

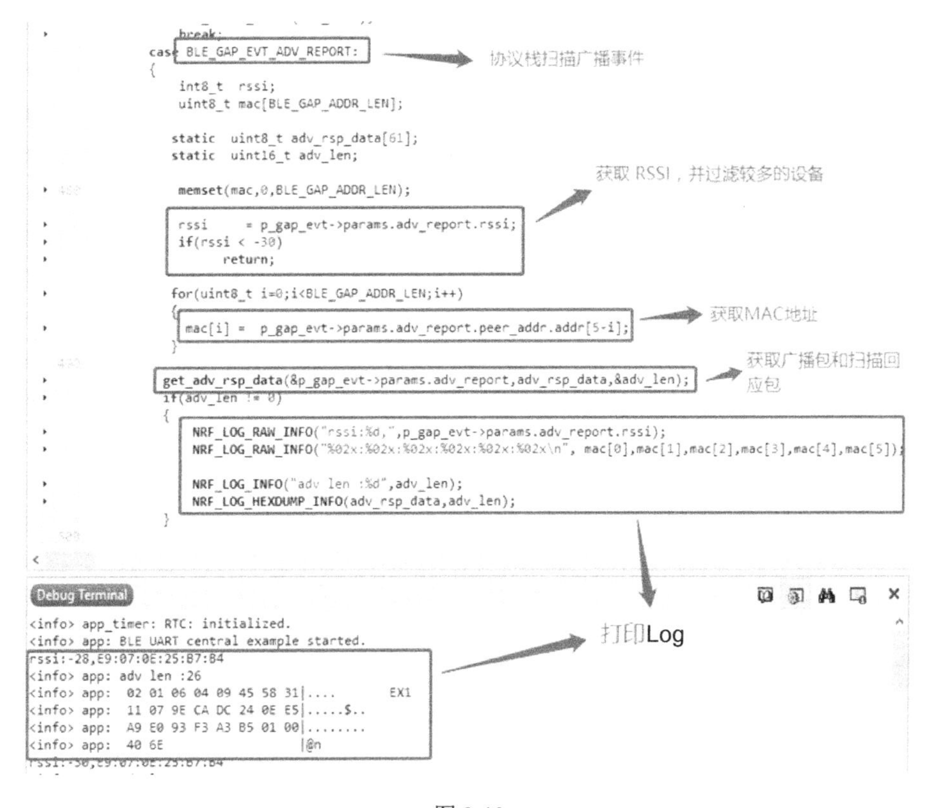

图 8-10

组合广播数据包和扫描回应数据包的部分逻辑如图 8-11 所示。

```
static void get_adv_rsp_data(ble_gap_evt_adv_report_t const * p_report,uint8_t *p_out,uint16_t * out_len)
{
    ble_gap_adv_report_type_t  adv_type;
    adv_type = p_report->type;
    static e_get_adv_t  m_step = STEP_GET_ADV;
    static uint8_t  adv_data_array[62] = {0};
    static uint8_t  idx = 0;
    if(p_report->data.len ==0)
        return;
    if(adv_type.scannable == 0)
    {
        memcpy(p_out,p_report->data.p_data,p_report->data.len);
        *out_len = p_report->data.len;
        memset(adv_data_array,0,sizeof(adv_data_array));
        idx = 0;
        m_step = STEP_GET_ADV;
        return;
    }
    else
    {
      switch(m_step)
      {
        case STEP_GET_ADV:
        {
          if(adv_type.scan_response == 0)
          {
            memcpy(adv_data_array + idx,p_report->data.p_data,p_report->data.len);
            idx += p_report->data.len;
            m_step = STEP_GET_RSP;
          }
        }break;
        case STEP_GET_RSP:
        {
          if(adv_type.scan_response == 1)
          {
            memcpy(adv_data_array + idx,p_report->data.p_data,p_report->data.len);
            idx += p_report->data.len;

            memcpy(p_out,adv_data_array,idx);
            *out_len = idx;

            memset(adv_data_array,0,sizeof(adv_data_array));
            idx = 0;
            m_step = STEP_GET_ADV;
          }
        }break;
      }
```

1.只有广播数据包的情况

2.有广播数据包和扫描回应数据包的情况

图 8-11

8.4.3 筛选广播数据包中的数据

为了使应用更加方便高效，Nordic 的 SDK 提供了筛选广播数据包的接口函数，该函数在 ble_advdata.c 中定义，函数原型如图 8-12 所示。

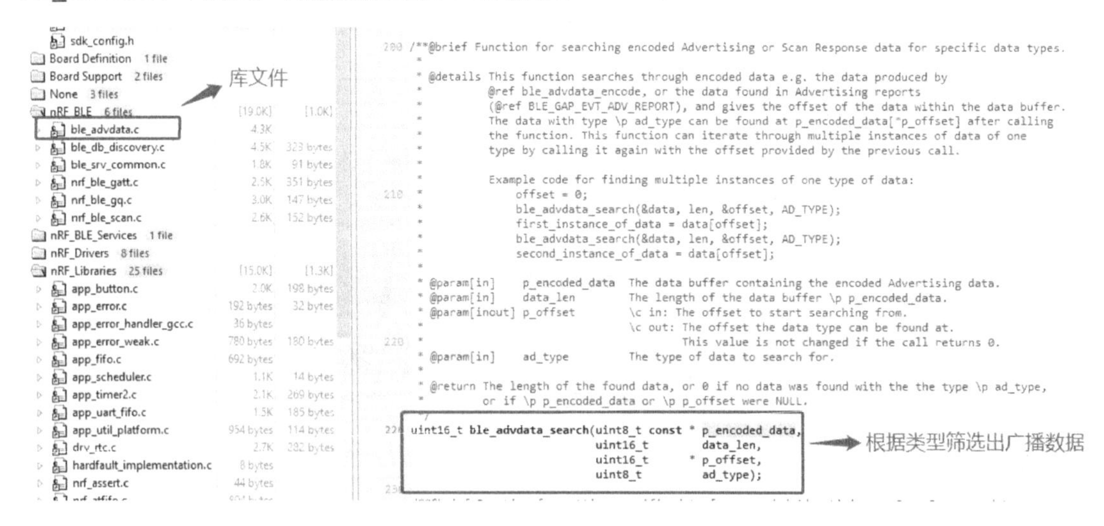

图 8-12

例如，筛选广播名称的代码如下：

```
uint8_t* p_encoded_data;                    //需要筛选的广播数据包
uint16_t parsed_name_len;                   //解析后广播名称的长度
uint8_t const * p_parsed_name;              //指向解析后广播名称的指针
```

```
uint16_t data_offset = 0;                    //筛选后广播名称的长度

if (p_target_name == NULL)
{
    return false;
}

parsed_name_len = ble_advdata_search(p_encoded_data, data_len, &data_offset,
                  BLE_GAP_AD_TYPE_COMPLETE_LOCAL_NAME);    //获取广播类型
p_parsed_name = &p_encoded_data[data_offset];          //获取广播名称地址
```

8.5 实验小结

本实验主要介绍低功耗蓝牙的主机扫描，通过本实验，开发者可掌握低功耗蓝牙主机在广播频道中扫描从机的方法，以及低功耗蓝牙主机筛选广播数据包的方法。

第9章 实验8：低功耗蓝牙的主机连接

9.1 实验目标

（1）理解低功耗蓝牙建立连接的过程。

（2）掌握连接参数的配置方法。

9.2 实验准备

本实验是在 SDK 17.1.0 上进行的，使用的开发板是 nRF52840 DK，使用的开发工具是 SES 和 Android 版 nRF Connect，本实验的例程是 examples\ble_peripheral\ble_app_uart_c。

9.3 背景知识

9.3.1 连接的概念

广播是一对多的单向通信，没有应答机制。由于广播间隔的原因，使用广播交换数据时有较高的延时。如果需要进行点对点的可靠通信，就必须在主机和从机之间建立基于连接的双向通信，如图 9-1 所示。

图 9-1

在低功耗蓝牙连接中，可以通过跳频方案使两个设备在特定时间、特定频道上传输数据。这些设备在约定的时间、在新频道（由低功耗蓝牙协议栈的链路层实现频道的切换）相遇，继续传输数据。用于传输数据的事件称为连接事件。如果没有要传输的数据，则由交换链路层数据来保持连接。

9.3.2 连接的过程

当低功耗蓝牙主机扫描到某个从机的广播后，可以发送连接请求，以便建立连接，如图 9-2 所示。

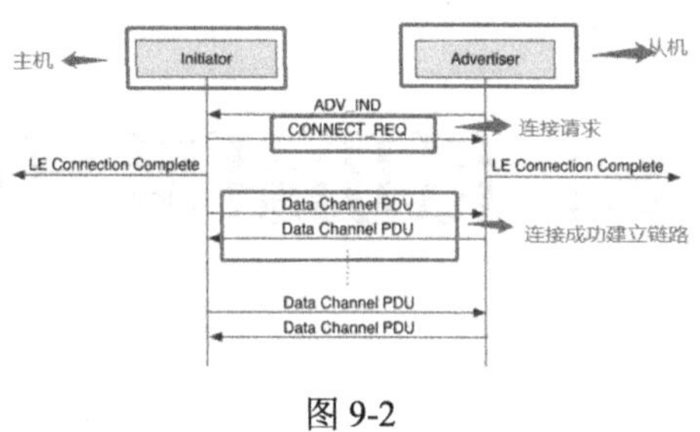

图 9-2

9.3.3 连接的重要参数

连接间隔（Connection Interval）：两个连接事件之间的时间间隔称为连接间隔，连接间隔的单位是 1.25 ms，连接间隔的范围是 7.5 ms～4.0 s。连接间隔约定了主机和从机之间交互数据的间隔，即使应用层没有需要交互的数据，链路层也会交互空包。

从机延时（Slave Latency）：表示从机可以跳过多个连接事件的能力，这种能力给从机提供了更多的灵活性。如果从机没有要发送的数据，则可以跳过连接事件，继续保持休眠状态以节省电量。从机延时定义了允许交互空包的次数。

监管超时（Supervision Time-out）：如果在两次成功连接事件之间的最长时间内没有成功的连接事件，则终止连接并返回到未连接状态，监管超时的单位是 10 ms，其范围是 10（100 ms）～3200（32.0 s），监管超时必须大于有效的连接间隔。监管超时的意义是当主机和从机超过一定时间没有进行空包交互时，就可以认定链路不可靠，并断开主机和从机的连接。

在主机和从机连接时，连接参数是由主机在发起连接时提供的。如果从机对连接参数有自己的要求，如要求更低的功耗或更高的通信速率等，则可以向主机发送连接参数更新请求。从机可以在连接后的任何时候发起连接参数更新请求，但最好不要在刚刚建立连接时就发起连接参数更新请求，建议延时 5 s 左右再发起连接参数更新请求。

连接间隔、从机延时和监管超时的作用如图 9-3 所示。

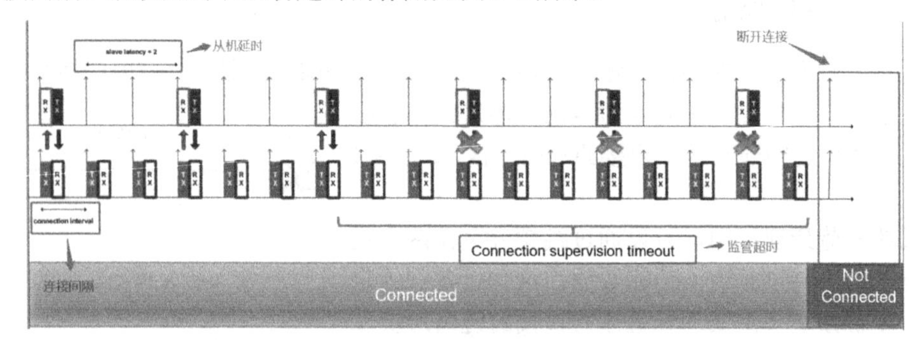

图 9-3

主机或从机都可以发起断开连接请求，对方会收到该请求后会断开连接，恢复到连接前的状态。

9.3.4　连接参数的优化

选择正确的连接参数在低功耗蓝牙设备的功耗优化中具有重要的作用，本节给出了连接参数对低功耗蓝牙功耗的影响。

（1）减少连接间隔的影响包括：增加两个设备的功耗；增加双向吞吐率；减少任意方向发送数据所需的时间。

（2）增加连接间隔的影响包括：降低两个设备的功耗；降低双向吞吐率；增加任意方向发送数据所需的时间。

（3）减少从机延时（或将其设置为零）的影响包括：增加从机的功耗；减少从机接收数据（主机发送的数据）的时间。

（4）增加从机延时的影响包括：在外设没有待发送的数据时，可以降低外设的功耗；增加从机接收数据（主机发送的数据）的时间。

9.3.5　iOS 对连接参数的要求

由于低功耗蓝牙设备通常需要与智能手机连接，考虑到不同的智能手机操作系统对有连接间隔有不同的要求，这里介绍主流平台对于连接参数的额外要求，作为 App 编程时的参考。iOS 系统对低功耗蓝牙的连接参数间隔的要求如下，不在此范围的参数将被拒绝。

（1）从机延时最多 30 个连接间隔。

（2）监管超时为 2～6 s。

（3）连接间隔至少为 15 ms，必须是 15 ms 的倍数，连接间隔最大值至少比最小值大 15 ms，但连接间隔最大值和最小值可以设置为 15 ms。

（4）最大连接间隔和外设从机延时加 1 后的积不超过 2 s。

（5）监管超时要大于最大间隔最大值和从机延时加 1 的积的 3 倍。

9.4　实验步骤

（1）低功耗蓝牙主机和从机建立连接。准备两块 nRF52840 DK 开发板，一块作为主机，另一块作为从机，如图 9-4 所示。

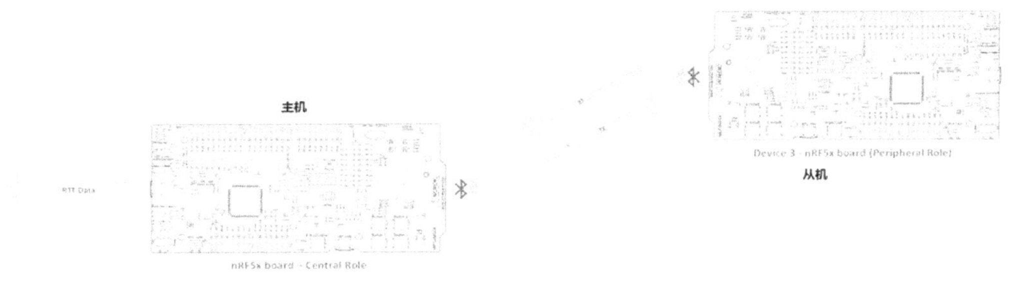

图 9-4

本实验以 SDK 的例程 ble_app_uart_c 为例，介绍主机和从机如何建立连接。例程 ble_app_uart_c 中的扫描模块已经实现了通过广播 UUID 筛选设备并建立连接，分别将例程

ble_app_uart_c 的主机代码和例程 ble_app_uart 的从机代码烧写到 nRF52840 DK 开发板中，两块 nRF52840 DK 开发板会自动建立连接。设置 UUID 筛选和使能筛选功能如图 9-5 所示。

```
/**@brief Function for initializing the scanning and setting the filters.
 */
static void scan_init(void)
{
    ret_code_t          err_code;
    nrf_ble_scan_init_t init_scan;

    memset(&init_scan, 0, sizeof(init_scan));

    init_scan.connect_if_match = true;
    init_scan.conn_cfg_tag     = APP_BLE_CONN_CFG_TAG;

    err_code = nrf_ble_scan_init(&m_scan, &init_scan, scan_evt_handler);
    APP_ERROR_CHECK(err_code);

    err_code = nrf_ble_scan_filter_set(&m_scan, SCAN_UUID_FILTER, &m_nus_uuid);
    APP_ERROR_CHECK(err_code);

    err_code = nrf_ble_scan_filters_enable(&m_scan, NRF_BLE_SCAN_UUID_FILTER, false);
    APP_ERROR_CHECK(err_code);
}
```

设置UUID筛选

使能筛选功能

图 9-5

例程 ble_app_uart_c 中的扫描模块除了可以通过 UUID 进行筛选，还支持多种筛选模式，如完整名称、短名称、MAC 地址、外观筛选等，如图 9-6 所示。

```
/**@brief Types of filters.
 */
typedef enum
{
    SCAN_NAME_FILTER,       /**< Filter for names. */
    SCAN_SHORT_NAME_FILTER, /**< Filter for short names. */
    SCAN_ADDR_FILTER,       /**< Filter for addresses. */
    SCAN_UUID_FILTER,       /**< Filter for UUIDs. */
    SCAN_APPEARANCE_FILTER, /**< Filter for appearances. */
} nrf_ble_scan_filter_type_t;
```

图 9-6

（2）低功耗蓝牙主机发送数据。在例程 ble_app_uart_c 的主机代码中，当接收到数据事件时，会调用主机的接口函数将数据发给从机，如图 9-7 所示，并且可以在回调事件中获取从机发送的数据。

```
void uart_event_handle(app_uart_evt_t * p_event)
{
    static uint8_t data_array[BLE_NUS_MAX_DATA_LEN];
    static uint16_t index = 0;
    uint32_t ret_val;

    switch (p_event->evt_type)
    {
        /**@snippet [Handling data from UART] */
        case APP_UART_DATA_READY:
            UNUSED_VARIABLE(app_uart_get(&data_array[index]));
            index++;

            if ((data_array[index - 1] == '\n') ||
                (data_array[index - 1] == '\r') ||
                (index >= (m_ble_nus_max_data_len)))
            {
                NRF_LOG_DEBUG("Ready to send data over BLE NUS");
                NRF_LOG_HEXDUMP_DEBUG(data_array, index);

                do
                {
                    ret_val = ble_nus_c_string_send(&m_ble_nus_c, data_array, index);
                    if ( (ret_val != NRF_ERROR_INVALID_STATE) && (ret_val != NRF_ERROR_RESOURCES) )
                    {
                        APP_ERROR_CHECK(ret_val);
                    }
                } while (ret_val == NRF_ERROR_RESOURCES);

                index = 0;
            }
            break;

        /**@snippet [Handling data from UART] */
        case APP_UART_COMMUNICATION_ERROR:
            NRF_LOG_ERROR("Communication error occurred while handling UART.");
            APP_ERROR_HANDLER(p_event->data.error_communication);
            break;

        case APP_UART_FIFO_ERROR:
            NRF_LOG_ERROR("Error occurred in FIFO module used by UART.");
            APP_ERROR_HANDLER(p_event->data.error_code);
```

串口接收数据事件

接收串口数据到buffer

将buffer中的数据发给从机

图 9-7

（3）低功耗蓝牙主机接收数据。低功耗蓝牙主机连接从机后，接收到的数据都会上报给应用层注册的回调函数，如图 9-8 所示。

```
/**@brief Callback handling Nordic UART Service (NUS) client events.
 *
 * @details This function is called to notify the application of NUS client events.
 *
 * @param[in]   p_ble_nus_c   NUS client handle. This identifies the NUS client.
 * @param[in]   p_ble_nus_evt Pointer to the NUS client event.
 */

/**@snippet [Handling events from the ble_nus_c module] */
static void ble_nus_c_evt_handler(ble_nus_c_t * p_ble_nus_c, ble_nus_c_evt_t const * p_ble_nus_evt)
{
    ret_code_t err_code;

    switch (p_ble_nus_evt->evt_type)
    {
        case BLE_NUS_C_EVT_DISCOVERY_COMPLETE:
            NRF_LOG_INFO("Discovery complete.");
            err_code = ble_nus_c_handles_assign(p_ble_nus_c, p_ble_nus_evt->conn_handle, &p_ble_nus_evt->handles);
            APP_ERROR_CHECK(err_code);

            err_code = ble_nus_c_tx_notif_enable(p_ble_nus_c);
            APP_ERROR_CHECK(err_code);
            NRF_LOG_INFO("Connected to device with Nordic UART Service.");
            break;

        case BLE_NUS_C_EVT_NUS_TX_EVT:
            ble_nus_chars_received_uart_print(p_ble_nus_evt->p_data, p_ble_nus_evt->data_len);
            break;

        case BLE_NUS_C_EVT_DISCONNECTED:
            NRF_LOG_INFO("Disconnected.");
            scan_start();
            break;
    }
```

连接上从机时，使能对方的CCCD

接收从机发送的数据，并串口输出

图 9-8

9.5 实验小结

本章主要介绍了广播、扫描、连接、连接参数等内容，在实验中，主机通过扫描发现从机，通过发送连接请求与从机建立连接。通过本章的学习，开发者可掌握低功耗蓝牙通信的关键，即双向连接通信的实现。

第10章 实验9：低功耗蓝牙主从一体的实现

10.1 实验目标

（1）理解低功耗蓝牙主从一体的概念。

（2）实现低功耗蓝牙主从一体的功能。

10.2 实验准备

本实验是在 SDK 17.1.0 上进行的，使用的开发板是 nRF52840 DK，使用的开发工具是 SES 和 Android 版 nRF Connect，本实验的例程是 ble_app_uart。

10.3 背景知识

前文已经介绍过低功耗蓝牙的两种网络拓扑结构，即基于广播的一对多单向通信（见图 10-1），以及基于连接的主从方式的一对一双向通信（见图 10-2）和一对多双向通信（见图 10-3）。

图 10-1　　图 10-2　　图 10-3

以上两种网络拓扑结构能应对所有的实际工作场景吗？先看一个典型的工作场景，开发一个低功耗蓝牙网关，其功能是先连接附近所有的低功耗蓝牙从机并读取从机的数据，再将获取的数据上传至云端服务器。此处的低功耗蓝牙网关是一个典型的主机，在有些情况下，可以通过云端服务器下发命令的方式来配置低功耗蓝牙网关的一些工作参数，但在初次配置低功耗蓝牙网关，或者低功耗蓝牙网关无法连接云端服务器时，是否可以在本地通过智能手机来配置低功耗蓝牙网关，或直接来获取低功耗蓝牙网关的数据呢？作为主机的低功耗蓝牙网关，以及作为主机的智能手机，二者的网络拓扑角色决定了它们不能直接通信。显然，上面提到的两种网络拓扑结构无法应对这种工作场景。

在没有网络的情况下，如何才能配置低功耗蓝牙网关，并读取低功耗蓝牙网关的数据呢？低功耗蓝牙主从一体的概念由此出现。低功耗蓝牙主从一体是指低功耗蓝牙设备可以同时作为主机和从机，如图 10-4 所示。自从低功耗蓝牙协议增加了一个称为链路层拓扑的功能后，低功耗蓝牙设备就可以同时作为主机和从机，可进行任何角色的组合操作。低功耗蓝牙主从一体功能增加了低功耗蓝牙设备的功能以及灵活性和易用性。

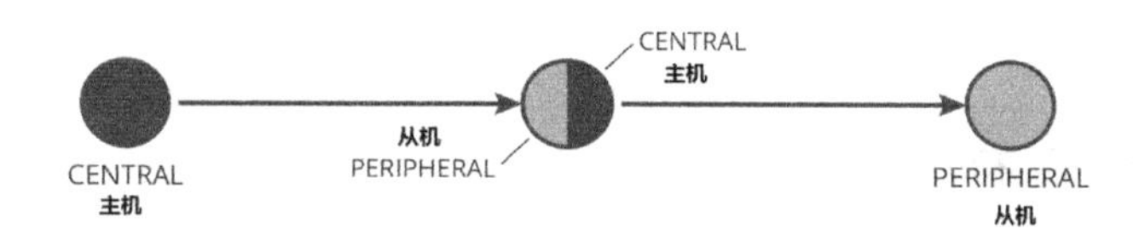

图 10-4

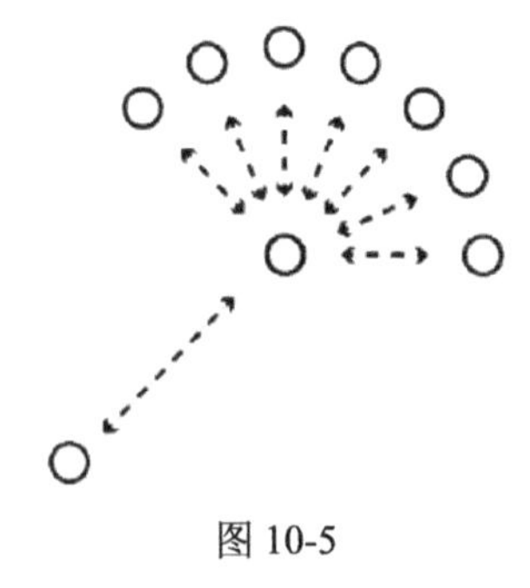

图 10-5

通过低功耗蓝牙主从一体功能，低功耗蓝牙网关除了能作为主机连接低功耗蓝牙从机（如心率带）接收数据，还能作为从机被其他主机（如智能手机）连接并与该主机交互数据（如智能手机对低功耗蓝牙网关进行配置）。这样产生了一种新的拓扑结构，即基于低功耗蓝牙主从一体的中继式通信，如图 10-5 所示，这种方式在物联网的很多场景中有重要的意义。以低功耗蓝牙网关为例，之前的网关在一个封闭系统中作为主机工作，通过低功耗蓝牙主从一体功能还可以同时作为从机连接到智能手机，从而实现新的连接维度。

10.4 实验步骤

10.4.1 低功耗蓝牙主从一体功能的实现

本实验是通过在低功耗蓝牙串口通信例程从机代码的基础上添加与主机相关的模块来实现低功耗蓝牙主从一体功能的，具体步骤如下：

（1）将与主机相关模块的源文件和头文件添加到低功耗蓝牙串口通信例程从机代码中，代码如下：

```
nrf_ble_scan.c ble_srv_common.c ble_db_discovery.c
nrf_ble_gq.c nrf_queue.c ble_nus_c.c
../../../../../../components/ble/nrf_ble_scan
../../../../../../components/ble/ble_db_discovery
../../../../../../components/ble/common
```

```
../../../../../../components/ble/nrf_ble_gq
../../../../../../components/ble/ble_services/ble_nus_c
```

（2）在 sdk_config.h 中添加相关模块的宏定义，代码如下：

```
//<h>Application
//==========================================================
//<o>APP_SHUTDOWN_HANDLER_PRIORITY - Application shutdown observer priority.
#ifndef APP_SHUTDOWN_HANDLER_PRIORITY
#define APP_SHUTDOWN_HANDLER_PRIORITY 1
#endif

//<o>NRF_BLE_GQ_QUEUE_SIZE - Queue size for BLE GATT Queue module.
#ifndef NRF_BLE_GQ_QUEUE_SIZE
#define NRF_BLE_GQ_QUEUE_SIZE 4
#endif

//<e>NRF_QUEUE_ENABLED - nrf_queue - Queue module
//==========================================================
#ifndef NRF_QUEUE_ENABLED
#define NRF_QUEUE_ENABLED 1
#endif
#ifndef BLE_NUS_C_ENABLED
#define BLE_NUS_C_ENABLED 1
#endif

//<e>NRF_BLE_GQ_ENABLED - nrf_ble_gq - BLE GATT Queue Module
//==========================================================
#ifndef NRF_BLE_GQ_ENABLED
#define NRF_BLE_GQ_ENABLED 1
#endif

#ifndef NRF_BLE_GQ_DATAPOOL_ELEMENT_SIZE
#define NRF_BLE_GQ_DATAPOOL_ELEMENT_SIZE 20
#endif

#ifndef NRF_BLE_GQ_DATAPOOL_ELEMENT_COUNT
#define NRF_BLE_GQ_DATAPOOL_ELEMENT_COUNT 8
#endif

#ifndef NRF_BLE_GQ_GATTC_WRITE_MAX_DATA_LEN
#define NRF_BLE_GQ_GATTC_WRITE_MAX_DATA_LEN 16
#endif

#ifndef NRF_BLE_GQ_GATTS_HVX_MAX_DATA_LEN
#define NRF_BLE_GQ_GATTS_HVX_MAX_DATA_LEN 16
#endif
```

```
#ifndef BLE_DB_DISCOVERY_ENABLED
#define BLE_DB_DISCOVERY_ENABLED 1
#endif
#ifndef NRF_BLE_SCAN_ENABLED
#define NRF_BLE_SCAN_ENABLED 1
#endif
#ifndef NRF_BLE_SCAN_BUFFER
#define NRF_BLE_SCAN_BUFFER 31
#endif
#ifndef NRF_BLE_SCAN_NAME_MAX_LEN
#define NRF_BLE_SCAN_NAME_MAX_LEN 32
#endif
#ifndef NRF_BLE_SCAN_SHORT_NAME_MAX_LEN
#define NRF_BLE_SCAN_SHORT_NAME_MAX_LEN 32
#endif
#ifndef NRF_BLE_SCAN_SCAN_INTERVAL
#define NRF_BLE_SCAN_SCAN_INTERVAL 160
#endif
#ifndef NRF_BLE_SCAN_SCAN_DURATION
#define NRF_BLE_SCAN_SCAN_DURATION 0
#endif
#ifndef NRF_BLE_SCAN_SCAN_WINDOW
#define NRF_BLE_SCAN_SCAN_WINDOW 80
#endif
#ifndef NRF_BLE_SCAN_MIN_CONNECTION_INTERVAL
#define NRF_BLE_SCAN_MIN_CONNECTION_INTERVAL 7.5
#endif
#ifndef NRF_BLE_SCAN_MAX_CONNECTION_INTERVAL
#define NRF_BLE_SCAN_MAX_CONNECTION_INTERVAL 30
#endif
#ifndef NRF_BLE_SCAN_SLAVE_LATENCY
#define NRF_BLE_SCAN_SLAVE_LATENCY 0
#endif
#ifndef NRF_BLE_SCAN_SUPERVISION_TIMEOUT
#define NRF_BLE_SCAN_SUPERVISION_TIMEOUT 4000
#endif
#ifndef NRF_BLE_SCAN_SCAN_PHY
#define NRF_BLE_SCAN_SCAN_PHY 1
#endif
#ifndef NRF_BLE_SCAN_FILTER_ENABLE
#define NRF_BLE_SCAN_FILTER_ENABLE 1
#endif
#ifndef NRF_BLE_SCAN_UUID_CNT
#define NRF_BLE_SCAN_UUID_CNT 1
#endif
#ifndef NRF_BLE_SCAN_NAME_CNT
#define NRF_BLE_SCAN_NAME_CNT 0
```

```
#endif
#ifndef NRF_BLE_SCAN_SHORT_NAME_CNT
#define NRF_BLE_SCAN_SHORT_NAME_CNT 0
#endif
#ifndef NRF_BLE_SCAN_ADDRESS_CNT
#define NRF_BLE_SCAN_ADDRESS_CNT 0
#endif
#ifndef NRF_BLE_SCAN_APPEARANCE_CNT
#define NRF_BLE_SCAN_APPEARANCE_CNT 0
#endif
```

（3）增加低功耗蓝牙协议栈支持的链路总数，代码如下：

```
//<o> NRF_SDH_BLE_CENTRAL_LINK_COUNT - Maximum number of central links.
#ifndef NRF_SDH_BLE_CENTRAL_LINK_COUNT
#define NRF_SDH_BLE_CENTRAL_LINK_COUNT 1
#endif

//<o> NRF_SDH_BLE_TOTAL_LINK_COUNT - Total link count.
//<i> Maximum number of total concurrent connections using the default configuration.

#ifndef NRF_SDH_BLE_TOTAL_LINK_COUNT
#define NRF_SDH_BLE_TOTAL_LINK_COUNT 2
#endif
```

（4）对比低功耗蓝牙串口通信例程，在 main 函数（见图 10-6）中添加与主机相关的模块，代码如下：

```
#include "nrf_ble_scan.h"
#include "ble_db_discovery.h"
#include "ble_nus_c.h"
#define ECHOBACK_BLE_UART_DATA 1

NRF_BLE_GQ_DEF(m_ble_gatt_queue,        /*BLE GATT Queue instance*/
               NRF_SDH_BLE_CENTRAL_LINK_COUNT, NRF_BLE_GQ_QUEUE_SIZE);
BLE_DB_DISCOVERY_DEF(m_db_disc);
BLE_NUS_C_DEF(m_ble_nus_c);
NRF_BLE_SCAN_DEF(m_scan);

static ble_uuid_t const m_nus_uuid =
{
    .uuid = BLE_UUID_NUS_SERVICE,
    .type = NUS_SERVICE_UUID_TYPE
};
```

```
int main(void)
{
    bool erase_bonds;

    // Initialize.
    uart_init();
    log_init();
    timers_init();
    buttons_leds_init(&erase_bonds);

    db_discovery_init();        初始化服务发现模块

    power_management_init();
    ble_stack_init();
    gap_params_init();
    gatt_init();
    services_init();

    nus_c_init();
    scan_init();                初始化主机服务和扫描模块

    advertising_init();
    conn_params_init();

    // Start execution.
    printf("\r\nUART started.\r\n");
    NRF_LOG_INFO("Debug logging for UART over RTT started.");
    advertising_start();
    scan_start();               开启广播和扫描
    // Enter main loop.
    for (;;)
    {
        idle_state_handle();
    }
}
```

图 10-6

（5）根据 RTT 打印的 Log（见图 10-7），调整协议栈 RAM 的大小（见图 10-8）。

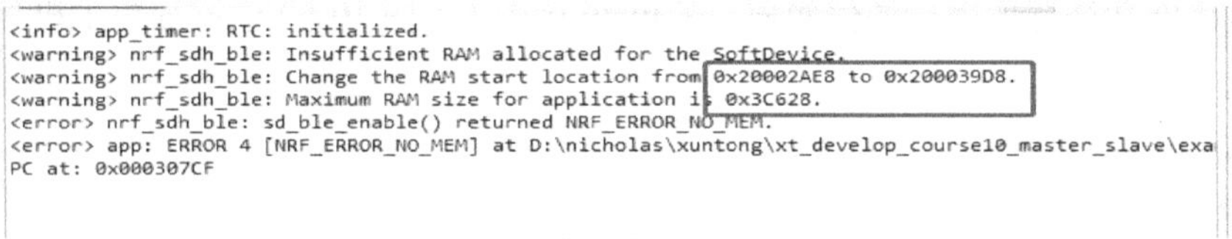

```
<info> app_timer: RTC: initialized.
<warning> nrf_sdh_ble: Insufficient RAM allocated for the SoftDevice.
<warning> nrf_sdh_ble: Change the RAM start location from 0x20002AE8 to 0x200039D8.
<warning> nrf_sdh_ble: Maximum RAM size for application is 0x3C628.
<error> nrf_sdh_ble: sd_ble_enable() returned NRF_ERROR_NO_MEM.
<error> app: ERROR 4 [NRF_ERROR_NO_MEM] at D:\nicholas\xuntong\xt_develop_course10_master_slave\exa
PC at: 0x000307CF
```

图 10-7

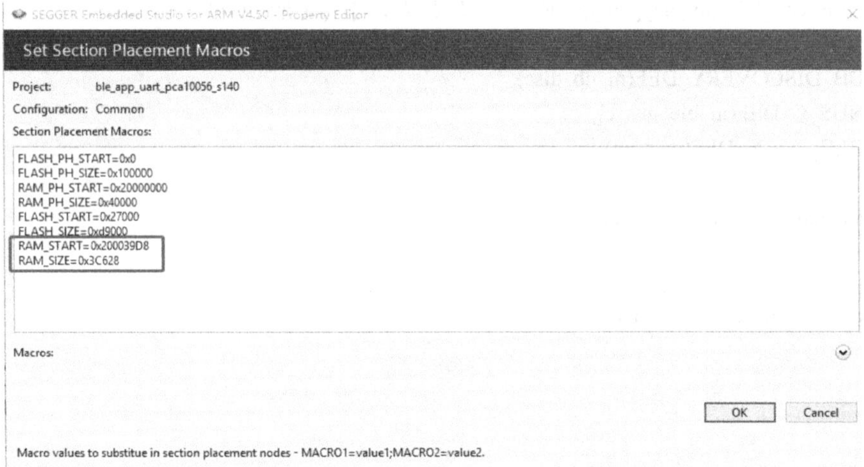

```
SEGGER Embedded Studio for ARM V4.50 - Property Editor
Set Section Placement Macros
Project: ble_app_uart_pca10056_s140
Configuration: Common
Section Placement Macros:
FLASH_PH_START=0x0
FLASH_PH_SIZE=0x100000
RAM_PH_START=0x20000000
RAM_PH_SIZE=0x40000
FLASH_START=0x27000
FLASH_SIZE=0xd9000
RAM_START=0x200039D8
RAM_SIZE=0x3C628
Macros:
OK    Cancel
Macro values to substitue in section placement nodes - MACRO1=value1;MACRO2=value2.
```

图 10-8

（6）在低功耗蓝牙协议栈事件中，将主机和从机的连接事件分开处理，如图 10-9 所示。

```
 * @param[in]   p_ble_evt   Bluetooth stack event.
 * @param[in]   p_context   Unused.
 */
static void ble_evt_handler(ble_evt_t const * p_ble_evt, void * p_context)
{
    uint32_t err_code;

    switch (p_ble_evt->header.evt_id)
    {
        case BLE_GAP_EVT_CONNECTED:
        {
            NRF_LOG_INFO("Connected role:%d",p_ble_evt->evt.gap_evt.params.connected.role);
            uint8_t role = p_ble_evt->evt.gap_evt.params.connected.role;
          if(role == BLE_GAP_ROLE_PERIPH)
          {
              err_code = bsp_indication_set(BSP_INDICATE_CONNECTED);
             APP_ERROR_CHECK(err_code);
             m_conn_handle = p_ble_evt->evt.gap_evt.conn_handle;
             err_code = nrf_ble_qwr_conn_handle_assign(&m_qwr, m_conn_handle);
             APP_ERROR_CHECK(err_code);

          }
          if(role == BLE_GAP_ROLE_CENTRAL)
          {

            err_code = ble_nus_c_handles_assign(&m_ble_nus_c, p_ble_evt->evt.gap_evt.conn_handle, NULL);
            APP_ERROR_CHECK(err_code);

          // start discovery of services. The NUS Client waits for a discovery result
           err_code = ble_db_discovery_start(&m_db_disc, p_ble_evt->evt.gap_evt.conn_handle);
            APP_ERROR_CHECK(err_code);
          }

        }
          break;
```

协议栈事件

处理从机事件，句柄分配

处理主机事件

图 10-9

10.4.2　低功耗蓝牙主从一体功能的演示

10.4.1 节实现了低功耗蓝牙主从一体的功能，本节将对 10.4.1 节的代码稍作修改，验证低功耗蓝牙主从一体的功能是否正常。代码修改的逻辑是：将低功耗蓝牙主从一体模块作为主机，连接一个运行低功耗蓝牙串口通信例程从机代码的从机（串口从机），将低功耗蓝牙主从一体模块作为从机连接到安装 Android 版 nRF Connect 的智能手机，低功耗蓝牙主从一体模块将从串口从机接收到的数据（数据来自 PC 的串口调试助手）转发到智能手机，并通过 Android 版 nRF Connect 显示出来，实现预先设定的主从转发功能，如图 10-10 所示。

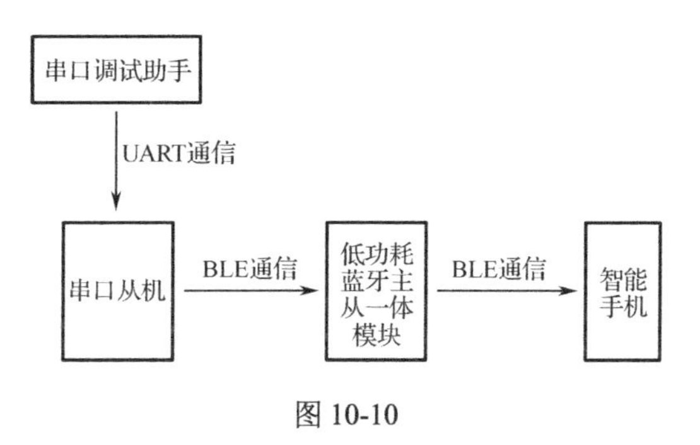

图 10-10

准备两块 nRF52840 DK 开发板，以及一部安装 Android 版 nRF Connect 的智能手机，一块 nRF52840 DK 开发板烧写低功耗蓝牙主从一体代码（作为低功耗蓝牙主从一体模块），另一块 nRF52840 DK 开发板烧写低功耗蓝牙串口通信例程从机代码（作为低功耗蓝牙串口从机）。打开串口调试助手，连接低功耗蓝牙串口从机；打开智能手机上的 Android 版 nRF

Connect，连接低功耗蓝牙主从一体模块，使能 NOTIFY 特性的 CCCD，如图 10-11 所示。

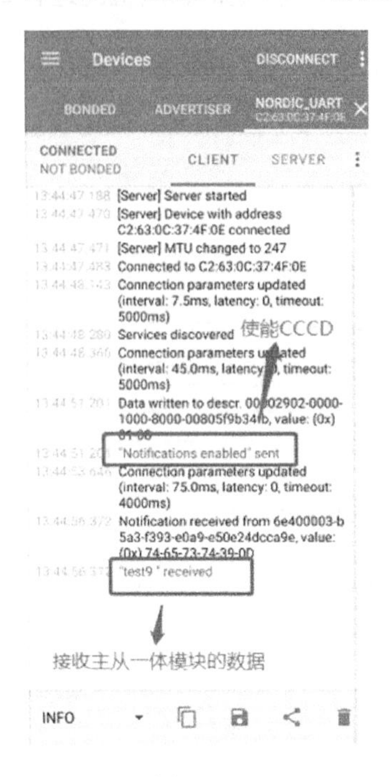

图 10-11

在串口调试助手上输入任意数据，该数据先通过串口发送到低功耗蓝牙串口从机（见图 10-12），再由低功耗蓝牙串口从机发送到低功耗蓝牙主从一体模块，接着由低功耗蓝牙主从一体模块发送到智能手机，最后通过智能手机的 Android 版 nRF Connect 显示接收到的数据。

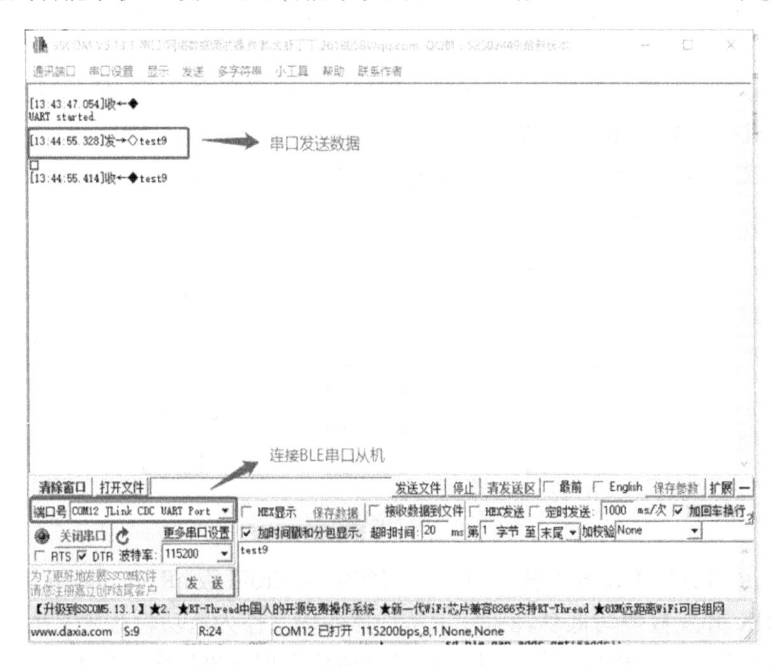

图 10-12

10.5 实验小结

本章主要介绍低功耗蓝牙主从一体功能，实现了基于低功耗蓝牙主从一体的中继式通信。通过本章的学习，开发者可以通过低功耗蓝牙主从一体功能实现新的网络拓扑结构，拓展低功耗蓝牙的应用场景。

第11章 实验10：低功耗蓝牙多主多从的实现

11.1 实验目标

（1）理解低功耗蓝牙多主多从的概念。
（2）实现低功耗蓝牙多主多从的功能。

11.2 实验准备

本实验是在 SDK 17.1.0 上进行的，使用的开发板是 nRF52840 DK，使用的开发工具是 SES 和 Android 版 nRF Connect，本实验的例程是 ble_app_uart。

11.3 背景知识

随着无线通信技术和物联网的不断发展，越来越多的应用要求具有灵活高效的组网能力。低功耗蓝牙 5.x 支持的多角色切换可以很好地满足上述要求，并且可以实现低功耗的无线局域网。

蓝牙技术联盟规定，在每一对低功耗蓝牙设备之间进行通信时，一个低功耗蓝牙设备应该是主角色（主机），另一个低功耗蓝牙设备应该是从角色（从机）。在进行通信时，主机永远是发起者，并对附近的低功耗蓝牙设备进行扫描，从机回应后发起配对；主机和从机建立连接后，双方即可收发数据。但同一个低功耗蓝牙设备也可以同时兼具多种角色，如单主机、单从机、多从机和低功耗蓝牙主从一体（一主多从或多主多从）等。单主机和单从机很容易理解，这里不再赘述。多从机是指主机可以同时连接多个从机，多主机是指单个低功耗蓝牙设备可以同时作为多个不同的主机。

低功耗蓝牙主从一体是指低功耗蓝牙设备在不同时隙工作时，可以切换成不同的角色，这种多角色的转换能力表现为可以同时连接多个主机和多个从机的能力，因而还可以将低功

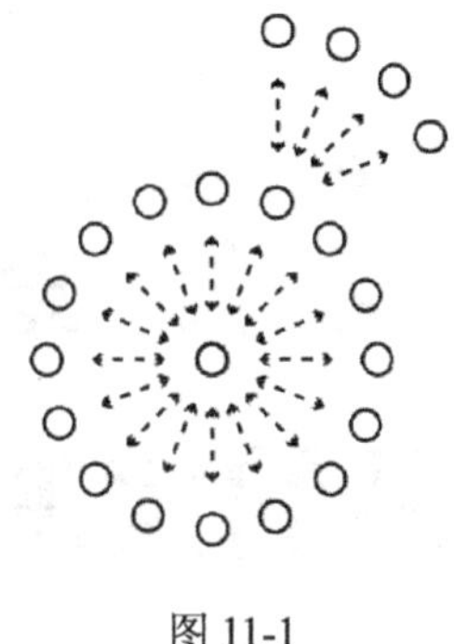

图 11-1

耗蓝牙主从一体再细分为低功耗蓝牙一主多从和低功耗蓝牙多主多从两种主要应用场景，如图 11-1 所示。

第 10 章讨论了低功耗蓝牙主从一体的意义，以及低功耗蓝牙主从一体的实现方法。在实际的开发中，有时还会遇到更加复杂的场景，这时就需要使用低功耗蓝牙多主多从的网络拓扑结构。低功耗蓝牙多主多从是低功耗蓝牙主从一体的扩展。

低功耗蓝牙多主多从是指一个低功耗蓝牙设备可以被多个低功耗蓝牙主机连接，也可以主动连接多个低功耗蓝牙从机，从而构成一个网络。

需要注意的是：根据实际开发的经验，由于连接数量的增加，每一个连接都需要占用协议栈一定的处理时间，因此在设置连接参数（如连接间隔、从机延时、监管超时等）时，可以适当增大这些参数的值，取得一定的平衡，否则容易造成连接不稳定，出现经常断开的情况。

低功耗蓝牙主从一体的应用场景非常丰富，在智能家居、智能医疗、汽车电子、工业物联网等领域得到了广泛应用。这里以智能家居的低功耗蓝牙网关（见图 11-2）为例进行说明。在智能家居中，家庭成员的智能手机可以通过蓝牙直接访问低功耗蓝牙网关，此时的低功耗蓝牙网关作为从机，家庭成员的智能手机作为主机。低功耗蓝牙网关还可以连接附近采用低功耗蓝牙技术的无线传感器和控制设备，此时，附近的无线传感器和控制设备作为从机，低功耗蓝牙网关作为主机，这就需要采用低功耗蓝牙多主多从的模式。为了让低功耗蓝牙网关能够很好地连接主机（智能手机），并同时连接更多的从机（附近的无线传感器和控制设备），低功耗蓝牙多主多从是非常重要的。

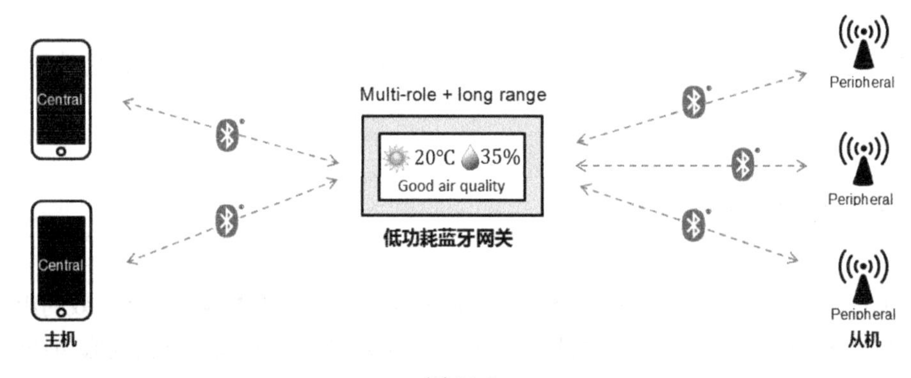

图 11-2

11.4 实验步骤

第 10 章实现了低功耗蓝牙主从一体功能，本章在此基础上增加主机和从机的连接数量，实现低功耗蓝牙多主多从的功能。

11.4.1 低功耗蓝牙多主多从功能的实现

低功耗蓝牙多主多从功能的实现步骤如下：

（1）在 sdk_config.h 修改连接数量，如图 11-3 所示。

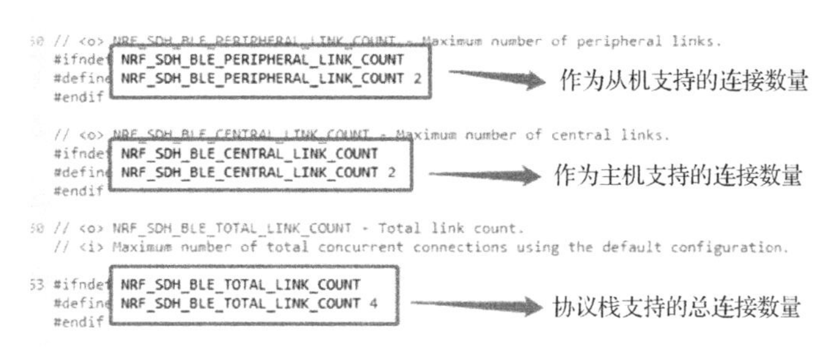

// <o> NRF_SDH_BLE_PERIPHERAL_LINK_COUNT - Maximum number of peripheral links.
#ifndef NRF_SDH_BLE_PERIPHERAL_LINK_COUNT
#define NRF_SDH_BLE_PERIPHERAL_LINK_COUNT 2
#endif
作为从机支持的连接数量
// <o> NRF_SDH_BLE_CENTRAL_LINK_COUNT - Maximum number of central links.
#ifndef NRF_SDH_BLE_CENTRAL_LINK_COUNT
#define NRF_SDH_BLE_CENTRAL_LINK_COUNT 2
#endif
作为主机支持的连接数量
// <o> NRF_SDH_BLE_TOTAL_LINK_COUNT - Total link count.
// <i> Maximum number of total concurrent connections using the default configuration.
#ifndef NRF_SDH_BLE_TOTAL_LINK_COUNT
#define NRF_SDH_BLE_TOTAL_LINK_COUNT 4
#endif
协议栈支持的总连接数量

图 11-3

（2）根据 RTT 打印的 Log，修改协议栈的 RAM 配置，如图 11-4 所示。

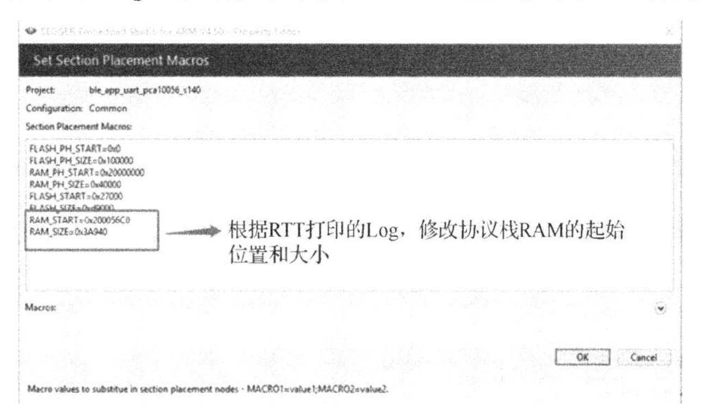

图 11-4

（3）调整连接参数，低功耗蓝牙串口从机也做相应的调整，代码如下：

```
#define MIN_CONN_INTERVAL MSEC_TO_UNITS(200, UNIT_1_25_MS)
#define MAX_CONN_INTERVAL MSEC_TO_UNITS(300, UNIT_1_25_MS)
#define SLAVE_LATENCY 5
#define CONN_SUP_TIMEOUT MSEC_TO_UNITS(4000, UNIT_10_MS)
```

（4）添加 NUS（Nordic UART Service，Nordic 串口服务）主机扫描实例模块和服务发现模块，代码如下：

```
BLE_DB_DISCOVERY_ARRAY_DEF(m_db_discovery,
                           NRF_SDH_BLE_PERIPHERAL_LINK_COUNT);
BLE_NUS_C_ARRAY_DEF(m_ble_nus_c_array, NRF_SDH_BLE_PERIPHERAL_LINK_COUNT);
```

（5）初始化多个 NUS 主机，代码如下：

```
static void nus_c_init(void)
{
    ret_code_t err_code;
    ble_nus_c_init_t init;

    init.evt_handler = ble_nus_c_evt_handler;
    init.error_handler = nus_error_handler;
    init.p_gatt_queue = &m_ble_gatt_queue;
```

```
    for(uint8_t i = 0;i<NRF_SDH_BLE_CENTRAL_LINK_COUNT;i++)
    {
        err_code = ble_nus_c_init(&m_ble_nus_c_array[i], &init);
        APP_ERROR_CHECK(err_code);
    }
}
```

（6）在低功耗蓝牙协议栈事件中分别处理从机事件和主机事件，保存连接时的句柄，如图 11-5 所示。

```
static uint8_t periph_conn_count = 0;
static uint8_t central_conn_count = 0;
static void ble_evt_handler(ble_evt_t const * p_ble_evt, void * p_context)
{
    uint32_t err_code;
    uint16_t conn_handle = p_ble_evt->evt.gap_evt.conn_handle;
    uint16_t role        = ble_conn_state_role(conn_handle);
    switch (p_ble_evt->header.evt_id)
    {
        case BLE_GAP_EVT_CONNECTED:
        {
//              NRF_LOG_INFO("Connected role:%d",p_ble_evt->evt.gap_evt.params.connected.role);
            uint8_t role = p_ble_evt->evt.gap_evt.params.connected.role;
            if(role == BLE_GAP_ROLE_PERIPH)
            {
                NRF_LOG_INFO("periph conn handle : %d",p_ble_evt->evt.gap_evt.conn_handle);
                m_conn_handle[periph_conn_count] = p_ble_evt->evt.gap_evt.conn_handle;
                err_code = nrf_ble_qwr_conn_handle_assign(&m_qwr, m_conn_handle[periph_conn_count]);
                APP_ERROR_CHECK(err_code);
                periph_conn_count++;
                if(periph_conn_count < NRF_SDH_BLE_PERIPHERAL_LINK_COUNT )
                {
                    advertising_start();
                }
            }
            if(role == BLE_GAP_ROLE_CENTRAL)
            {
                uint16_t handle = p_ble_evt->evt.gap_evt.conn_handle;
                NRF_LOG_INFO("central conn handle : %d",handle);
                err_code = ble_nus_c_handles_assign(&m_ble_nus_c_array[central_conn_count], p_ble_evt->evt.gap_evt.conn_handle, NUL
                APP_ERROR_CHECK(err_code);
            // start discovery of services. The NUS Client waits for a discovery result
                err_code = ble_db_discovery_start(&m_db_discovery[central_conn_count], p_ble_evt->evt.gap_evt.conn_handle);
                APP_ERROR_CHECK(err_code);
                central_conn_count++;
                if(central_conn_count < NRF_SDH_BLE_CENTRAL_LINK_COUNT )
                {
                    scan_start();
                }
            }
```

记录主机和从机的连接数量

从机事件处理

未超出最大可连接从机数时，重新开启广播

主机事件处理

未超出最大可连接主机数时，重新开启扫描

图 11-5

（7）在 NUS 主机的回调函数中，将接收到的低功耗蓝牙串口从机数据，分别发送给两个连接的主机，如图 11-6 所示。

```
static void ble_nus_c_evt_handler(ble_nus_c_t * p_ble_nus_c, ble_nus_c_evt_t const * p_ble_nus_evt)
{
    ret_code_t err_code;
    static uint8_t data_array[255] = {0};
    static uint16_t length =0;
    switch (p_ble_nus_evt->evt_type)
    {
        case BLE_NUS_C_EVT_DISCOVERY_COMPLETE:
            NRF_LOG_INFO("Discovery complete.");
            err_code = ble_nus_c_handles_assign(p_ble_nus_c, p_ble_nus_evt->conn_handle, &p_ble_nus_evt->handles);
            APP_ERROR_CHECK(err_code);

            err_code = ble_nus_c_tx_notif_enable(p_ble_nus_c);
            APP_ERROR_CHECK(err_code);
            NRF_LOG_INFO("Connected to device with Nordic UART Service.");
            break;

        case BLE_NUS_C_EVT_NUS_TX_EVT:
//              ble_nus_chars_received_uart_print(p_ble_nus_evt->p_data, p_ble_nus_evt->data_len);

            length = p_ble_nus_evt->data_len;
            if(length > 255)
                return ;
            memcpy(data_array,p_ble_nus_evt->p_data ,length);
            err_code = ble_nus_data_send(&m_nus, data_array, &length, m_conn_handle[0]);
             NRF_LOG_INFO("nus1 send:%d.",err_code);
            err_code = ble_nus_data_send(&m_nus, data_array, &length, m_conn_handle[1]);
             NRF_LOG_INFO("nus2 send:%d.",err_code);
            break;
```

通过连接时保存的句柄，将数据发送给两个连接的主机

图 11-6

11.4.2　低功耗蓝牙多主多从功能的演示

本节主要演示低功耗蓝牙多主多从的功能，同时连接 2 个智能手机和 2 个串口从机，并将串口从机发送过来的数据分别传输到 2 个智能手机，如图 11-7 所示。数据流向可以通过代码指定（参照 11.4.1 节的内容），将数据从指定的串口从机发给指定的手机。

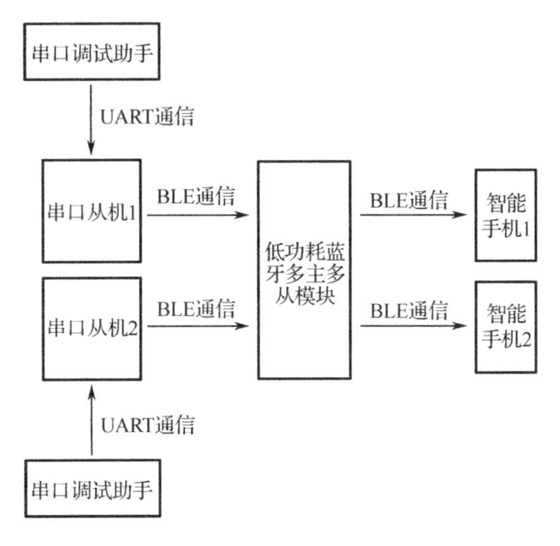

图 11-7

本节使用 2 部安装 Android 版 nRF Connect 的智能手机，3 块 nRF52840 DK 开发板，一块 nRF52840 DK 开发板烧写低功耗蓝牙多主多从代码，另外两块 nRF52840 DK 开发板烧写低功耗蓝牙串口通信例程 ble_app_uart 的从机代码。

打开串口调试助手，连接串口从机 1，打开 Android 版 nRF Connect 连接低功耗蓝牙多主多从模块，使能 NOTIFY 特性的 CCCD，如图 11-8 所示。

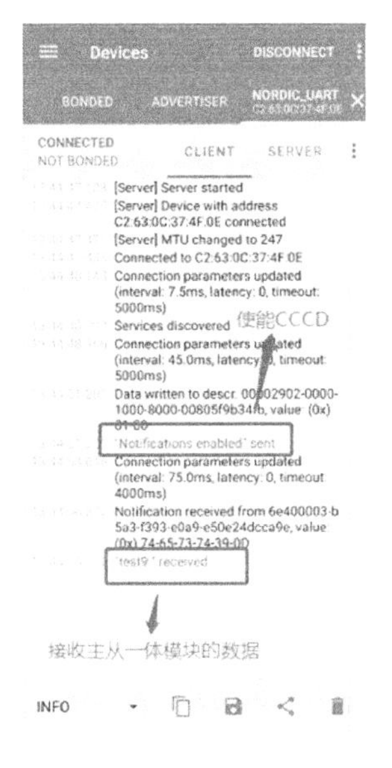

图 11-8

在串口调试助手上输入任意数据（见图 11-9），可以在智能手机 1 上查看接收到的数据，数据被接收的过程。串口从机 2 的操作步骤与此相同。

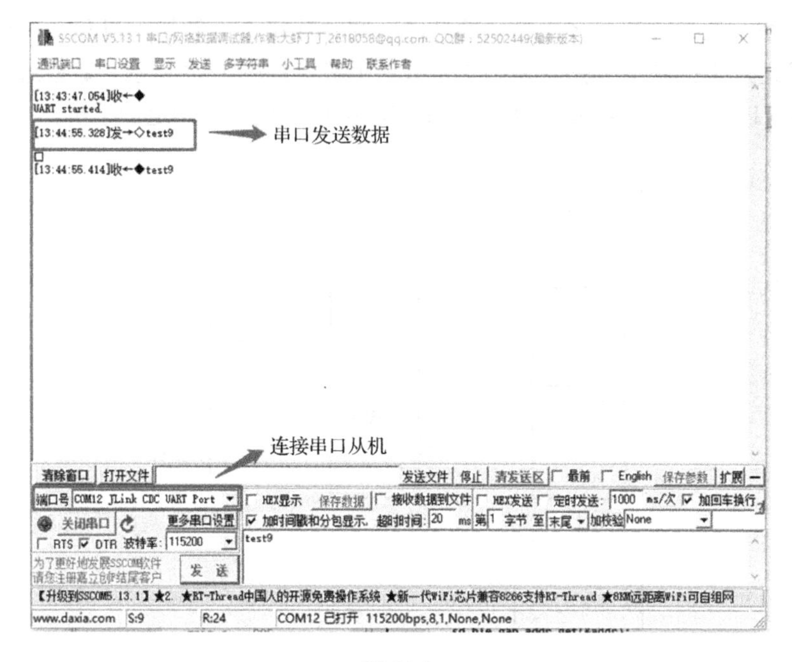

图 11-9

11.5 实验小结

本章主要介绍低功耗蓝牙多主多从的概念，通过在代码中调整连接参数，实现了低功耗蓝牙多主多从的功能。通过本章的学习，开发者可掌握低功耗蓝牙多主多从的网络拓扑结构，实现复杂场景下的网络拓扑应用。

第 12 章 实验 11：LE 2M PHY 高速率通信的实现

12.1 实验目标

（1）通过 SDK 例程，测试低功耗蓝牙 5.x 的 LE 2M PHY 高速率通信。
（2）在低功耗蓝牙串口通信例程 ble_app_uart 的基础上实现 LE 2M PHY 高速率通信。

12.2 实验准备

本实验是在 SDK 17.1.0 上进行的，使用的开发板是 nRF52840 DK（2 块），使用的开发工具是 SES（4.50 及更新的版本），使用的串口终端工具是 Tera Term（也可以使用 Putty），使用的智能手机支持低功耗蓝牙 LE 2M PHY 高速率通信。

12.3 背景知识

虽然低功耗蓝牙主要应用在低功耗及较小数据量的应用场景，但随着其应用场景变得越来越广泛，开发者也希望低功耗蓝牙可以满足更高数据吞吐率的要求。低功耗蓝牙 5.x 满足了这方面的需要，作为低功耗蓝牙 5.x 的新三大特性（LE 2M PHY 高速率通信、长距离通信和扩展广播数据包）之一，LE 2M PHY 高速率通信是低功耗蓝牙 5.x 物理层新增的功能，使得低功耗蓝牙的传输速率（数据吞吐率）有了明显的提高。

12.3.1 低功耗蓝牙 LE 2M PHY 高速率通信

根据蓝牙技术联盟的资料可知，低功耗蓝牙 5.x 的带宽比低功耗蓝牙 4.0/4.1 的带宽高 4.6 倍左右，比低功耗蓝牙 4.2 的带宽高 1.7 倍左右。更高的带宽，不仅提高了传输速率，减少了低功耗蓝牙应用的响应时间，还进一步提升了低功耗蓝牙产品的使用体验。在 LE 2M PHY 高速率通信下，低功耗蓝牙的功耗也会随之增加。低功耗蓝牙 4.0 规定 LE PHY 部分的功率限制为+10 dBm，低功耗蓝牙5.x将LE PHY部分的功率限制提高到了+20 dBm，直接提高了10 dBm的功率，可获得更好的通信链路余量，即更长的通信距离。在通信距离上，由于在高速率通信下接收灵敏度会略微下降，因此LE 2M PHY的通信距离会比LE 1M PHY的通信距离稍小一些，约为LE 1M PHY的80%。

12.3.1.1 LE 1M PHY

对于低功耗蓝牙5.x，传输速率可以有多个选择，但LE 1M PHY是必选项，是必须支持的。LE 1M PHY是低功耗蓝牙4.0中使用的PHY，在低功耗蓝牙5.x中也会使用到。低功耗蓝牙5.x和低功耗蓝牙4.2的数据包类型是一样的，有效载荷均为255 B，因此当低功耗蓝牙5.x使用LE 1M PHY时，传输速率、功耗、通信距离等参数和低功耗蓝牙4.2是一样的。相对于低功耗蓝牙4.0/4.1的LE PHY部分，低功耗蓝牙5.x的数据包长度是低功耗蓝牙4.0/4.1的8倍，可在Mesh网络及其他网络中传播更多的数据量，为面向非连接的应用提供了更多的灵活性。

12.3.1.2 LE 2M PHY

LE 2M PHY是低功耗蓝牙5.x新增的PHY，在不改变数据包类型的情况下，将原来的发送数据包和接收数据包所需的时间缩短为原来的一半。在不考虑数据包间隔时间的情况下，低功耗蓝牙5.x将理论传输速率提高到了低功耗蓝牙4.0的2倍，可支持LE Audio等高级音频应用和图像传输应用。

在此强调的是，LE 2M PHY高速率通信（即2 Mbps）是指物理层的传输速率，并不等同于点对点模式下低功耗蓝牙主机应用层到低功耗蓝牙从机应用层之间的传输速率。虽然低功耗蓝牙5.x的物理层支持2 Mbps的传输速率，但在实际应用中的传输速率会受到各种因素的影响，如双向传输的交互、协议开销、处理器的运算能力及效率、周围环境对于通信链路的影响等，实际应用中的传输速率会低很多。LE 1M PHY和LE 2M PHY的对比如表12-1所示。

表12-1

对比项	物理层传输速率	码元速率	通信距离系数	PDU长度	最小数据包时长	最大数据包时长	最大传输速率
LE 1M PHY	1 Mbps	1兆码元/秒	1	1～257 B	80 μs	2.12 ms	800 kbps
LE 2M PHY	2 Mbps	2兆码元/秒	0.8	1～257 B	40 μs	1.064 ms	1438 kbps

在数字通信中，常常用时间间隔相同的符号来表示一位二进制数字，这样的时间间隔内的信号称为二进制码元，这个时间间隔称为码元长度。1码元可以携带n比特信息。码元传输速率又称为码元速率或传码率，其定义为每秒传输的码元数目。

12.3.2 低功耗蓝牙数据包的组成

低功耗蓝牙数据包由Preamble（前导码）、Access Address（访问地址）、PDU（协议数据单元）、CRC（循环冗余检验）四部分组成。PDU分为广播频道（Advertising Channel）PDU和数据频道（Data Channel）PDU，广播频道PDU由Header、Payload组成，数据频道PDU

由 Header、Payload、MIC 组成。Header 由 LLID、NESN、SN、MD、Length 五部分组成。

低功耗蓝牙数据包的组成如图 12-1 和图 12-2 所示。

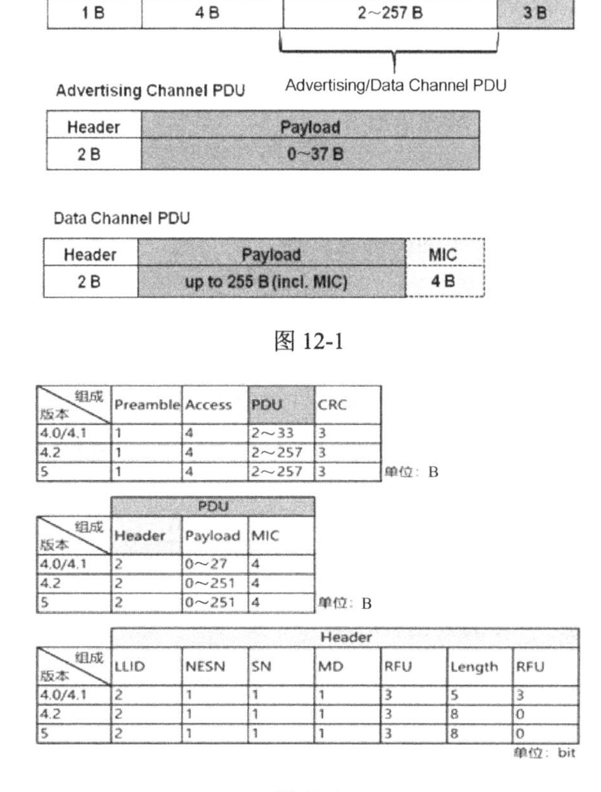

图 12-1

组成 \ 版本	Preamble	Access	PDU	CRC
4.0/4.1	1	4	2～33	3
4.2	1	4	2～257	3
5	1	4	2～257	3

单位：B

组成 \ 版本	PDU		
	Header	Payload	MIC
4.0/4.1	2	0～27	4
4.2	2	0～251	4
5	2	0～251	4

单位：B

组成 \ 版本	Header						
	LLID	NESN	SN	MD	RFU	Length	RFU
4.0/4.1	2	1	1	1	3	5	3
4.2	2	1	1	1	3	8	0
5	2	1	1	1	3	8	0

单位：bit

图 12-2

广播频道 PDU 的前导码是“10101010b”。数据频道 PDU 的前导码应是“10101010b”或者“01010101b”，取决于访问地址的最低有效位（LSB），如果访问地址的 LSB 为 1，则前导码为“01010101b”，否则前导码为“10101010b”。

广播频道 PDU 的访问地址应为 0x8E89BED6；对于任何两个设备之间的链路层连接，数据频道 PDU 的访问地址都是不同的。

12.3.3 低功耗蓝牙数据包的完整传输周期

低功耗蓝牙数据包的完整传输周期如图 12-3 所示。

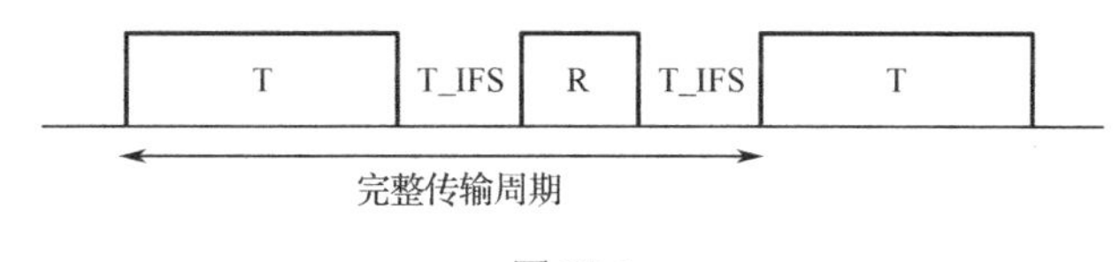

图 12-3

时隙 T 用于发送数据包，包括帧头、有效载荷和完整性检查字段，有效数据位于有效载荷中。时隙 R 用于接收来自对端的应答包，当设备向对端发送一个数据包时，对端接收到数据包后将返回一个最小长度数据包作为应答包，表示发送成功。时隙 T_IFS 是帧间间隔，它定义了两个连续数据包之间的发送时间间隔，无论低功耗蓝牙 5.x，还是低功耗蓝牙 4.0，时隙 T_IFS 都是 150 μs。

12.3.4 低功耗蓝牙的数据吞吐率

因此，低功耗蓝牙数据吞吐率的计算公式为：

$$数据吞吐率=\frac{有效数据}{完整传输周期}$$

下面利用数据吞吐率的计算公式来计算低功耗蓝牙 4.0/4.1、4.2 和 5.0 的数据吞吐率。

12.3.4.1 低功耗蓝牙 4.0/4.1 的数据吞吐率

低功耗蓝牙 4.0/4.1 的 PDU 的长度为 5 bit，大小为 0～31 B，去除 4 B 的数据完整性校验 MIC 后，最大有效数据为 27 B。

$$时隙T时间 = (1+4+2+27+4+3) \times 8 \times 1\ \mu s = 328\ \mu s$$

$$时隙R时间 = (1+4+2+3) \times 8 \times 1\ \mu s = 80\ \mu s$$

$$完整传输周期= 328 + 150 + 80 + 150 = 708\ \mu s$$

$$数据吞吐率=\frac{有效数据}{完整传输周期}=\frac{27\times 8\ bit}{708\ \mu s}\approx 0.305\ Mbps$$

12.3.4.2 低功耗蓝牙 4.2 的数据吞吐率

低功耗蓝牙 4.2 扩充了有效数据载荷，可传输 244 B 的数据，低功耗蓝牙 4.2 的最大传输数据吞吐率为 781 kbps。

低功耗蓝牙 4.2 扩充了有效数据载荷，PDU 的长度为 8 bit，大小为 0～255 B，去除 4 B 的数据完整性校验 MIC 后，最大有效数据为 251 B。

$$时隙T时间 = (1+4+2+251+4+3) \times 8 \times 1\ \mu s = 2120\ \mu s$$

$$时隙R时间 = (1+4+2+3) \times 8 \times 1\ \mu s = 80\ \mu s$$

$$完整传输周期= 2120 + 150 + 80 + 150 = 2500\ \mu s$$

$$数据吞吐率=\frac{有效数据}{完整传输周期}=\frac{251\times 8\ bit}{2500\ \mu s}\approx 0.803\ Mbps$$

12.3.4.3 低功耗蓝牙 5.x 的数据吞吐率

低功耗蓝牙 5.x 增加了 LE 2M PHY，当使用 LE 1M PHY 时，其数据吞吐率和低功耗蓝牙 4.2 是一样的。只有使用 LE 2M PHY 时，才能达到最大数据吞吐率。

$$传输1\ bit数据的时间= 1\ bit / 2\ Mbps = 0.5\ \mu s$$

$$时隙T时间= (1+4+2+251+4+3) \times 8 \times 0.5\ \mu s = 1060\ \mu s$$

$$时隙R时间= (1+4+2+3) \times 8 \times 0.5\ \mu s = 40\ \mu s$$

$$完整传输周期= 1060 + 150 + 40 + 150 = 1400\ \mu s$$

$$时间吞吐率=\frac{有效数据}{完整传输周期}=\frac{251\times 8\ bit}{1400\ \mu s}\approx 1.434\ Mbps$$

12.3.4.4　低功耗蓝牙 4.0/4.1、4.2 和 5.0 的数据吞吐率对比

低功耗蓝牙 4.0/4.1 的数据吞吐率约为 0.305 Mbps，低功耗蓝牙 4.2 的数据吞吐率约为 0.803 Mbps，低功耗蓝牙 5.x 的数据吞吐率约为 1.434 Mbps（使用 LE 2M PHY，如果使用 LE 1M PHY，则其数据吞吐率和低功耗蓝牙 4.2 的数据吞吐率一样）。

低功耗蓝牙 4.2 的数据吞吐率比低功耗蓝牙 4.0/4.1 提升了 163%左右，低功耗蓝牙 5.x 的数据吞吐率比低功耗蓝牙 4.2 提升了 78.5%左右。

12.3.5　低功耗蓝牙 LE 2M PHY 高速率通信的应用

（1）固件空中升级（OTA）。在对低功耗蓝牙 4.0/4.1/4.2 下的智能穿戴设备进行设备固件升级时，往往需要较长的时间，在一定程度上影响了用户体验。低功耗蓝牙 5.x 提供了更快的传输速率，可以大大改善固件空中升级的用户体验。

（2）降低功耗。低功耗蓝牙 5.x 具有更快的传输速率，可以减少数据传输的时间，从而使低功耗蓝牙设备可以在更长时间内处于休眠状态，可降低 15%～50%的功耗。

（3）语音和图像传输。LE 2M PHY 高速率通信的应用还包括大块数据的快速传输，如语音传输和图像传输。

（4）其他场景。开发者可以使用低功耗蓝牙 5.x 的 LE 2M PHY 高速率通信功能来创新应用，优化已有的产品及功能。

12.4　实验步骤

12.4.1　SDK 例程测试

SDK 例程测试步骤如下：

（1）打开并编译工程 ble_app_att_mtu_throughput_pca10056_s140.emProject，该工程位于“nRF5_SDK_17.1.0_ddde560\examples\ble_central_and_peripheral\experimental\ble_app_att_mtu_throughput\pca10056\s140\ses\”，分别将编译后的程序烧写到两块 nRF52840 DK 开发板。

（2）打开串口终端工具，连接两个 nRF52840 DK 开发板，使用示例如下。

① 选择串口，如图 12-4 所示。

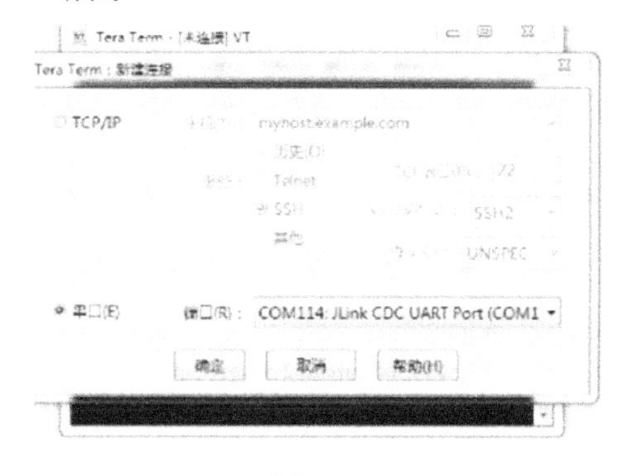

图 12-4

② 配置串口参数，如图 12-5 所示。

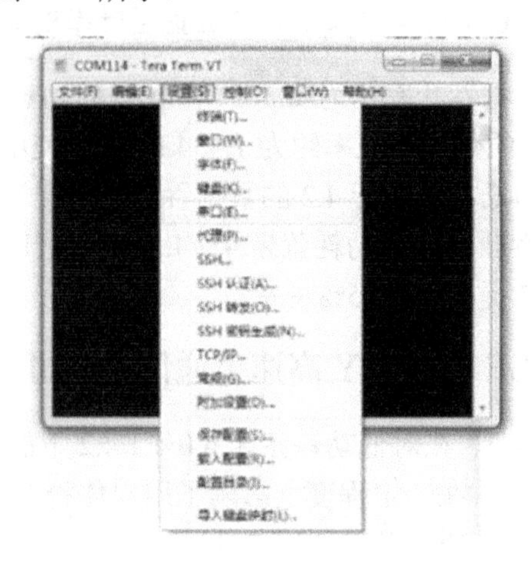

图 12-5

（3）使用 nRF52840 DK 开发板上的按键 RESET 复位开发板，当串口连接成功时，可以在命令行窗口中看到如下信息：

```
[00:00:00.000,061] <info> app: ATT MTU example started.
[00:00:00.000,061] <info> app: Press button 3 on the board connected to the PC.
[00:00:00.000,061] <info> app: Press button 4 on other board.
throughput example:~$
```

（4）根据命令行窗口中的提示，按下其中一块 nRF52840 DK 开发板的上的按键 Button3，可以在命令行窗口中看到如下信息：

```
[00:00:00.000,061] <info> app: ATT MTU example started.
[00:00:00.000,061] <info> app: Press button 3 on the board connected to the PC.
[00:00:00.000,061] <info> app: Press button 4 on other board.
[00:02:11.484,375] <info> app: This board will act as tester.
[00:02:11.484,375] <info> app: Type 'config' to change the configuration parameters.
[00:02:11.484,375] <info> app: You can use the Tab key to autocomplete your input.
[00:02:11.484,375] <info> app: Type 'run' when you are ready to run the test.
throughput example:~$
```

（5）在命令行窗口输入“config”，在命令行窗口中会显示如下信息：

```
throughput example:~$ config
config - Configure the example
Options:
  -h, --help    :Show command help.
Subcommands:
  att_mtu             :Configure ATT MTU size
  data_length         :Configure data length
  conn_evt_len_ext    :Enable or disable Data Length Extension
  conn_interval       :Configure GAP connection interval
  print               :Print current configuration
```

```
phy              :Configure preferred PHY
gap_evt_len      :Configure GAP event length
```

低功耗蓝牙的传输速率的参数设置，可通过相应的命令来完成。本节测试的是 LE 2M PHY 高速率通信，因此需要将低功耗蓝牙设置成 LE 2M PHY 高速率通信。

表 12-2 给出的是工程 ble_app_att_mtu_throughput_pca10056_s140.emProject 的默认参数，使用这些参数得到的最大传输速率是 1 Mbps。

表 12-2

参　数	数　值	参　数	数　值
ATT_MTU size	247 B	data length	27 B
connection interval	7.5 ms（6 unit）	PHY data rate	2 MS/s
connection event extension	ON	GAP event length	500 ms（6 unit）

（6）修改 data length 和 connection interval，可提高传输速率，修改命令如下：

```
config data_length 251
config conn_interval 50
```

（7）修改成功后，可以在命令行窗口中看到如下信息：

```
throughput example:~$ config data_length 251
Data length set to 251.
throughput example:~$ config conn_interval 50
Connection interval set to 40 units.
throughput example:~$
```

（8）在命令行窗口中输入命令“run”，即可开始广播和扫描。

```
throughput example:~$ run
[00:05:27.620,605] <info> app: Preparing the test.
[00:05:27.620,605] <info> app: Starting advertising.
[00:05:27.620,788] <info> app: Starting scanning.
throughput example:~$
```

（9）在另一块 nRF52840 DK 开发板上配置相同的参数后，按下按键 Button4，即可开启广播和扫描，两块 nRF52840 DK 开发板会自动连接并开始测试。

（10）测试完成后，可以在命令行窗口中看到如下信息：

```
[00:06:12.475,036] <info> app: Sent 1022 KBytes
[00:06:12.480,590] <info> app: Sent 1023 KBytes
[00:06:12.486,206] <info> app: Sent 1024 KBytes
[00:06:12.487,487] <info> app: Done.
[00:06:12.487,487] <info> app: ==============================================
[00:06:12.487,548] <info> app: Time: 6.890 seconds elapsed.
[00:06:12.487,548] <info> app: Throughput: 1217.66 kbps.
[00:06:12.487,548] <info> app: ==============================================
[00:06:12.487,548] <info> app: Sent 1048712 bytes of ATT payload.
```

```
[00:06:12.487,548] <info> app: Retrieving amount of bytes received from peer...
[00:06:12.504,516] <info> app: Peer received 1048712 bytes of ATT payload.
[00:06:12.504,577] <info> app: Disconnecting...
```

从上述信息可以看到，传输速率为 1.2 Mbps，非常接近理论传输速率 1.4 Mbps。修改表 12-2 中的参数，可以得到不同的传输速率。

通过本节的测试，开发者可以了解到哪些参数会对低功耗蓝牙的传输速率产生影响。这些参数的配置，可以在工程 ble_app_att_mtu_throughput_pca10056_s140.emProject 中找到相应的代码和接口函数。

12.4.2 LE 2M PHY 高速率通信的实现

在需要使用 LE 2M PHY 高速率通信时，最简单的方法就是在主机和从机建立连接后，由主机或者从机发起修改 LE PHY 的请求。

在 ble_evt_handler 和 BLE_GAP_EVT_CONNECTED 事件中添加如下代码：

```
ble_gap_phys_t  phys =
{
    .tx_phys = BLE_GAP_PHY_2MBPS ,
    .rx_phys = BLE_GAP_PHY_2MBPS ,
};
err_code = sd_ble_gap_phy_update(p_ble_evt->evt.gap_evt.conn_handle, &phys);
APP_ERROR_CHECK(err_code);
```

编译并烧写代码后，使用支持低功耗蓝牙 LE 2M PHY 高速率通信（传输速率为 2 Mbps）的智能手机与 nRF52840 DK 开发板进行连接，可在 Android 版 nRF Connect 中看到如图 12-6 所示的信息。

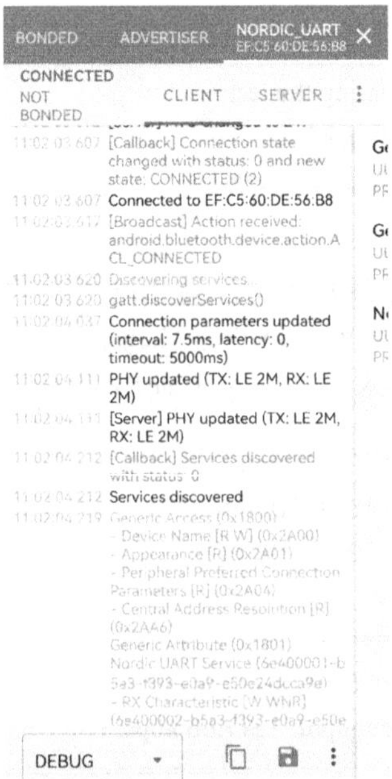

图 12-6

从图 12-6 中可以看到，在修改 LE PHY 的请求发起后，就可以使用 LE 2M PHY 高速率通信了。开发者可以使用抓包工具来查看相关数据。

12.5 实验小结

本章主要介绍低功耗蓝牙 5.x 的 LE 2M PHY 高速率通信的实现，并介绍了不同参数的低功耗蓝牙的数据吞吐率的计算方法，另外，本章还测试了低功耗蓝牙 5.x 在物理层传输速率为 2 Mbps 时的数据吞吐率。

第13章 实验12：低功耗蓝牙长距离通信的实现

13.1 实验目标

通过 SDK 的例程，实现低功耗蓝牙 5.x 的长距离通信。

13.2 实验准备

本实验是在 SDK 17.1.0 上进行的，使用的开发板是 nRF52840 DK（2 块），使用的开发工具是 SES（4.50 及更新的版本），使用的串口终端工具是 Tera Term（也可以使用 Putty），使用的智能手机需要支持低功耗蓝牙 LE Coded PHY（新发布的智能手机一般均可支持）。

13.3 背景知识

蓝牙技术的最大魅力在于，低功耗蓝牙标准的快速发展与迭代始终是围绕着物联网的各种需求来进行的。虽然低功耗蓝牙最初是面向低功耗、短距离通信的应用场景定义的，但随着技术的改进，为了满足更多应用场景对于蓝牙通信距离增加的需要，低功耗蓝牙 5.0 引入了长距离通信模式。长距离通信模式允许低功耗蓝牙设备在更大的范围内进行通信，有关实验显示，在采用低功耗蓝牙长距离通信模式时，视距通信距离可达 1.6 km 甚至更远（注：该数值仅供参考，无线通信距离会受到实际环境因素的影响）。

低功耗蓝牙 5.x 是依靠 LE Coded PHY 来实现长距离通信的。要增加通信距离，就要保证可以在更长的通信距离处实现和原来相同的可容忍误码率。低功耗蓝牙 5.x 在增加通信距离的同时并没有增加发射功率，而是增加了新的错误检测和处理机制，即在数据包中额外添加了前向纠错（FEC）编码，从而实现了更长的通信距离。

低功耗蓝牙 5.x 的 LE Coded PHY 又分为 LE Coded S=2 和 LE Coded S=8 两种编码方案。在 LE Coded S=2 编码方案中，FEC 编码使用卷积编码器，通过 1/2 的码率输出数据位，即用

2 个编码位代替原来 1 个数据位，这种编码方案下，有效数据的理论传输速率降低为 500 kbps，但由于加强了纠错能力，提高了灵敏度，通信距离可以达到低功耗蓝牙 4.x 的 2 倍。在 LE Coded S=8 编码方案中，卷积编码器以 1/8 的码率输出数据，即用 8 个编码位代替原来 1 个数据位，有效数据的理论传输速率为 125 kbps，但纠错能力和抗干扰能力得到了极大的加强。LE Coded S=8 编码方案与改进的搜索模式相关性接收器相配合，能够提供 12 dB 的编码增益，可以有效提高接收器的灵敏度，并且理论上可以将通信距离提高到低功耗蓝牙 4.x 的 4 倍。

许多物联网应用只需要极低的传输速率，以及较长的通信距离，因此在传输速率与通信距离之间的权衡往往是可以接受的。采用低功耗蓝牙 5.x 的长距离通信模式，大部分的低功耗应用可以在不增加发射功率的前提下，实现长距离通信。低功耗蓝牙 5.x 更加适合长距离通信的应用场景，如智能家居、工业控制和安全应用等。

13.3.1 链路预算和无线电波传播损耗

13.3.1.1 链路预算

在设计无线通信系统时，链路预算（Link Budget）是一个重要的系统指标。链路预算是指从发射端开始通过射频媒介到接收端之间的所有增益和衰减的总和，它决定了传输信道（发射端和接收端之间）允许的最大功率损耗。

计算链路预算的目的是确保最终接收信号强度处于接收端接收灵敏阈值之上，链路预算动态范围主要是由发射功率和接收灵敏度决定的，计算公式为：

链路预算（dBm）=发射功率（dBm）−接收灵敏度（dBm）

例如，对于 Nordic 的 nRF52840 芯片，当空中速率为 1 Mbps 时，最大接收灵敏度为 −96 dBm，最大发射功率为+8 dBm，根据上述公式可知，链路预算= +8 dBm− (−96 dBm) = 104 dBm；当空中速率为 125 kbps 时，最大接收灵敏度为−103 dBm，最大发射功率为为+8 dBm，根据上述公式可知，链路预算=+8 dBm−(−103 dBm) = 111 dBm。

由此可见，空中速率（物理层编码速率）越小，链路预算就越大，无线通信距离就越长。

13.3.1.2 无线电波的传播损耗

（1）自由空间损耗。自由空间是一种理想的情况，但实际中无线电波的传播媒介不是理想的，现实的无线电波传播媒介是有损耗且不均匀的。在无线电波的传播过程中，传播媒介除了有衰减，还具有折射、反射、散射、绕射和吸收等特性，这些特性使无线电波随通信距离的增加而进一步衰减。此外，无线电波的能量还会被传播媒介消耗，造成吸收衰减和折射衰减等。即便如此，在研究无线电波传播时，为了提供一个供各种传播媒介进行比较的标准并简化计算方法，引出自由空间的概念还是很有意义的。

无线电波在自由空间中传播的损耗，可以由下面的公式得到：

$$\mathrm{PL}=-G_\mathrm{R}-G_\mathrm{T}+20\lg(4\pi R/\lambda)\approx -G_\mathrm{R}-G_\mathrm{T}+22+20\lg(R/\lambda) \tag{13-1}$$

式中，G_R 和 G_T 分别表示接收天线增益和发射天线增益，单位为 dB；R 表示发射端到接收端的距离，单位为 m；λ 表示无线电波的波长。

在无线通信链路的设计中会经常使用式（13-1）。自由空间中的无线电波传播损耗反映的是球面波在传播过程中的传播损耗情况，其大小只与无线电波的频率 f 和通信距离 R 有关，

当 f 或 R 增加 1 倍时，损耗会增加 6 dB。

（2）无线电波的通信距离。当无线电波的频率为 2.44 GHz 时，$\lambda = 12.3$ cm，式（13-1）可简化为：

$$PL_{2.24} = -G_R - G_T + 40.2 + 20\lg R \tag{13-2}$$

表 13-1 给出了芯片 nRF52840 在不同的物理层编码速率下，无线电波在自由空间中的通信距离。

表 13-1

不同物理层编码速率	125 kbps	500 kbps	1 Mbps	2 Mbps
接收灵敏度/dBm	−103	−99	−96	−92
最大发射功率/dBm	8	8	8	8
发射天线增益/dB	0	0	0	0
接收天线增益/dB	0	0	0	0
链路预算/dBm	111	107	104	100
自由空间通信距离/m	3467	2187	1548	977

由表 13-1 可以看出，芯片 nRF52840 的物理层编码速率越小，无线电波的通信距离越长。表 13-1 给出的是无线电波在理想情况（自由空间）下的通信距离，实际中的通信距离会受到各种外界因素的影响，如地表对无线电波的吸收和反射，以及大气、阻挡物、多径等造成的损耗。

（3）进一步提高通信距离的方法。如果需要更长的通信距离，以及提高复杂环境下链路预算的冗余，则可以通过以下方法实现：

① 选用高增益的发射天线和接收天线，不仅可以获得更高的链路预算，还可以在不增加设备功耗的情况进一步提高通信距离。

② 增加外部电路（如 Nordic 的射频前端扩展芯片 nRF21540）扩展发射功率，但这会增加一定的功耗。

③ 在提高发射功率时，低功耗蓝牙 5.x 允许的最高发射功率为+20 dBm，即 100 mW。低功耗蓝牙 5.x 对发射功率的规定如表 13-2 所示。

表 13-2

功 率 等 级	最大输出功率	最小输出功率
1	100 mW（+20 dBm）	10 mW（+10 dBm）
1.5	10 mW（+10 dBm）	0.01 mW（−20 dBm）
2	2.5 mW（+4 dBm）	0.01 mW（−20 dBm）
3	1 mW（0 dBm）	0.01 mW（−20 dBm）

13.3.2　长距离通信的编码

低功耗蓝牙 5.x 除了支持 LE 1M PHY 和 LE 2M PHY，还支持具有两种编码方案的 LE Coded PHY。LE Coded PHY 以 LE 1M PHY 为基础，使用 LE 1M PHY 的物理通道。LE Coded

PHY 的两种编码方案是 LE Coded S=2（物理层的编码速率是 500 kbps）和 LE Coded S=8（物理层的编码速率是 125 kbps）。采用编码方案 LE Coded S=2 或 LE Coded S=8，接收灵敏度可以提升 4～6 dB，通信距离可以相应提升 2～4 倍，但传输速率会随之降低。这两种编码方案是以牺牲传输速率为代价来提升通信距离的。

和 LE 1M PHY 相比，LE Coded PHY 的通信距离得到了提升，但在传输相同的数据包时，由于传输速率下降了，因此传输时间会加长，从而使 LE Coded PHY 的功耗比 LE 1M PHY 的功耗高。另外，LE Coded PHY 的数据包长度和 LE 1M PHY 的数据包长度是相同的，由于 LE Coded PHY 将部分 Payload 变成了 FEC 编码，因此实际的有效传输数据也会减少。

LE Coded PHY 的数据包和 LE 1M PHY 与 LE 2M PHY（可以看成 LE Uncoded PHY）的数据包略有不同，LE Coded PHY 的数据包增加了 CI（Coding Indicator）、TERM1 和 TERM2。CI、TIME1 和 TERM2 构成了 FEC 编码，利用 FEC 编码可以恢复传输过程中的错误数据位，从而提高接收灵敏度。

LE Uncoded PHY 与 LE Coded PHY 的对比如图 13-1 所示。

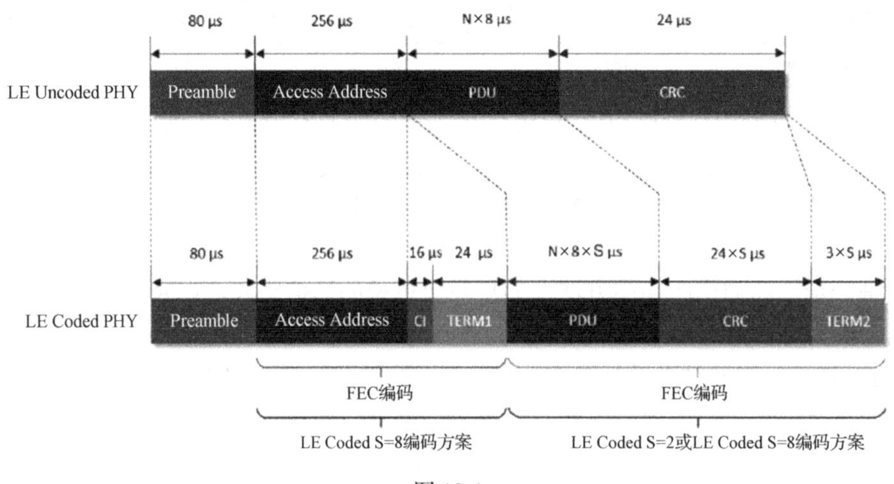

图 13-1

说明：目前 SDK 例程使用的是 S140 协议栈，配置为当采用 LE Coded PHY 时，协议栈 S140 只支持 LE Coded S=8 编码方案，即物理层的编码速率为 125 kbps，数据链路层的 Payload 最多支持 27 B，当 Payload 大于 27 B 时，协议栈 S140 会进行分包发送。

13.3.3 长距离通信的传输速率

表 13-3 给出了低功耗蓝牙 5.x 在物理层编码速率分别为 125 kbps 和 500 kbps 时的传输速率，在实际应用中传输速率会受到多种因素的影响。

表 13-3

物理层编码速率	码元速率	纠错方式	通信距离系数	PDU 长度	最小数据包时长	最大数据包时长	最大传输速率
500 kbps	1 兆码元/秒	FEC 编码	1.5	1～257 B	462 μs	4.54 ms	382 kbps
125 kbps	1 兆码元/秒	FEC 编码	2	1～257 B	720 μs	17.04 ms	112 kbps

13.3.4　长距离通信的应用创新

利用低功耗蓝牙 5.x 的长距离通信可进行的应用创新非常多，如报警传感器、烟雾探测器、照明控制、物品追踪、应急管理等。低功耗蓝牙 5.x 的产品可采用纽扣电池供电，可以把数据传输到房间、建筑楼宇或工厂的各个角落，实现可靠的室内和室外覆盖应用。

在可穿戴领域中，低功耗蓝牙 5.x 是应用最广泛的技术之一。低功耗蓝牙 5.x 在消费物联网领域大获成功，并可扩大到整个物联网领域。目前，没有哪种技术能够在这个不断发展变化的市场中一统天下，所以现在的很多产品都支持多种连接方式，以适应更多的应用环境。例如，Nest 智能调温器就支持三种方式通信，即 Wi-Fi、ZigBee 和蓝牙。低功耗蓝牙 5.x 可以将通信距离提高到原来的 4 倍，这意味着低功耗蓝牙 5.x 可以用在更多领域，如用户可以通过低功耗蓝牙 5.x 的长距离通信模式来控制智能家居，从智能灯泡到智能锁。相比其他无线通信技术（如 Wi-Fi），低功耗蓝牙 5.x 的功耗更低、兼容性更强、优势更大。

没有哪一种无线通信技术能够适合所有的物联网（IoT）应用，但随着低功耗蓝牙 5.x 技术的改进，低功耗蓝牙 5.x 将变得更具吸引力，在物联网应用中的应用会不断增多，甚至会延伸到其他无线通信技术的应用场景。

13.4　实验步骤

13.4.1　长距离通信的 PHY 配置和数据吞吐率测试

（1）打开并编译工程 ble_app_att_mtu_throughput_pca10056_s140.emProject，该工程位于“nRF5_SDK_17.1.0_ddde560\examples\ble_central_and_peripheral\experimental\ble_app_att_mtu_throughput\pca10056\s140\ses\”，分别将编译后的程序烧写到两块 nRF52840 DK 开发板。

（2）打开串口终端工具，连接两块 nRF52840 DK 开发板，使用示例如下。

① 选择串口，如图 13-2 所示。

图 13-2

② 配置串口参数，如图 13-3 所示。

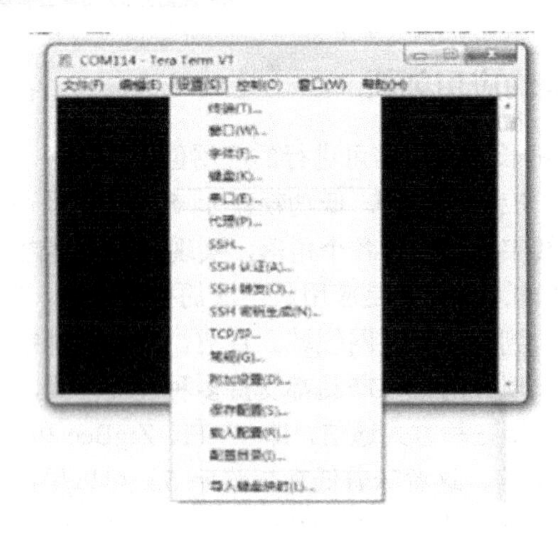

图 13-3

（3）使用 nRF52840 DK 开发板上的按键 RESET 复位开发板，当串口连接成功时，可以在命令行窗口中看到如下信息：

```
[00:00:00.000,061] <info> app: ATT MTU example started.
[00:00:00.000,061] <info> app: Press button 3 on the board connected to the PC.
[00:00:00.000,061] <info> app: Press button 4 on other board.
throughput example:~$
```

（4）根据命令行窗口中的提示，按下其中一块 nRF52840 DK 开发板的按键 Button3，可以在命令行窗口中看到如下信息：

```
[00:00:00.000,061] <info> app: ATT MTU example started.
[00:00:00.000,061] <info> app: Press button 3 on the board connected to the PC.
[00:00:00.000,061] <info> app: Press button 4 on other board.
[00:02:11.484,375] <info> app: This board will act as tester.
[00:02:11.484,375] <info> app: Type 'config' to change the configuration parameters.
[00:02:11.484,375] <info> app: You can use the Tab key to autocomplete your input.
[00:02:11.484,375] <info> app: Type 'run' when you are ready to run the test.
throughput example:~$
```

（5）在命令行窗口输入“config”，在命令行窗口中会显示如下信息：

```
throughput example:~$ config
config - Configure the example
Options:
  -h, --help    :Show command help.
Subcommands:
  att_mtu                :Configure ATT MTU size
  data_length            :Configure data length
  conn_evt_len_ext       :Enable or disable Data Length Extension
  conn_interval          :Configure GAP connection interval
  print                  :Print current configuration
  phy                    :Configure preferred PHY
  gap_evt_len            :Configure GAP event length
```

低功耗蓝牙 5.x 的数据吞吐率的参数设置，可通过相应的命令来完成。表 13-4 给出的是工程 ble_app_att_mtu_throughput_pca10056_s140.emProject 的默认参数。

表 13-4

参　数	数　值	参　数	数　值
ATT_MTU size	247 B	data length	27 B
connection interval	7.5 ms（6 unit）	PHY data rate	2 MS/s
connection event extension	ON	GAP event length	500 ms（6 unit）

（6）在命令行窗口输入“config phy”，可查看 PHY 的配置，相关信息如下：

```
throughput example:~$ config phy
phy - Configure preferred PHY
Options:
  -h, --help    :Show command help.
Subcommands:
  1M        :Set preferred PHY to 1Mbps
  2M        :Set preferred PHY to 2Mbps
  coded     :Set preferred PHY to Coded
config phy coded
throughput example:~$ config phy coded
Preferred PHY set to Coded.
```

（7）修改 data legth 和 connection interval，可提高数据吞吐率。

```
config data_length 251
config conn_interval 50
```

（8）PHY 配置成功后的信息如下：

```
throughput example:~$ config data_length 251
Data length set to 251.
throughput example:~$ config conn_interval 50
Connection interval set to 40 units.
throughput example:~$
```

（9）在命令行窗口中输入命令“run”，即可开始广播和扫描。

```
throughput example:~$ run
[00:06:50.200,439] <info> app: Preparing the test.
[00:06:50.200,439] <info> app: Starting advertising.
[00:06:50.200,622] <info> app: Starting scanning.
```

（10）在另一块 nRF52840 DK 开发板上配置相同的参数后，按下按键 Button4，即可开启广播和扫描，两块 nRF52840 DK 开发板会自动连接并开始测试。通过命令行窗口可以看到，数据收发特别慢，需要较长时间等待测试完成。

（11）测试完成后，可以在命令行窗口中看到如下信息：

```
[00:04:23.187,683] <info> app: Done.
```

```
[00:04:23.187,683] <info> app: ========================================
[00:04:23.187,683] <info> app: Time: 171.315 seconds elapsed.
[00:04:23.187,683] <info> app: Throughput: 48.97 Kbps.
[00:04:23.187,683] <info> app: ========================================
[00:04:23.187,744] <info> app: Sent 1048712 bytes of ATT payload.
[00:04:23.187,744] <info> app: Retrieving amount of bytes received from peer...
[00:04:23.316,406] <info> app: Peer received 1048712 bytes of ATT payload.
[00:04:23.316,406] <info> app: Disconnecting...
```

采用同样的连接参数，与 LE 2M PHY 相比，LE Coded PHY 的实际数据吞吐率只有 48 kbps，说明配置成功。

13.4.2 低功耗蓝牙 5.x 长距离通信的实现

在需要使用低功耗蓝牙 5.x 的长距离通信时，最简单的方法就是在主机和从机建立连接后，由主机或者从机发起修改 LE PHY 的请求。

在 ble_evt_handler 和 BLE_GAP_EVT_CONNECTED 事件中添加以下代码：

```
ble_gap_phys_t phys =
{
    .tx_phys = BLE_GAP_PHY_CODED ,
    .rx_phys = BLE_GAP_PHY_CODED ,
};
err_code = sd_ble_gap_phy_update(p_ble_evt->evt.gap_evt.conn_handle, &phys);
APP_ERROR_CHECK(err_code);
```

编译并烧写代码后，使用支持低功耗蓝牙 LE Coded PHY 的智能手机进行连接，可在 Android 版 nRF Connect 中看到如图 13-4 所示的信息。

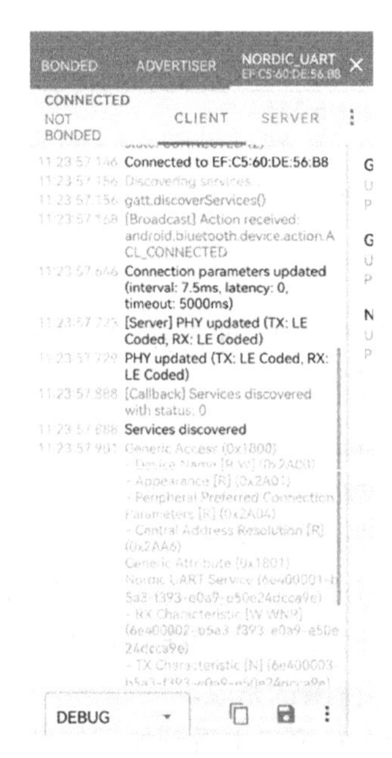

图 13-4

从图 13-4 中可以看到，在修改 LE PHY 的请求发起后，就可以使用 LE Coded PHY 进行长距离通信了。开发者可以使用抓包工具来查看相关数据。

13.4.3 长距离通信的测试

长距离通信的测试是在低功耗蓝牙串口通信例程 ble_app_uart 的基础上进行的。先使用默认的 LE 1M PHY，编译代码后将编译后的程序固件烧写到 nRF52840 DK 开发板，使用智能手机连接 nRF52840 DK 开发板，拿着智能手机慢慢走远，直到智能手机提示连接断开为止，将此时的位置记为 A。参考 13.4.2 节，使用 LE Coded PHY（125 kbps），编译代码后将编译后的程序烧写到 nRF52840 DK 开发板，使用智能手机连接 nRF52840 DK 开发板，拿着智能手机慢慢走远，直到智能手机提示连接断开为止，将此时的位置记为 B。

通过实验对比可以发现，位置 B 明显比位置 A 更远。

13.5 实验小结

本章主要介绍低功耗蓝牙 5.x 长距离通信的实现，实现了长距离通信的 PHY 配置和数据吞吐率测试，并在低功耗蓝牙串口通信例程 ble_app_uart 的基础上，对长距离通信进行了测试。

第14章 实验13：低功耗蓝牙扩展广播数据包的实现

14.1 实验目标

通过SDK的例程，实现低功耗蓝牙扩展广播数据包的应用。

14.2 实验准备

本实验是在SDK 17.1.0上进行的，使用的开发板是nRF52840 DK，使用的智能手机需要支持低功耗蓝牙5.x。

14.3 背景知识

低功耗蓝牙从机在正常工作时会以一定的频率广播可连接数据（Connectable），告知周围的设备可以连接自己，或者单纯地向附近的低功耗蓝牙主机发送广播非连接数据（Non-Connectable）。从机广播的数据中可能包含设备的相关信息，如广播名称、服务的UUID等（低功耗蓝牙协议有明确的规定）。

（1）广播数据类型：广播数据可以分为两种类型，一种是从机的广播数据，另一种是主机扫描到从机的广播数据包后回应给从机的数据。

（2）广播数据（Advertising Data）包：从机主动发送的周期数据。

（3）扫描回应数据（Scan Response Data）包：主机在主动扫描的情况下，发送扫描请求给从机，由从机返回的数据包。

（4）低功耗蓝牙定义了40个频道，其中第37、38和39个频道是广播频道，其余为数据频道。

14.3.1 低功耗蓝牙 5.x 扩展广播数据包的格式

低功耗蓝牙 5.x 扩展了广播数据的有效载荷，同时增加了广播频道的数量，为原有的低功耗蓝牙 4.x 应用和新的应用提供了更多的技术支持。本节主要介绍低功耗蓝牙 5.x 的扩展广播数据包。

低功耗蓝牙 4.x 规定广播数据包最大为 31 B，广播频道是第 37、38 和 39 个频道。在低功耗蓝牙 4.x 的 PDU（包括 ADV_IND、ADV_DIRECT_IND、ADV_NONCONN_IND 和 ADV_SCAN_IND 等命令，称为 Legacy PDU）的基础上，低功耗蓝牙 5.x 扩展了 PDU（包括 ADV_EXT_IND、AUX_ADV_IND、AUX_SYNC_IND 和 AUX_CHAIN_IND 等命令，称为 Extended Advertising PDU）。低功耗蓝牙 5.x 不仅可以将第 37、38 和 39 个频道作为广播频道（主广播频道，Primary Advertising Channel），还允许将其他 37 个频道作为广播频道（次广播频道，Secondary Advertising Channel）。

低功耗蓝牙 4.x 和低功耗 5.x 的数据包对比如表 14-1 所示。

表 14-1

低功耗蓝牙版本	广播频道数量	Payload	LE PHY
低功耗蓝牙 4.x	3 个广播频道	0～31 B	LE 1M PHY
低功耗蓝牙 5.x	3 个主广播频道、37 个次广播频道	0～31 B（主广播频道）、0～255 B（次广播频道）	LE 1M PHY、LE Coded PHY（主广播频道），LE 1M PHY、LE 2M PHY、LE Coded PHY（次广播频道）

在低功耗蓝牙 5.x 中，主广播频道只工作在第 37、38 和 39 个频道，广播数据包最大为 31 B，广播的数据类型增加了一条 ADV_EXT_IND 命令，该命令用于其他设备自己要开始广播扩展广播数据包了。ADV_EXT_IND 命令包含要在次广播频道上发送的扩展广播数据包的内容、在次广播频道上发送扩展广播数据包的频道号、物理层、LE 1M PHY、LE Coded PHY、LE 2M PHY 等，如图 14-1 所示。ADV_EXT_IND 命令首先在主广播频道发送 ADV_EXT_IND 命令的信息，然后利用次广播频道发送 255 B 的数据。

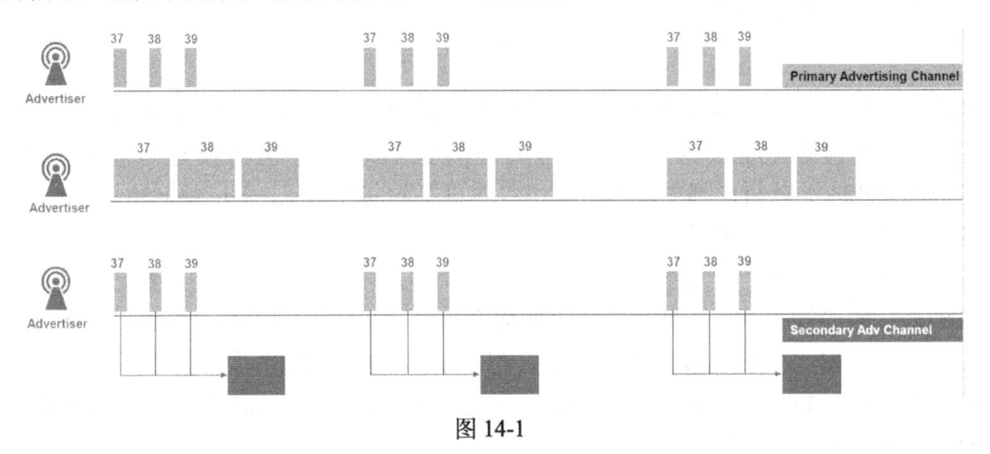

图 14-1

如果要广播的数据大于 255 B，则使用低功耗蓝牙 5.x 定义的 AUX_CHAIN_IND 命令，该命令用于广播大于 255 B 的扩展广播数据包，如图 14-2 所示。

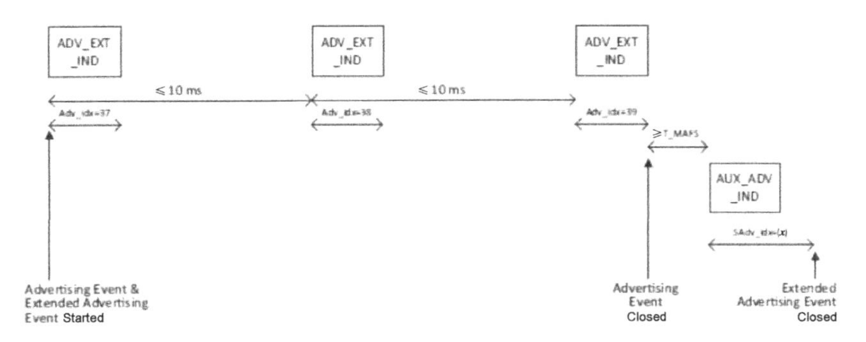

图 14-2

次广播频道（Secondary Advertising Channel）中的 AUX_SYNC_IND 命令如图 14-3 所示。

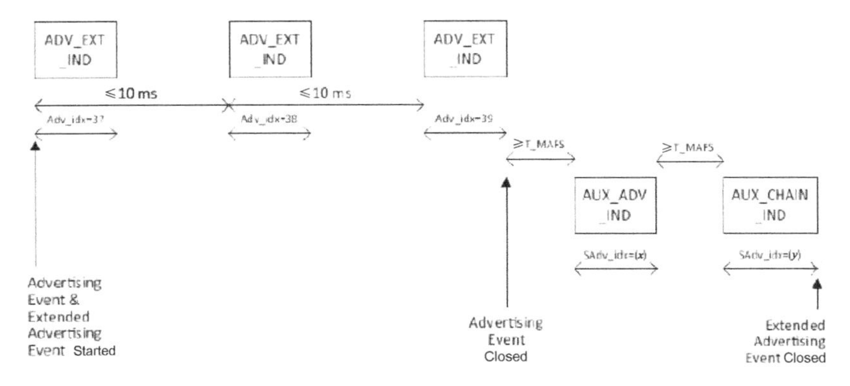

图 14-3

AUX_SYNC_IND 命令用于周期性地广播扩展广播数据包，广播者可随时修改其广播的数据，监听者可以监听到广播者周期性广播的内容。AUX_SYNC_IND 命令包含广播间隔、调频序列、广播数据、广播者 MAC 地址等信息，如图 14-4 所示。

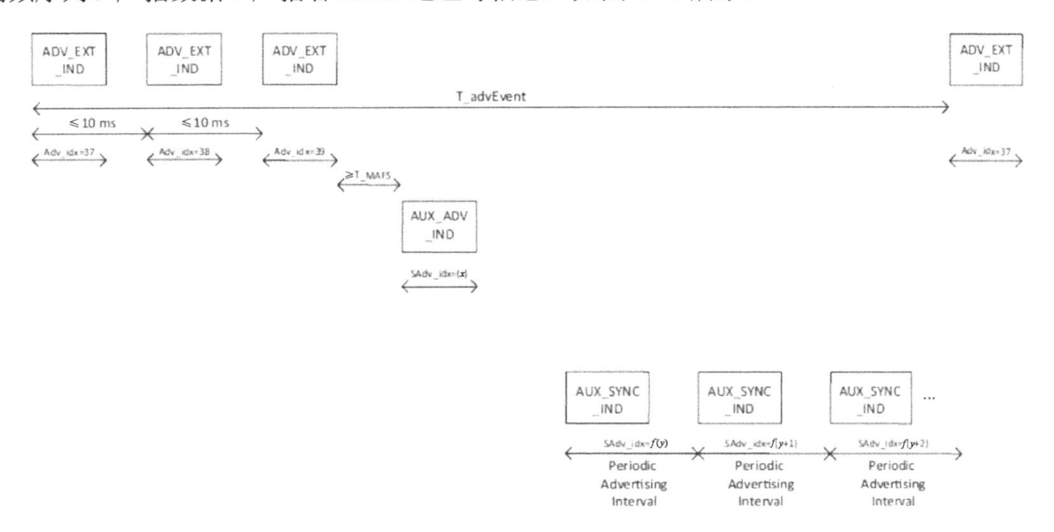

图 14-4

主机在扫描过程中会监听第 37、38 和 39 个频道，如果从机广播的是扩展广播数据包，则广播数据帧会携带次广播频道的信息，此时主机会跳频到相应的频道进行数据监听并接收扩展广播数据包，如图 14-5 所示。

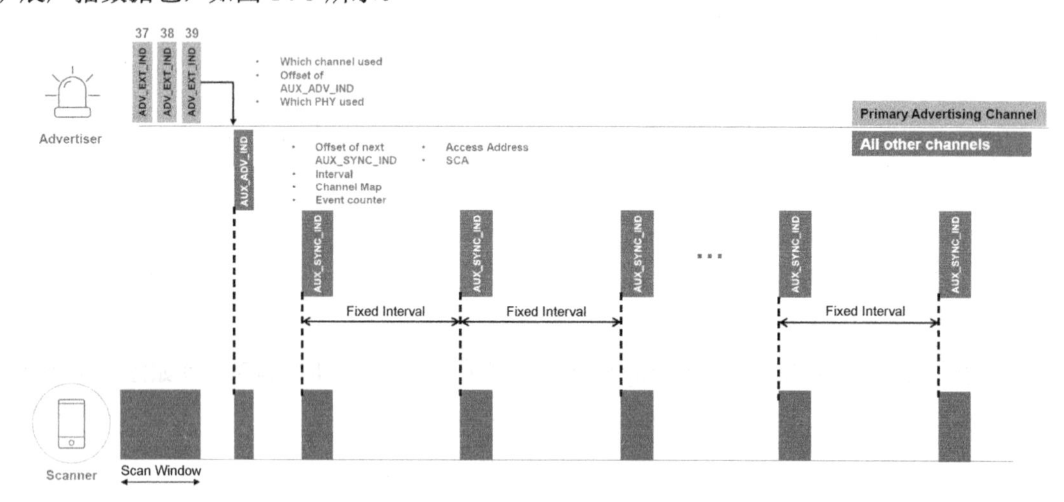

图 14-5

14.3.2 低功耗蓝牙 5.x 扩展广播数据包的应用场景

低功耗蓝牙 4.x 的广播数据包最大为 31 B，低功耗蓝牙 5.x 的扩展广播数据包最大为 255 B，提升了 8 倍多。由于低功耗蓝牙 5.x 使用了更多的广播频道，因此多个设备在上报数据时的抗频道干扰能力得到了提升。由于多广播频道的使用，可以同步广播多种不同制式的信息，如同时广播 iBeacon 和 Eddstone 等不同的信息。

结合低功耗蓝牙 5.x 的长距离通信模式，扩展广播数据包可用于冷链物流、物品追踪、工业自动化等应用场景。

14.4 实验步骤

本节在低功耗蓝牙串口通信例程 ble_app_uart 基础上实现扩展广播数据包。具体步骤如下：

（1）修改函数 advertising_start()。代码如下：

```
static void advertising_start(void)
{
    advertising_init();
}
```

（2）修改函数 advertising_init()。设置 ADV_EXT_IND 使用 LE 1M PHY，AUX_ADV_IND 使用 LE 2M PHY。代码如下：

```
static uint8_t raw_adv_data_data_buffer[BLE_GAP_ADV_SET_DATA_SIZE_EXTENDED_MAX_
                                        SUPPORTED]={0x02,0x01,0x06,3,0x09,0x61,0x61,247,0xff,};
static ble_gap_adv_data_t adv_data =
{
    .adv_data.p_data = raw_adv_data_data_buffer,
    .adv_data.len = sizeof(raw_adv_data_data_buffer)
```

```
};

static void advertising_init(void)
{
    uint8_t adv_handle = BLE_GAP_ADV_SET_HANDLE_NOT_SET;
    ble_gap_adv_params_t adv_params =
    {
        .properties=
        {
            .type=BLE_GAP_ADV_TYPE_EXTENDED_NONCONNECTABLE_
                                        NONSCANNABLE_UNDIRECTED
        },
        .interval = 40,
        .duration = 0,
        .channel_mask = {0},
        .max_adv_evts = 0,
        .filter_policy = BLE_GAP_ADV_FP_ANY,
        .primary_phy = BLE_GAP_PHY_1MBPS,
        .secondary_phy = BLE_GAP_PHY_2MBPS,
    };

    sd_ble_gap_adv_set_configure(&adv_handle, &adv_data, &adv_params);
    /*Start advertising */
    sd_ble_gap_adv_start(adv_handle, BLE_CONN_CFG_TAG_DEFAULT);
}
```

（3）编译代码后，将编译后的程序烧写到 nRF52840 DK 开发板，使用 Android 版 nRF Connect 进行扫描，如图 14-6 和图 14-7 所示。

图 14-6

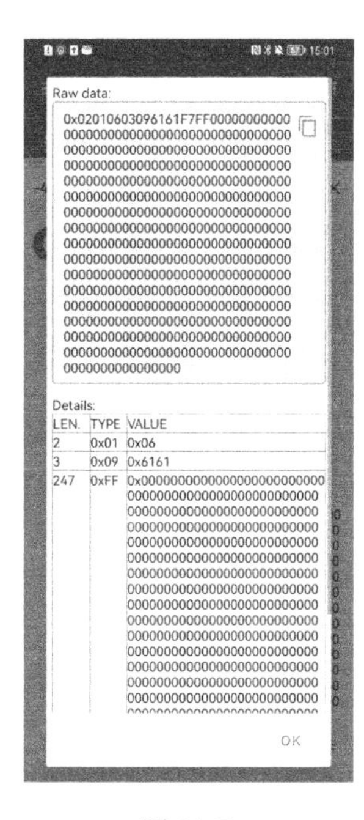

图 14-7

14.5 实验小结

本章主要介绍低功耗蓝牙 5.x 扩展广播数据包，并在低功耗蓝牙串口通信例程 ble_app_uart 的基础上实现扩展广播数据包。

第15章 实验14：基于SPI驱动OLED

15.1 实验目标

（1）学习芯片nRF52840的SPI使用方法。

（2）学会如何基于SPI驱动OLED。

15.2 实验准备

本实验是在SDK 17.1.0上进行的，使用的开发板是nRF52840 DK，使用的开发工具是SES和Android版nRF Connect，本实验的例程是spi_oled。

15.3 背景知识

15.3.1 SPI简介

串行外设接口（Serial Peripheral Interface，SPI）是一种高速、全双工、同步的通信总线。SPI一般只需要使用4根线（在单向传输时只需要使用3根线），分别为MISO（SDI）、MOSI（SDO）、SS/CS（CS）和CLK（SCLK）。

（1）SDI：主机输入，从机输出。

（2）SDO：主机输出，从机输入。

（3）CS：从机片选信号，由主机控制。

（4）SCLK：时钟信号，由主机产生。

SPI主要应用在EEPROM、Flash、实时时钟、A/D转换器、传感器，以及数字信号处理器和数字信号解码器之间。SPI只需要使用4根线，不仅可减少占用的芯片引脚，还可以为PCB的布局走线节省空间。

15.3.2 SPI 的工作方式

SPI 是芯片与外部的同步通信接口，有主（master）和从（slave）两种工作方式。本实验中的 nRF52840 作为 SPI 主机（SPI master），OLED 模块作为 SPI 从机（SPI slave），nRF52840 是通过 SPI 来控制 OLED 模块显示字符的。

nRF52840 一共有 4 路 SPI 主机（SPIM0～SPIM3，见图 15-1），3 路 SPI 从机（SPIS0～SPIS2，见图 15-2）。SPIM0～SPIM2 的传输速率为 8 Mbps，通过寄存器配置 SPIM3，最大可以支持的传输速率为 32 Mbps。

Base address	Peripheral	Instance	Description	Configuration
0x40003000	SPIM	SPIM0	SPI master 0	Not supported: >8 Mbps data rate, CSNPOL register, DCX functionality, IFTIMING.x registers, hardware CSN control (PSEL.CSN), stalling mechanism during AHB bus contention.
0x40004000	SPIM	SPIM1	SPI master 1	Not supported: >8 Mbps data rate, CSNPOL register, DCX functionality, IFTIMING.x registers, hardware CSN control (PSEL.CSN), stalling mechanism during AHB bus contention.
0x40023000	SPIM	SPIM2	SPI master 2	Not supported: >8 Mbps data rate, CSNPOL register, DCX functionality, IFTIMING.x registers, hardware CSN control (PSEL.CSN), stalling mechanism during AHB bus contention.
0x4002F000	SPIM	SPIM3	SPI master 3	

图 15-1

Base address	Peripheral	Instance	Description	Configuration
0x40003000	SPIS	SPIS0	SPI slave 0	
0x40004000	SPIS	SPIS1	SPI slave 1	
0x40023000	SPIS	SPIS2	SPI slave 2	

图 15-2

SPI 主机传输速率的配置如图 15-3 所示。

Bit number				31 30 29 28 27 26 25 24 23 22 21 20 19 18 17 16 15 14 13 12 11 10 9 8 7 6 5 4 3 2 1 0
ID				A A A A A A A A A A A A A A A A A A A A A A A A A A A A A A A A
Reset 0x04000000				0 0 0 0 0 1 0 0 0 0 0 0 0 0 0 0 0 0 0 0 0 0 0 0 0 0 0 0 0 0 0 0
ID	Acce Field	Value ID	Value	Description
A	RW FREQUENCY			SPI master data rate
		K125	0x02000000	125 kbps
		K250	0x04000000	250 kbps
		K500	0x08000000	500 kbps
		M1	0x10000000	1 Mbps
		M2	0x20000000	2 Mbps
		M4	0x40000000	4 Mbps
		M8	0x80000000	8 Mbps
		M16	0x0A000000	16 Mbps
		M32	0x14000000	32 Mbps

图 15-3

15.3.3　OLED 简介

有机发光二极管（Organic Light-Emitting Diode，OLED）具有自发光的特性，由非常薄的有机材料涂层和玻璃基板构成，当有电流通过时，这些有机材料就会发光，无须背光源，能够节省电能，具有对比度高、厚度薄、视角广、反应速度快等优点，可用于挠曲性面板。OLED 屏幕具有可视角度大、适用温度范围广、构造及制程较简单等优点，常用于智能手表、手机等小尺寸的电子设备上，也用于大型显示屏，是下一代平面显示器新兴应用技术。

本实验使用的是 1.3″ 的 OLED 模块（见图 15-4），分辨率为 64×128，显示颜色为黑白或黑蓝双色，配有 7 个引脚，采用三线制 SPI 通信方式，驱动芯片为 SH1106。

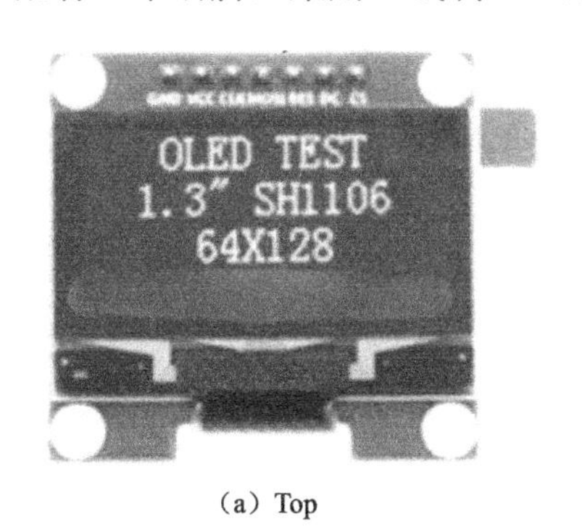

（a）Top

（b）Bottom

图 15-4

OLED 模块引脚如表 15-1 所示。

表 15-1

引 脚 序 号	引 脚 名 称	引 脚 说 明
1	GND	OLED 模块电源地
2	VCC	OLED 模块的正电源（3.3 V）
3	CLK	OLED 模块的 SPI 时钟信号
4	MOSI	OLED 模块的 SPI 写数据信号
5	RES	OLED 模块的复位控制信号
6	DC	OLED 模块的命令/数据选择控制信号
7	CS	OLED 模块的片选信号

15.4　实验步骤

本实验中的 nRF52840 DK 开发板作为 SPI 主机，OLED 模块作为 SPI 从机，nRF52840 通过 SPI 来控制 OLED 模块显示字符。实验步骤如下：

（1）连接 OLED 模块与 nRF52840 DK 开发板，如图 15-5 所示。

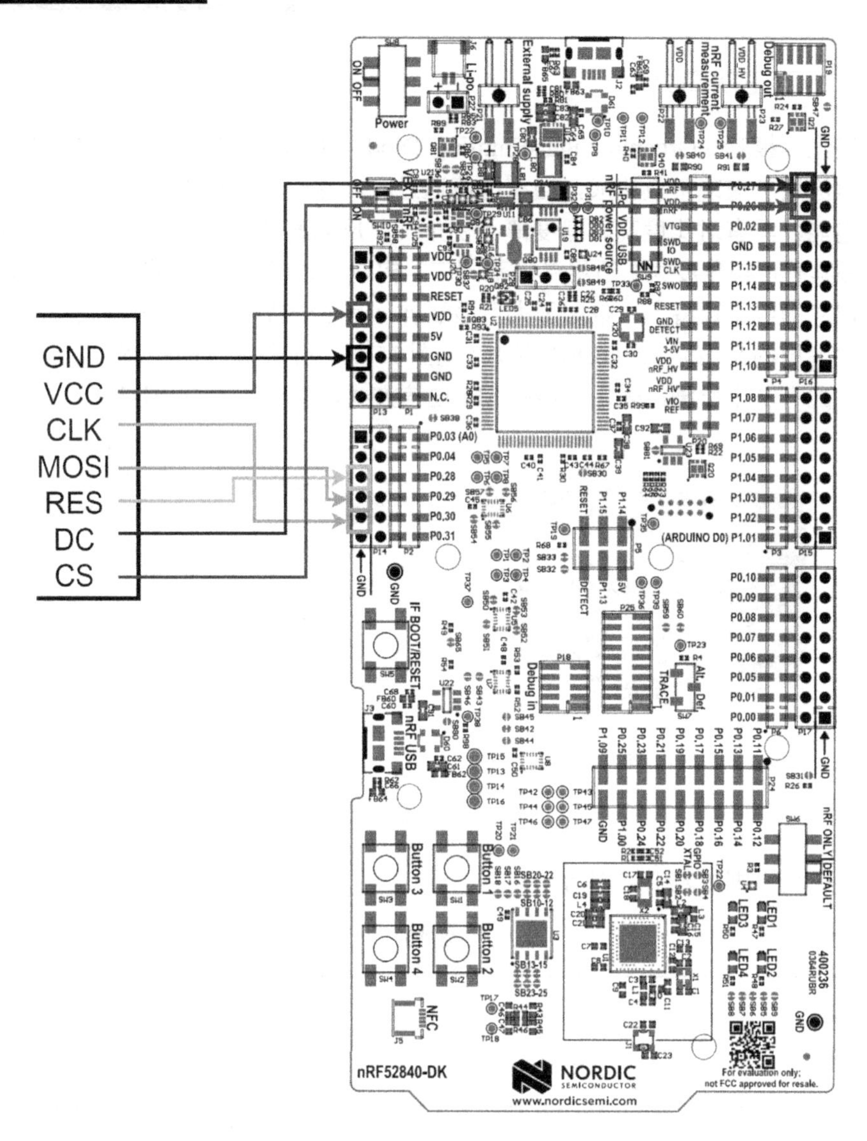

图 15-5

OLED 模块的引脚和 nRF52840 DK 开发板的引脚连接关系如表 15-2 所示。

表 15-2

OLED 显示模块引脚	nRF52840 DK 开发板引脚
GND	GND
VCC	VDD
CLK	P0.30
MOSI	P0.29
RES	P0.28
DC	P0.27
CS	P0.26

OLED 模块的驱动保存在工程的 OLED 目录中，oled.c 为主驱动，oledfont.h 中保存的是 ASCII 字符集点阵数组。

（2）例程目录。SPI 驱动 OLED 模块的例程文件名称为 spi_oled，保存在“\examples\peripheral”目录下。

（3）SPI 的宏设置和文件。进入图形化配置界面，可看到 SPI 的驱动库配置。驱动库分为新驱动库（前缀为 nrfx）和旧驱动库（前缀为 nrf），新驱动库基于旧驱动库的部分接口函数进行了再次封装，以兼顾新旧 SDK 版本的使用。在实际应用中，两个驱动库都将会用到。驱动相关文件如图 15-6 所示。

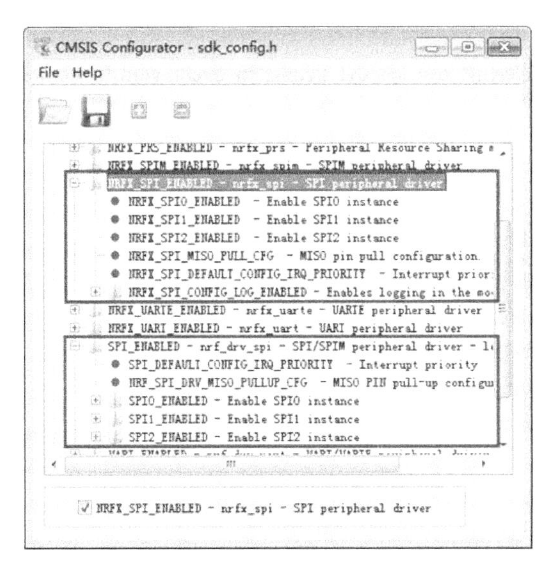

图 15-6

图 15-7 所示为 SPI 主机和 SPI 从机的相关配置。

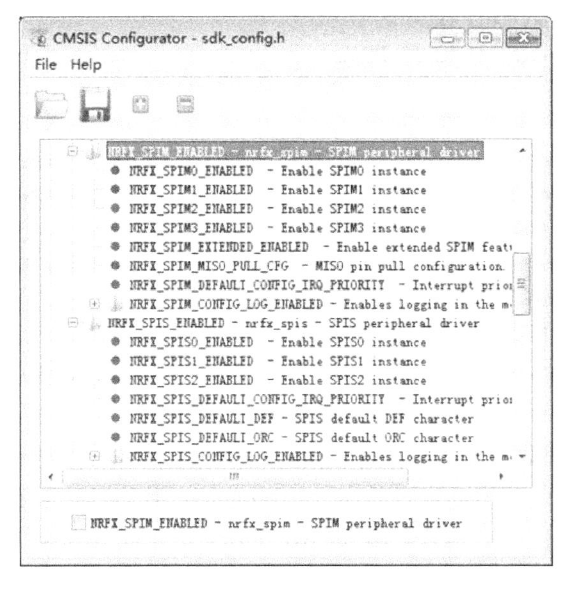

图 15-7

与 SPI 驱动相关的文件是 nrf_drv_spi.c、nrf_drv_spis.c、nrfx_spim.c、nrfx_spis.c、nrfx_spi.c。其中，nrf_drv_spi.c 和 nrf_drv_spis.c 保存在“\integration\nrfx\legacy”目录下，nrfx_spim.c、nrfx_spis.c 和 nrfx_spi.c 保存在“\modules\nrfx\drivers\src”目录下。

（4）SPI 驱动的使用。打开 oled.c 文件，SPI 的初始化代码如下：

```
#include "nrf_drv_spi.h"
#define SPI_INSTANCE 0                  /*SPI 实例索引，指向 SPI_0*/
static const nrf_drv_spi_t spi = NRF_DRV_SPI_INSTANCE(SPI_INSTANCE);    /*初始化 SPI 实例*/
static volatile bool spi_xfer_done;      /*用于指示 SPI 实例完成传输的标志*/

//SPI 中断处理函数
static void spi_event_handler(nrf_drv_spi_evt_t const *p_event, void *p_context)
{
    spi_xfer_done = true;          //标志位置位，表示通信成功
}

//引脚定义
#define OLED_SCLK_PIN 30
#define OLED_DATA_PIN 29
#define OLED_REST_PIN 28
#define OLED_CS_PIN 26
#define OLED_DC_PIN 27

void init_oled_gpio(void)
{
    nrf_gpio_cfg_output(OLED_SCLK_PIN);
    nrf_gpio_cfg_output(OLED_DATA_PIN);
    nrf_gpio_cfg_output(OLED_CS_PIN);

    nrf_gpio_cfg_output(OLED_DC_PIN);
    nrf_gpio_cfg_output(OLED_REST_PIN);
    nrf_drv_spi_config_t spi_config = NRF_DRV_SPI_DEFAULT_CONFIG;    //SPI 的默认配置
    spi_config.ss_pin = OLED_CS_PIN;                         //配置 CS 引脚
    spi_config.miso_pin = NRFX_SPIM_PIN_NOT_USED;            //配置 MISO 引脚，本实验不用
    spi_config.mosi_pin = OLED_DATA_PIN;                     //配置 MOSI 引脚
    spi_config.sck_pin = OLED_SCLK_PIN;                      //配置 SCK 引脚
    spi_config.frequency = NRF_DRV_SPI_FREQ_8M;              //配置 SPI 传输速率
    //配置 SPI 模式，在每个周期的第一个时钟沿采样
    spi_config.mode = NRF_DRV_SPI_MODE_0;
    APP_ERROR_CHECK(nrf_drv_spi_init(&spi, &spi_config, spi_event_handler, NULL));
}
```

SPI 的默认配置代码如下，前 4 项用于配置 SPI 的引脚，irq_priority 用于配置 SPI 的中断优先级，orc 用于配置接收后自动发送的参数，frequency 用于配置 SPI 的时钟频率。nRF52840 芯片的 SPI 传输速率范围为 125 kbps～8 Mbps，mode 用于配置为 SPI 模式，bit_order 用于配置发送数据的大小端。代码如下：

```
#define NRF_DRV_SPI_DEFAULT_CONFIG
{
    .sck_pin = NRF_DRV_SPI_PIN_NOT_USED,
    .mosi_pin = NRF_DRV_SPI_PIN_NOT_USED,
    .miso_pin = NRF_DRV_SPI_PIN_NOT_USED,
    .ss_pin = NRF_DRV_SPI_PIN_NOT_USED,
    .irq_priority = SPI_DEFAULT_CONFIG_IRQ_PRIORITY,
    .orc = 0xFF,
    .frequency = NRF_DRV_SPI_FREQ_4M,
    .mode = NRF_DRV_SPI_MODE_0,
    .bit_order = NRF_DRV_SPI_BIT_ORDER_MSB_FIRST,
}
```

SPI 通信是通过函数 nrf_drv_spi_transfer() 实现的，函数原型如下：

```
__STATIC_INLINE
ret_code_t nrf_drv_spi_transfer(
    nrf_drv_spi_t const *const p_instance,          /*前面初始化的 SPI 实例*/
    uint8_t const *p_tx_buffer,                     /*定义 SPI 发送缓冲区*/
    uint8_t tx_buffer_length,                       /*定义 SPI 发送缓冲区长度*/
    uint8_t *p_rx_buffer,                           /*定义 SPI 接收缓冲区*/
    uint8_t rx_buffer_length                        /*定义 SPI 接收缓冲区长度*/
);
```

（5）OLED 模块驱动的使用。通过函数 OLED_WR_Byte() 可以向 OLED 模块的寄存器写命令或者写数据。代码如下：

```
//向 OLED 模块的寄存器写入 1 B 的数据或命令
//dat：要写入的数据或命令
//cmd：数据或命令的标志，0 表示命令，1 表示数据
void OLED_WR_Byte(uint8_t dat, uint8_t cmd) {
    uint8_t i;
    if(cmd)
    OLED_DC_Set();
    else
    OLED_DC_Clr();
    uint8_t tx_buf[1];

    tx_buf[0] = dat;
    spi_xfer_done = false;
    APP_ERROR_CHECK(nrf_drv_spi_transfer(&spi, tx_buf, 1, NULL, 0));
    while (!spi_xfer_done)
    {
        __WFE();
    }
    OLED_CS_Set();
    OLED_DC_Set();
}
```

初始化SPI后，通过函数OLED_Init()来配置OLED模块的初始项，之后即可通过OLED模块显示字符。OLED模块的控制函数如下：

```
void OLED_WR_Byte(u8 dat,u8 cmd);                    //向OLED模块写入1B的数据或命令
void OLED_Display_On(void);                          //开启OLED模块显示
void OLED_Display_Off(void);                         //关闭OLED模块显示
void OLED_Init(void);                                //初始化OLED模块
void OLED_Clear(void);                               //清屏
void OLED_DrawPoint(u8 x,u8 y,u8 t);                 //画点
void OLED_Fill(u8 x1,u8 y1,u8 x2,u8 y2,u8 dot);      //填满一个区域
void OLED_ShowChar(u8 x,u8 y,u8 chr);                //显示一个字符
void OLED_ShowNum(u8 x,u8 y,u32 num,u8 len,u8 size);         //显示一个数字
void OLED_ShowString(u8 x,u8 y, u8 *p);                      //显示一串字符
void OLED_Set_Pos(unsigned char x, unsigned char y);         //设置开始描点的坐标
void OLED_ShowCHinese(u8 x,u8 y,u8 no);                      //显示中文
void OLED_DrawBMP(unsigned char x0, unsigned char y0,unsigned char x1, unsigned char y1,
                  unsigned char BMP[]);                      //显示位图
void OLED_Clea_line(u8 line_num);                            //擦除一行
```

（6）在OLED模块上画点。OLED模块的屏幕左上角为（0, 0），以下代码表示在（0, 0）处写入0x01。

```
void write_point(){
    OLED_Set_Pos(0, 0);
    OLED_WR_Byte(0x01, OLED_DATA);
}
```

写入0x01后的屏幕显示效果如图15-8所示，写入0x11后的屏幕显示效果如图15-9所示，写入0xFF后的屏幕显示效果如图15-10所示。

图15-8

图15-9

图15-10

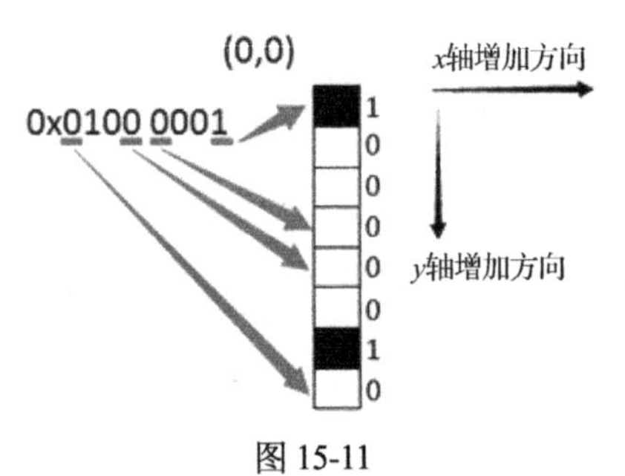

图15-11

图15-11所示为OLED模块的显示原理。

设置写入的坐标点后，多次调用函数OLED_WR_Byte()写入数据，OLED模块会依次往右边显示（即依次增加x轴的值）；若要在竖直方向上移动，则可调用函数OLED_Set_Pos()修改y轴坐标，重新设置新的坐标点。

（7）主函数的逻辑。下面的代码给出了主函数逻辑，在初始化OLED模块后，不断调用函数gui_menu_next()来切换下一个显示内容。文件gui.c用不同的方法来显示字

符，如感兴趣可以跳转至该文件内进一步深入了解与学习 OLED 显示字符的方法。

```
int main(void)
{
    bsp_board_init(BSP_INIT_LEDS);

    APP_ERROR_CHECK(NRF_LOG_INIT(NULL));
    NRF_LOG_DEFAULT_BACKENDS_INIT();
    NRF_LOG_INFO("SPI example started.");
    gui_init();
    while (1)
    {
        NRF_LOG_FLUSH();
        nrf_delay_ms(1000);
        gui_menu_next(NULL, 0);
        bsp_board_led_invert(BSP_BOARD_LED_0);
        if (NRF_LOG_PROCESS()== false)
        {
            __WFE();                        //Wait for an event
            __SEV();                        //Clear the internal event register
            __WFE();
        }
    }
}
```

将 OLED 模块按定义的引脚接好，编译 OLED 模块的驱动后，将编译好的驱动烧写到 OLED 模块，这时可以 OLED 模块的屏幕上每隔 1 s 就切换一次显示的内容，如图 15-12 所示。

图 15-12

15.5 实验小结

本章主要介绍 SPI 与 OLED 内容，并通过 SPI 接口驱动 OLED 模块。显示是实现设备人机交互的很重要环节，通过本章的学习，开发者可以掌握 OLED 模块的基本使用方法，以及在 nRF52840 DK 开发板上开发 OLED 模块驱动的方法。

第16章 实验15：基于QSPI驱动LCD

16.1 实验目标

学会如何基于 QSPI 接口驱动 LED。

16.2 实验准备

本实验是在 SDK 17.1.0 上进行的，使用的开发板是 nRF52840 DK，使用的开发工具是 SES 和 Android 版 nRF Connect，使用的显示屏是支持 QSPI 驱动的 LCD 模块。

16.3 背景知识

16.3.1 QSPI 简介

SPI 其实包括 Standard SPI、Dual SPI 和 Queued SPI 三种协议，通常我们使用的 SPI 是 Standard SPI，有 4 根传输线，分别为 MISO（SDI）、MOSI（SDO）、SS/CS（CS）和 CLK（SCLK），工作在全双工模式。Dual SPI 和 Queued SPI 是针对 SPI Flash 而言的。Flash（非易失性存储介质）可分为 NOR Flash 和 NAND Flash，严格地说，SPI Flash 是一种使用 SPI 通信的 Flash，既可以是 NOR Flash，也可以是 NAND Flash。在大部分情况下，SPI Flash 通常指 SPI NOR Flash。

Dual SPI（DSPI）是针对 SPI Flash 而言的，并不针对所有的 SPI 外设。对于 SPI Flash，全双工模式并不常用，因此可以扩展 MOSI 和 MISO 的用法，让它们工作在半双工模式，从而使传输速率加倍。在 DSPI 中，先通过发送给一个命令进入 Dual 模式，这样 MOSI 就变成了 SIO0（Serial IO 0），MOSI 就变成了 SIO1（Serial IO 1），从而可以在一个时钟周期内传输 2 bit 的数据，使传输速率加倍。

Queued SPI（QSPI）在 4 线制 DSPI 的基础上增加了 2 根 IO 线（SIO2 和 SIO3），如图 16-1 所示，变成了 6 线制 SPI，可在一个时钟周期内传输 4 bit 的数据，可大大提高传输速率。在对传输速率要求较高的场景中，可以使用 QSPI 进行数据交互。

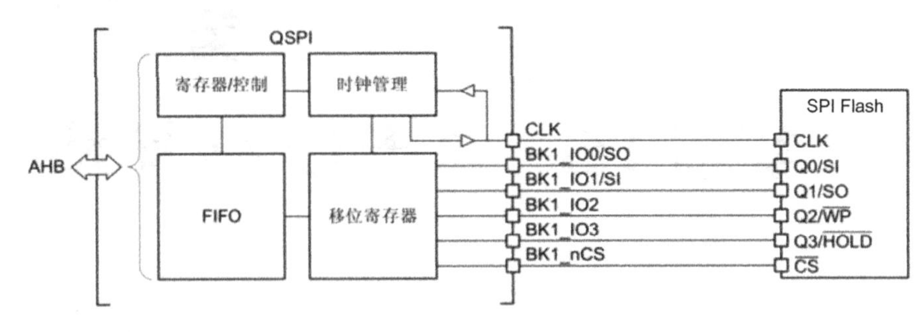

图 16-1

16.3.2 LCD 模块简介

本实验使用的 LCD 模块为 GC9C01，屏幕的分辨率为 360×360，使用 16 bit 的数表示颜色（R 用 5 位数表示、G 用 6 位数表示、B 用 5 位数表示），共 65536 种颜色，支持并行 8、9、16、18 位数据总线的 MCU 接口，6、16、18 位数据总线的 RGB 接口，以及 3 线制 SPI、4 线制 SPI 接口和 QSPI（6 线制 SPI）接口。GC9C01 支持全色显示模式、8 色显示模式和休眠模式，可通过软件精确控制不同的模式。这些特点使 GC9C01 成为中、小型便携式产品显示屏的首选，可满足智能手机、智能手表等低功耗产品的需求。GC9C01 的硬件如图 16-2 所示，其配套的 LCD 扩展板可方便插入及调试。

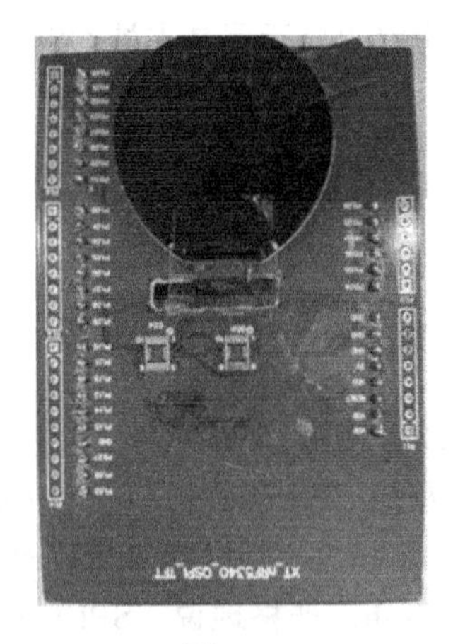

图 16-2

16.3.3 QSPI 接口与 LCD 模块的连接

目前可穿戴产品（如智能手表）中的 LCD 模块大多采用 QSPI 接口，用于实现动画的快速刷新，提高用户体验。基于 Nordic 的低功耗蓝牙 SoC 芯片在可穿戴设备的设计与开发中得到了广泛应用，成为可穿戴设备的主流选择。本章使用 Nordic 的 nRF52840 芯片的 QSPI 接口驱动 LCD 模块。

LCD 模块和 nRF52840 DK 开发板的接线如图 16-3 所示。

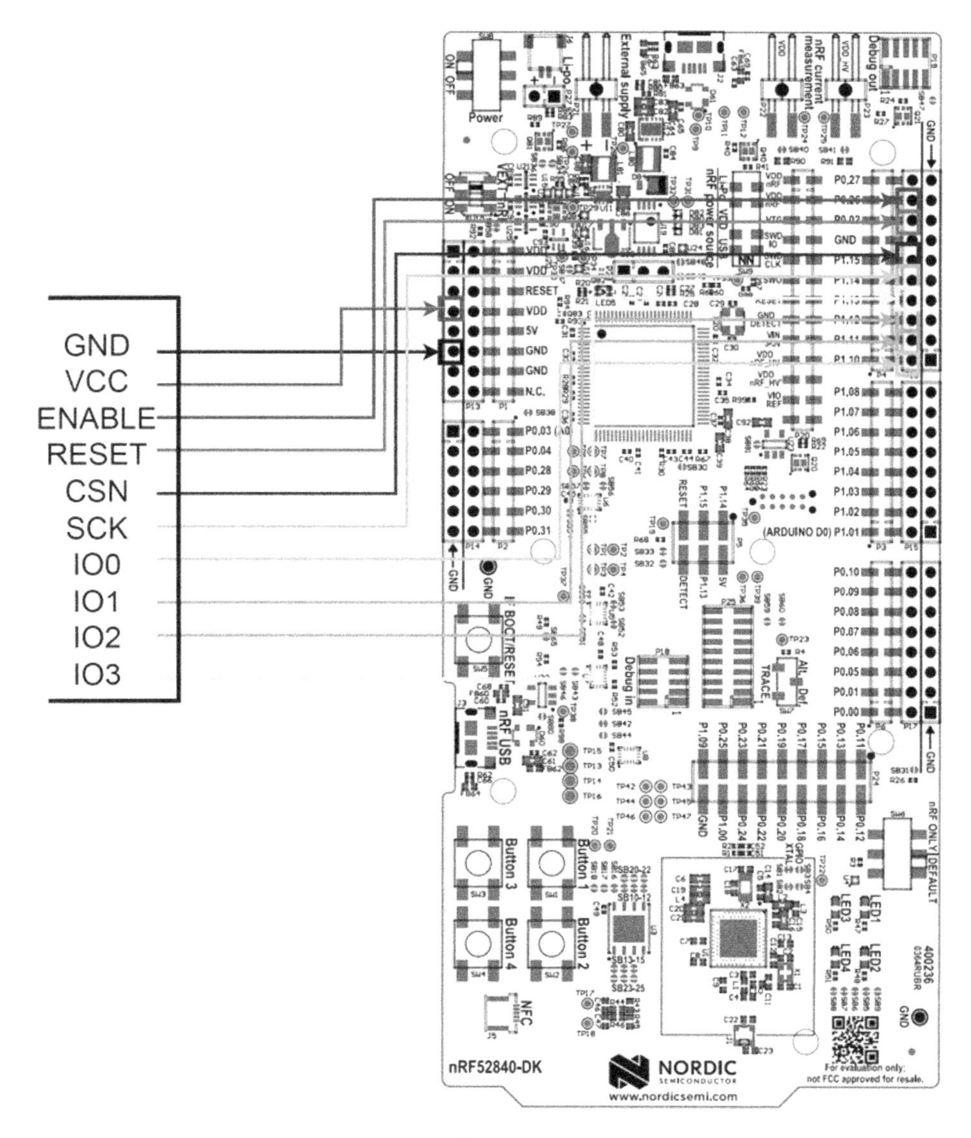

图 16-3

LCD 模块的引脚和 nRF52840 DK 开发板的引脚连接关系如表 16-1 所示。

表 16-1

采用 QSPI 接口的 LCD 模块引脚	nRF52840 DK 开发板引脚
GND	GND
VCC	VDD
ENABLE	P0.26
RESET	P1.15
CSN	P0.02

续表

采用 QSPI 接口的 LCD 模块引脚	nRF52840 DK 开发板引脚
SCK	P1.14
IO0	P1.10
IO1	P1.11
IO2	P1.12
IO3	P1.13

16.4 实验步骤

本实验使用 nRF52840 DK 开发板的 QSPI 驱动 LCD 模块，实验步骤如下：

（1）将 QSPI 驱动 LCD 模块的例程文件放置到“\examples”目录下。

（2）打开 sdk_config.h 文件，按照下面的代码配置 QSPI 驱动中的宏。

```
//<e> QSPI_ENABLED - nrf_drv_qspi - QSPI peripheral driver - legacy layer
//==========================================================================================
#ifndef QSPI_ENABLED
//define QSPI_ENABLED 1
#endif
//<o> QSPI_CONFIG_SCK_DELAY - tSHSL, tWHSL and tSHWL in number of 16 MHz periods (62.5 ns).
<0-255>

#ifndef QSPI_CONFIG_SCK_DELAY
#define QSPI_CONFIG_SCK_DELAY 1
#endif

//<o> QSPI_CONFIG_XIP_OFFSET - Address offset in the external memory for Execute in Place operation
#ifndef QSPI_CONFIG_XIP_OFFSET
#define QSPI_CONFIG_XIP_OFFSET 0
#endif

//<o> QSPI_CONFIG_READOC - Number of data lines and opcode used for reading
//<0=> FastRead
//<1=> Read2O
//<2=> Read2IO
//<3=> Read4O
//<4=> Read4IO

#ifndef QSPI_CONFIG_READOC
#define QSPI_CONFIG_READOC 3
#endif

//<o> QSPI_CONFIG_WRITEOC - Number of data lines and opcode used for writing
```

```
//<0=> PP
//<1=> PP2O
//<2=> PP4O
//<3=> PP4IO

#ifndef QSPI_CONFIG_WRITEOC
#define QSPI_CONFIG_WRITEOC 2
#endif

//<o> QSPI_CONFIG_ADDRMODE - Addressing mode
//<0=> 24bit
//<1=> 32bit

#ifndef QSPI_CONFIG_ADDRMODE
#define QSPI_CONFIG_ADDRMODE 0
#endif

//<o> QSPI_CONFIG_MODE - SPI mode
//<0=> Mode 0
//<1=> Mode 1

#ifndef QSPI_CONFIG_MODE
#define QSPI_CONFIG_MODE 0
#endif

//<o> QSPI_CONFIG_FREQUENCY - Frequency divider
//<0=> 32MHz/1
//<1=> 32MHz/2
//<2=> 32MHz/3
//<3=> 32MHz/4
//<4=> 32MHz/5
//<5=> 32MHz/6
//<6=> 32MHz/7
//<7=> 32MHz/8
//<8=> 32MHz/9
//<9=> 32MHz/10
//<10=> 32MHz/11
//<11=> 32MHz/12
//<12=> 32MHz/13
//<13=> 32MHz/14
//<14=> 32MHz/15
//<15=> 32MHz/16

#ifndef QSPI_CONFIG_FREQUENCY
#define QSPI_CONFIG_FREQUENCY 0
#endif
```

```
//<s> QSPI_PIN_SCK - SCK pin value.
#ifndef QSPI_PIN_SCK
#define QSPI_PIN_SCK NRF_QSPI_PIN_NOT_CONNECTED
#endif

//<s> QSPI_PIN_CSN - CSN pin value.
#ifndef QSPI_PIN_CSN
#define QSPI_PIN_CSN NRF_QSPI_PIN_NOT_CONNECTED
#endif

//<s> QSPI_PIN_IO0 - IO0 pin value.
#ifndef QSPI_PIN_IO0
#define QSPI_PIN_IO0 NRF_QSPI_PIN_NOT_CONNECTED
#endif

//<s> QSPI_PIN_IO1 - IO1 pin value.
#ifndef QSPI_PIN_IO1
#define QSPI_PIN_IO1 NRF_QSPI_PIN_NOT_CONNECTED
#endif

//<s> QSPI_PIN_IO2 - IO2 pin value.
#ifndef QSPI_PIN_IO2
#define QSPI_PIN_IO2 NRF_QSPI_PIN_NOT_CONNECTED
#endif

//<s> QSPI_PIN_IO3 - IO3 pin value.
#ifndef QSPI_PIN_IO3
#define QSPI_PIN_IO3 NRF_QSPI_PIN_NOT_CONNECTED
#endif

//<o> QSPI_CONFIG_IRQ_PRIORITY - Interrupt priority

//<i> Priorities 0, 2 (nRF51) and 0,1,4,5 (nRF52) are reserved for SoftDevice
//<0=> 0 (highest)
//<1=> 1
//<2=> 2
//<3=> 3
//<4=> 4
//<5=> 5
//<6=> 6
//<7=> 7

#ifndef QSPI_CONFIG_IRQ_PRIORITY
#define QSPI_CONFIG_IRQ_PRIORITY 6
#endif

//</e>
```

```
//<e> NRFX_QSPI_ENABLED - nrfx_qspi - QSPI peripheral driver
//==========================================================================
#ifndef NRFX_QSPI_ENABLED
#define NRFX_QSPI_ENABLED 1
#endif
//<o> NRFX_QSPI_CONFIG_SCK_DELAY - tSHSL, tWHSL and tSHWL in number of 16 MHz periods
(62.5 ns).  <0-255>


#ifndef NRFX_QSPI_CONFIG_SCK_DELAY
#define NRFX_QSPI_CONFIG_SCK_DELAY 1
#endif

//<o> NRFX_QSPI_CONFIG_XIP_OFFSET - Address offset in the external memory for Execute in Place
operation
#ifndef NRFX_QSPI_CONFIG_XIP_OFFSET
#define NRFX_QSPI_CONFIG_XIP_OFFSET 0
#endif

//<o> NRFX_QSPI_CONFIG_READOC - Number of data lines and opcode used for reading
//<0=> FastRead
//<1=> Read2O
//<2=> Read2IO
//<3=> Read4O
//<4=> Read4IO

#ifndef NRFX_QSPI_CONFIG_READOC
#define NRFX_QSPI_CONFIG_READOC 3
#endif

//<o> NRFX_QSPI_CONFIG_WRITEOC - Number of data lines and opcode used for writing
//<0=> PP
//<1=> PP2O
//<2=> PP4O
//<3=> PP4IO

#ifndef NRFX_QSPI_CONFIG_WRITEOC
#define NRFX_QSPI_CONFIG_WRITEOC 2
#endif

//<o> NRFX_QSPI_CONFIG_ADDRMODE - Addressing mode
//<0=> 24bit
//<1=> 32bit

#ifndef NRFX_QSPI_CONFIG_ADDRMODE
#define NRFX_QSPI_CONFIG_ADDRMODE 0
#endif
```

```
//<o> NRFX_QSPI_CONFIG_MODE - SPI mode
//<0=> Mode 0
//<1=> Mode 1

#ifndef NRFX_QSPI_CONFIG_MODE
#define NRFX_QSPI_CONFIG_MODE 0
#endif

//<o> NRFX_QSPI_CONFIG_FREQUENCY - Frequency divider
//<0=> 32MHz/1
//<1=> 32MHz/2
//<2=> 32MHz/3
//<3=> 32MHz/4
//<4=> 32MHz/5
//<5=> 32MHz/6
//<6=> 32MHz/7
//<7=> 32MHz/8
//<8=> 32MHz/9
//<9=> 32MHz/10
//<10=> 32MHz/11
//<11=> 32MHz/12
//<12=> 32MHz/13
//<13=> 32MHz/14
//<14=> 32MHz/15
//<15=> 32MHz/16

#ifndef NRFX_QSPI_CONFIG_FREQUENCY
#define NRFX_QSPI_CONFIG_FREQUENCY 0
#endif

//<s> NRFX_QSPI_PIN_SCK - SCK pin value.
#ifndef NRFX_QSPI_PIN_SCK
#define NRFX_QSPI_PIN_SCK NRF_QSPI_PIN_NOT_CONNECTED
#endif

//<s> NRFX_QSPI_PIN_CSN - CSN pin value
#ifndef NRFX_QSPI_PIN_CSN
#define NRFX_QSPI_PIN_CSN NRF_QSPI_PIN_NOT_CONNECTED
#endif

//<s> NRFX_QSPI_PIN_IO0 - IO0 pin value.
#ifndef NRFX_QSPI_PIN_IO0
#define NRFX_QSPI_PIN_IO0 NRF_QSPI_PIN_NOT_CONNECTED
#endif

//<s> NRFX_QSPI_PIN_IO1 - IO1 pin value.
```

```
#ifndef NRFX_QSPI_PIN_IO1
#define NRFX_QSPI_PIN_IO1 NRF_QSPI_PIN_NOT_CONNECTED
#endif

//<s> NRFX_QSPI_PIN_IO2 - IO2 pin value
#ifndef NRFX_QSPI_PIN_IO2
#define NRFX_QSPI_PIN_IO2 NRF_QSPI_PIN_NOT_CONNECTED
#endif

//<s> NRFX_QSPI_PIN_IO3 - IO3 pin value
#ifndef NRFX_QSPI_PIN_IO3
#define NRFX_QSPI_PIN_IO3 NRF_QSPI_PIN_NOT_CONNECTED
#endif

//<o> NRFX_QSPI_CONFIG_IRQ_PRIORITY    - Interrupt priority
//<0=> 0 (highest)
//<1=> 1
//<2=> 2
//<3=> 3
//<4=> 4
//<5=> 5
//<6=> 6
//<7=> 7

#ifndef NRFX_QSPI_CONFIG_IRQ_PRIORITY
#define NRFX_QSPI_CONFIG_IRQ_PRIORITY 6
#endif

//</e>
```

（3）定义 LCD 模块使能引脚，以及 QSPI 的相应引脚，并重置 LCD 模块。代码如下：

```
#define LCD_QSPI_ENABLE_PIN NRF_GPIO_PIN_MAP(0,26)

#define LCD_QSPI_RESET_PIN NRF_GPIO_PIN_MAP(1,15)
#define LCD_QSPI_CSN_PIN NRF_GPIO_PIN_MAP(0,02)
#define LCD_QSPI_SCK_PIN NRF_GPIO_PIN_MAP(1,14)
#define LCD_QSPI_IO0_PIN NRF_GPIO_PIN_MAP(1,10)
#define LCD_QSPI_IO1_PIN NRF_GPIO_PIN_MAP(1,11)
#define LCD_QSPI_IO2_PIN NRF_GPIO_PIN_MAP(1,12)
#define LCD_QSPI_IO3_PIN NRF_GPIO_PIN_MAP(1,13)

static void qspi_LCD_QSPI_RESET_PIN(void)
{
    nrf_gpio_cfg_output(LCD_QSPI_ENABLE_PIN);
    nrf_gpio_pin_set(LCD_QSPI_ENABLE_PIN);
    nrf_delay_ms(120);
```

```
    nrf_gpio_cfg_output(LCD_QSPI_RESET_PIN);
    nrf_gpio_pin_set(LCD_QSPI_RESET_PIN);
    nrf_delay_ms(20);
    nrf_gpio_pin_clear(LCD_QSPI_RESET_PIN);
    nrf_delay_us(5);
    nrf_gpio_pin_set(LCD_QSPI_RESET_PIN);
    nrf_delay_ms(15);
    nrf_gpio_pin_clear(LCD_QSPI_RESET_PIN);
    nrf_delay_ms(20);
    nrf_gpio_pin_set(LCD_QSPI_RESET_PIN);
    nrf_delay_ms(120);
}
```

（4）将 QSPI 的引脚配置为高驱动模式。代码如下：

```
static void config_qspi_pin_high_drive(void)
{
    nrf_gpio_cfg(LCD_QSPI_SCK_PIN, NRF_GPIO_PIN_DIR_INPUT,
                 NRF_GPIO_PIN_INPUT_CONNECT, NRF_GPIO_PIN_PULLDOWN,
                 NRF_GPIO_PIN_H0H1, NRF_GPIO_PIN_SENSE_HIGH);
    nrf_gpio_cfg(LCD_QSPI_CSN_PIN, NRF_GPIO_PIN_DIR_INPUT,
                 NRF_GPIO_PIN_INPUT_DISCONNECT, NRF_GPIO_PIN_NOPULL,
                 NRF_GPIO_PIN_H0H1, NRF_GPIO_PIN_NOSENSE);

    nrf_gpio_cfg(LCD_QSPI_IO0_PIN, NRF_GPIO_PIN_DIR_INPUT,
                 NRF_GPIO_PIN_INPUT_DISCONNECT, NRF_GPIO_PIN_PULLDOWN,
                 NRF_GPIO_PIN_H0H1, NRF_GPIO_PIN_NOSENSE);

    nrf_gpio_cfg(LCD_QSPI_IO1_PIN, NRF_GPIO_PIN_DIR_INPUT,
                 NRF_GPIO_PIN_INPUT_DISCONNECT, NRF_GPIO_PIN_PULLDOWN,
                 NRF_GPIO_PIN_H0H1, NRF_GPIO_PIN_NOSENSE);

    nrf_gpio_cfg(LCD_QSPI_IO2_PIN, NRF_GPIO_PIN_DIR_INPUT,
                 NRF_GPIO_PIN_INPUT_DISCONNECT, NRF_GPIO_PIN_PULLDOWN,
                 NRF_GPIO_PIN_H0H1, NRF_GPIO_PIN_NOSENSE);

    nrf_gpio_cfg(LCD_QSPI_IO3_PIN, NRF_GPIO_PIN_DIR_INPUT,
                  NRF_GPIO_PIN_INPUT_DISCONNECT, NRF_GPIO_PIN_PULLDOWN,
                  NRF_GPIO_PIN_H0H1, NRF_GPIO_PIN_NOSENSE);
}
```

（5）初始化 QSPI 后，通过函数 configure_lcd()配置 LCD 模块的参数。代码如下：

```
void qspi_lcd_GC9c01_init(void)
{
    if (!m_is_qspi_init)
    {
        uint32_t err_code;
```

```
        nrf_drv_qspi_config_t qspi_lcd_config = NRF_DRV_QSPI_DEFAULT_CONFIG;
        qspi_lcd_config.phy_if.sck_freq = NRF_QSPI_FREQ_32MDIV1;

        qspi_lcd_config.pins.csn_pin = LCD_QSPI_CSN_PIN;
        qspi_lcd_config.pins.sck_pin = LCD_QSPI_SCK_PIN;
        qspi_lcd_config.pins.io0_pin = LCD_QSPI_IO0_PIN;
        qspi_lcd_config.pins.io1_pin = LCD_QSPI_IO1_PIN;
        qspi_lcd_config.pins.io2_pin = LCD_QSPI_IO2_PIN;
        qspi_lcd_config.pins.io3_pin = LCD_QSPI_IO3_PIN;

        err_code = nrf_drv_qspi_init(&qspi_lcd_config, qspi_lcd_handler, NULL);
        APP_ERROR_CHECK(err_code);

        NRF_LOG_INFO("QSPI LCD Init");
        NRF_QSPI->IFCONFIG0 |= (QSPI_IFCONFIG0_PPSIZE_512Bytes <<
                                        QSPI_IFCONFIG0_PPSIZE_Pos);
        m_is_qspi_init = true;
    }
    else
    {
        NRF_LOG_ERROR("QSPI LCD has already initialized!");
        APP_ERROR_CHECK(-1);
    }
}
```

（6）显示图像。通过函数 BMP_picture_show()和函数 test_single_color()分别显示图像和颜色，这两个函数都调用了函数 nrf_drv_qspi_write()，通过 QSPI 接口将图像像素点数据发送给 LCD 模块。函数 nrf_drv_qspi_write()的第一个参数为数据起始地址，第二个参数为数据长度，第三个参数为传输地址。

```
static void BMP_picture_show(uint32_t delay, const uint16_t *p_data);        //显示图像
static void test_single_color(uint32_t delay, uint16_t color);               //显示单色

static uint32_t gc9c01_bus_lcd_write_buffer(uint8_t *p_tx_buffer, uint32_t len, uint32_t addr)
{
    uint32_t err_code = 0;
    m_finished = false;
    err_code = nrf_drv_qspi_write(p_tx_buffer, len, addr);
    if(err_code != NRFX_SUCCESS)
    {
        //NRF_LOG_INFO("error code= 0x%x",err_code);
    }
    WAIT_FOR_PERIPH();
    return err_code;
}
```

（7）烧写应用程序。将 LCD 扩展板插入 nRF52840 DK 开发板，如图 16-4 所示；将代码

编译后生成的应用程序烧写到 nRF52840 DK 开发板，可以看到 LCD 模块在不停地切换图像显示，如图 16-5 所示。

图 16-4

图 16-5

16.5 实验小结

本章主要介绍 nRF52840 的 QSPI 接口及其使用，并基于 QSPI 接口驱动 LCD 模块。智能手表作为可穿戴设备中的重要应用，对于屏幕刷新的速度和用户体验有较高的要求，通过本章的学习，开发者可掌握 QSPI 接口及 LCD 模块的使用，以及在 nRF52840 DK 开发板上进行开发的方法，为可穿戴设备的开发打好基础。

第17章

实验16：基于FreeRTOS实现复杂应用

17.1 实验目标

本实验是在SDK提供的例程ble_app_hrs_freertos和FreeRTOS的基础上进行的，由传感器定时模拟心率数据，并通过心率服务上传到低功耗蓝牙主机，从而实现复杂的应用。

17.2 实验准备

本实验是在SDK 17.1.0上进行的，使用的开发板是nRF52840 DK，本实验的例程是SDK\examples\ble_peripheral\ble_app_hrs_freertos。

17.3 背景知识

随着物联网的发展，未来的嵌入式产品必然更复杂、功能更强大，并需要更丰富的用户界面。在处理这些复杂的任务时，一个好的嵌入式RTOS就变得不可或缺了。本章主要介绍如何在Nordic的低功耗蓝牙SoC芯片上，基于FreeRTOS实现复杂低功耗蓝牙应用。

17.3.1 FreeRTOS简介

嵌入式实时操作系统（Real Time Operating System，RTOS）不是指某一个确定的操作系统，而是指一类操作系统，如FreeRTOS、μC/OS-II、RTX、RT-Thread等，都是常用的嵌入式RTOS。

在嵌入式领域中，嵌入式RTOS得到了广泛的应用。采用嵌入式RTOS可以更合理、更有效地利用硬件资源，简化应用软件的设计，缩短应用的开发时间，更好地保证应用的实时性和可靠性。

由于嵌入式RTOS需要占用一定的系统资源（尤其是RAM资源），只有μC/OS-II、embOS、Salvo、FreeRTOS等少数嵌入式RTOS能在小RAM的单片机上运行。相对μC/OS-II、embOS等商业操作系统，FreeRTOS操作系统是完全免费的操作系统，具有源码公开、可移植、可裁减、调度策略灵活的特点，可以方便地移植到多种硬件平台上。作为一个轻量级的嵌入式RTOS，FreeRTOS提供的功能包括任务管理、时间管理、信号量、消息队列、内存管理等功能，可基本满足较小系统的需要。FreeRTOS内核支持优先级调度算法，每个任务可根据重要程度的不同被赋予一定的优先级，CPU让处于就绪态、优先级最高的任务先运行。

FreeRTOS是一个相对较小的嵌入式RTOS，最小化的FreeRTOS内核仅包括3个源文件和少量头文件，总共不到 9000 行代码（包括注释和空行在内）。一个典型的基于 FreeRTOS的应用在编译后，其二进制代码映像甚至可小于10 KB。

许多半导体厂商的软件开发工具包（Software Development Kit，SDK）都使用FreeRTOS作为其嵌入式 RTOS。FreeRTOS 特别适合低功耗蓝牙、Wi-Fi 等带有协议栈的芯片或模块，以及物联网应用的开发。Nordic的SDK提供了基于FreeRTOS的低功耗蓝牙应用例程，本实验就是在SDK提供的例程上进行的。

17.3.2　在RTOS中自定义线程

本节在任务调度前通过函数 xTaskCreate()创建 TEST 线程，任务调度是通过函数vTaskStartScheduler()来实现的，TEST线程执行的函数是test_thread()，代码如下：

```
if (pdPASS != xTaskCreate(test_thread, "TEST", 128, NULL, 3, NULL))
{
    NRF_LOG_ERROR("Test task not created.");
    APP_ERROR_HANDLER(NRF_ERROR_NO_MEM);
}
```

函数test_thread()每隔100 ms打印一次Log，代码如下：

```
#include "nrf_delay.h"
static void test_thread(void * pvParameter)
{
    while(1)
    {
        NRF_LOG_INFO("Test task.")
        vTaskDelay(100);
    }
}
```

TEST线程的运行结果如图17-1所示。

```
<info> app: HRS FreeRTOS example started.
<info> app: Fast advertising.
<info> app: Test task.
<info> app: Test task.
<info> app: Test task.
<info> app: Test task.
<info> app: Test task.
<info> app: Test task.
<info> app: Test task.
<info> app: Test task.
<info> app: Test task.
<info> app: Test task.
<info> app: Test task.
<info> app: Test task.
<info> app: Test task.
<info> app: Test task.
<info> app: Test task.
<info> app: Test task.
<info> app: Test task.
```

图17-1

17.3.3　RTOS 的移植

如果开发比较复杂的应用，则需要用到嵌入式 RTOS。开发者可以参考本例程完成移植工作，或者直接在本例程上添加自己的应用服务，也就是将 FreeRTOS 的相关源文件（见图 17-2）添加到“SDK\external\freertos”。

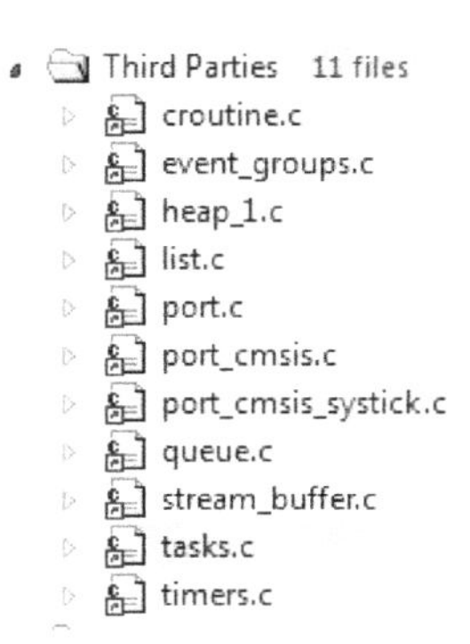

图 17-2

17.4　实验步骤

本实验的步骤如下：

（1）创建例程主函数。代码如下：

```
int main(void)
{
    bool erase_bonds;

    //Initialize modules
    log_init();
    clock_init();

    //Do not start any interrupt that uses system functions before system initialisation
    //The best solution is to start the OS before any other initalisation

#if NRF_LOG_ENABLED
    //Start execution.
    if (pdPASS != xTaskCreate(logger_thread, "LOGGER", 256, NULL, 1, &m_logger_thread))
    {
        APP_ERROR_HANDLER(NRF_ERROR_NO_MEM);
    }
#endif

    //Activate deep sleep mode
    SCB->SCR |= SCB_SCR_SLEEPDEEP_Msk;
```

```
    //Configure and initialize the BLE stack
    ble_stack_init();

    //Initialize modules
    timers_init();
    buttons_leds_init(&erase_bonds);
    gap_params_init();
    gatt_init();
    advertising_init();
    services_init();
    sensor_simulator_init();
    conn_params_init();
    peer_manager_init();
    application_timers_start();

    //Create a FreeRTOS task for the BLE stack
    //The task will run advertising_start() before entering its loop
    nrf_sdh_freertos_init(advertising_start, &erase_bonds);

    NRF_LOG_INFO("HRS FreeRTOS example started.");
    //Start FreeRTOS scheduler
    vTaskStartScheduler();

    for (;;)
    {
        APP_ERROR_HANDLER(NRF_ERROR_FORBIDDEN);
    }
}
```

（2）设置 FreeRTOS 中的相关宏。在 sdk_config.h 中，将 NRF_SDH_DISPATCH_MODEL 设置为 2；在 FreeRTOSConfig.h 中，将 USE_TIMERS 设置为 1；如果新线程创建失败，则在 FreeRTOSConfig.h 中将 TOTAL_HEAP_SIZE 由默认的 4096 设置为 8192。

（3）通过函数 clock_init()进行系统时钟的初始化。初始化后的系统时钟是供协议栈和操作系统使用的，通过下面的函数可以查看使用的时钟源，本实验使用的是低频时钟源。

```
nrf_clock_lf_src_set((nrf_clock_lfclk_t)NRFX_CLOCK_CONFIG_LF_SRC);
```

（4）创建打印 Log 的线程。代码如下：

```
#if NRF_LOG_ENABLED
    //Start execution.
    if (pdPASS != xTaskCreate(logger_thread, "LOGGER", 256, NULL, 1, &m_logger_thread))
    {
        APP_ERROR_HANDLER(NRF_ERROR_NO_MEM);
    }
#endif
```

（5）通过函数 ble_stack_init()实现低功耗蓝牙 5.x 协议栈的初始化。

（6）创建定时器。代码如下：

```
ret_code_t err_code = app_timer_init();
APP_ERROR_CHECK(err_code);

//Create timers.
m_battery_timer = xTimerCreate("BATT", BATTERY_LEVEL_MEAS_INTERVAL,
                               pdTRUE, NULL, battery_level_meas_timeout_handler);
m_heart_rate_timer = xTimerCreate("HRT", HEART_RATE_MEAS_INTERVAL,
                               pdTRUE, NULL, heart_rate_meas_timeout_handler);
m_rr_interval_timer = xTimerCreate("RRT", RR_INTERVAL_INTERVAL,
                               pdTRUE, NULL, rr_interval_timeout_handler);
m_sensor_contact_timer = xTimerCreate("SCT", SENSOR_CONTACT_DETECTED_INTERVAL,
                               pdTRUE, NULL, sensor_contact_detected_timeout_handler);
```

这里的定时器是通过 FreeRTOS 中的函数 app_timer_init()创建的，并不是使用 Nordic 的 APP_Timer 库创建的。函数 app_timer_init()如下所示，该函数直接返回 NRF_SUCCESS。

```
uint32_t app_timer_init(void)
{
    return NRF_SUCCESS;
}
```

（7）通过 Nordic 的 SDK 中的 BSP 库对 nRF52840 DK 开发板上的按键和 LED 进行初始化。代码如下：

```
buttons_leds_init(&erase_bonds);
```

（8）初始化 GAP、GATT 和广播。代码如下：

```
gap_params_init();
gatt_init();
advertising_init();
```

（9）通过函数 services_init()对服务进行初始化，在该函数内部分别对心率服务、电池电量服务和设备信息服务进行初始化，这三种服务是本实验的主要服务，其初始化代码如下：

```
err_code = ble_hrs_init(&m_hrs, &hrs_init);
APP_ERROR_CHECK(err_code);

err_code = ble_bas_init(&m_bas, &bas_init);
APP_ERROR_CHECK(err_code);

err_code = ble_dis_init(&dis_init);
APP_ERROR_CHECK(err_code);
```

（10）通过函数 sensor_simulator_init()来模拟传感器的初始化，主要是给三个传感器的模拟值的静态变量赋初值。代码如下：

```
m_battery_sim_cfg.min = MIN_BATTERY_LEVEL;
m_battery_sim_cfg.max = MAX_BATTERY_LEVEL;
m_battery_sim_cfg.incr = BATTERY_LEVEL_INCREMENT;
m_battery_sim_cfg.start_at_max = true;
sensorsim_init(&m_battery_sim_state, &m_battery_sim_cfg);

m_heart_rate_sim_cfg.min = MIN_HEART_RATE;
m_heart_rate_sim_cfg.max = MAX_HEART_RATE;
m_heart_rate_sim_cfg.incr = HEART_RATE_INCREMENT;
m_heart_rate_sim_cfg.start_at_max = false;
sensorsim_init(&m_heart_rate_sim_state, &m_heart_rate_sim_cfg);

m_rr_interval_sim_cfg.min = MIN_RR_INTERVAL;
m_rr_interval_sim_cfg.max = MAX_RR_INTERVAL;
m_rr_interval_sim_cfg.incr = RR_INTERVAL_INCREMENT;
m_rr_interval_sim_cfg.start_at_max = false;
sensorsim_init(&m_rr_interval_sim_state, &m_rr_interval_sim_cfg);
```

以上面代码中的 m_battery_sim_state 为例，该变量的更新是通过函数 battery_level_update()实现的，该函数中调用了函数 battery_level_meas_timeout_handler()。代码如下：

```
static void battery_level_update(void)
{
    ret_code_t err_code;
    uint8_t    battery_level;

    battery_level = (uint8_t)sensorsim_measure(&m_battery_sim_state, &m_battery_sim_cfg);

    err_code = ble_bas_battery_level_update(&m_bas, battery_level, BLE_CONN_HANDLE_ALL);
    if ((err_code != NRF_SUCCESS) && (err_code != NRF_ERROR_INVALID_STATE) &&
        (err_code != NRF_ERROR_RESOURCES) && (err_code != NRF_ERROR_BUSY) &&
        (err_code != BLE_ERROR_GATTS_SYS_ATTR_MISSING))
    {
        APP_ERROR_HANDLER(err_code);
    }
}
static void battery_level_meas_timeout_handler(TimerHandle_t xTimer)
{
    UNUSED_PARAMETER(xTimer);
    battery_level_update();
}
```

（11）通过函数 conn_params_init()对低功耗蓝牙连接参数进行初始化。

（12）通过函数 peer_manager_init()对对端管理进行初始化，这里主要是对对端进行配对和绑定。配对和绑定的方式与相关参数的设置，请参考实验 6，这里不再赘述。

（13）启动定时器。代码如下：

```
application_timers_start();
```

```
static void application_timers_start(void)
{
    //Start application timers.
    if (pdPASS != xTimerStart(m_battery_timer, OSTIMER_WAIT_FOR_QUEUE))
    {
        APP_ERROR_HANDLER(NRF_ERROR_NO_MEM);
    }
    if (pdPASS != xTimerStart(m_heart_rate_timer, OSTIMER_WAIT_FOR_QUEUE))
    {
        APP_ERROR_HANDLER(NRF_ERROR_NO_MEM);
    }
    if (pdPASS != xTimerStart(m_rr_interval_timer, OSTIMER_WAIT_FOR_QUEUE))
    {
        APP_ERROR_HANDLER(NRF_ERROR_NO_MEM);
    }
    if (pdPASS != xTimerStart(m_sensor_contact_timer, OSTIMER_WAIT_FOR_QUEUE))
    {
        APP_ERROR_HANDLER(NRF_ERROR_NO_MEM);
    }
}
```

上述代码在开启任务调度之后触发了创建的所有定时器。

（14）通过下面的函数开启广播并创建蓝牙事件线程。

```
nrf_sdh_freertos_init(advertising_start, &erase_bonds);
```

上面的函数创建了一个名为 softdevice_task 的协议栈线程，该线程用于处理协议栈事件，另外，在处理协议栈事件之前会开启低功耗蓝牙广播。代码如下：

```
BaseType_t xReturned = xTaskCreate(softdevice_task, "BLE",
                NRF_BLE_FREERTOS_SDH_TASK_STACK, p_context, 2, &m_softdevice_task);
static void softdevice_task(void * pvParameter)
{
    NRF_LOG_DEBUG("Enter softdevice_task.");
    if (m_task_hook != NULL)
    {
        m_task_hook(pvParameter);
    }
    while (true)
    {
        /*let the handlers run first, incase the EVENT occured before creating this task */
        nrf_sdh_evts_poll();

        (void) ulTaskNotifyTake(pdTRUE,         /*Clear the notification value before exiting (equivalent to
the binary semaphore)*/
            portMAX_DELAY); /*Block indefinitely (INCLUDE_vTaskSuspend has to be enabled) */
    }
}
```

（15）通过函数 vTaskStartScheduler()启动线程调度。

17.5 实验小结

本章主要介绍了 FreeRTOS 的基本知识，并以 Nordic 的低功耗蓝牙 SoC 芯片 nRF52840 为平台，基于 FreeRTOS 实现了低功耗蓝牙复杂应用的基本框架。通过本章的学习，开发者可掌握基于 FreeRTOS 实现低功耗蓝牙复杂应用的方法。

第18章 实验17：FDS的实现

18.1 实验目标

（1）学会读、写、擦除数据的方法。

（2）在低功耗蓝牙串口通信例程 ble_app_uart 的基础上，先定时将数据写到 nRF52840 芯片的 Flash 中，再从 Flash 中读取写入的数据，最后将读取到的数据放入广播数据包中并通过蓝牙广播出去。

18.2 实验准备

本实验是在 SDK 17.1.0 上进行的，使用的开发板是 nRF52840 DK，使用的开发工具是 SES 和 Android 版 nRF Connect，本实验的例程是低功耗蓝牙串口通信例程 ble_app_uart。

18.3 背景知识

18.3.1 FDS 简介

闪存数据存储（Flash Data Storage，FDS）可以看成一个用来访问芯片内部 Flash 的文件管理系统。FDS 不仅可以简化和降低开发人员与芯片内部 Flash 的直接交互过程，还可以均衡 Flash 的擦写操作，延长 Flash 的使用寿命，减小数据损坏的风险，实现对 Flash 区块的高效管理，提高存储空间的利用率。

FDS 提供了对芯片内部 Flash 相应操作的 API 函数，支持 Flash 同步读操作和异步写操作（写、更新和删除）。开发人员通过这些 API 函数可以实现 Flash 数据存储管理，将 FDS 当成黑盒来使用，无须关心数据存储的细节。

当需要把数据存储在芯片内部 Flash 中，或者读取 Flash 中的数据，或者更新、删除 Flash

中的数据时，FDS是最理想的选择。

18.3.2 FDS的实现原理

FDS是采用文件和记录方式来组织Flash中存储的数据的，数据存放在记录中，文件是由记录组成的。根据实际情况的需要，整个系统可以只有一个文件，也可以有多个文件。

在FDS中，文件是通过文件ID来标识的，文件ID为2 B（文件ID不能是0xFFFF）。一个文件中可以只有一条记录，也可以有多条记录，记录是通过记录key来标识的，记录key也是2 B（记录key不能是0x0000）。这里需要注意的是，同一个文件下面的两条记录或者多条记录的记录key可以是相同的。例如，我们可以建立如图18-1所示的文件系统，该文件系统包括2个文件，文件0x0001包含2条记录，文件0x0002包含3条记录，文件2包含2条记录key为0x0003的记录。

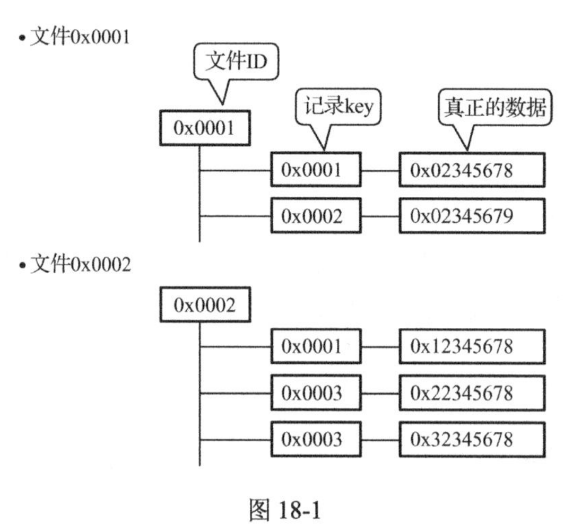

图18-1

18.3.3 FDS区域

FDS在芯片内部Flash中划定了一个空间，该空间用于管理Flash中存储的数据，FDS的所有操作都限定在该空间内，该空间就是FDS区域。

如果芯片内部的Flash中没有Bootloader，则FDS区域位于Flash的顶端，不同芯片的Flash顶端地址是不同的。对于nRF52840芯片（该芯片的Flash大小为1024 KB），该芯片的Flash顶端地址是0x0010 0000，FDS区域有N个页（Page），那么FDS区域的起始地址为0x0010 0000 − N × 0x1000，N由sdk_config.h中的FDS_VIRTUAL_PAGES决定，本例程中的FDS_VIRTUAL_PAGES为3，因此本例程中的FDS区域的起始地址为0x000F D000，如图18-2所示。

如果芯片中有Bootloader，则FDS区域位于Bootloader下方，根据nRF52840芯片的产品手册可知，该芯片内部Flash的Bootloader的起始地址为0x000F 8000，FDS区域的起始地址为0x000F 5000，如图18-3所示。

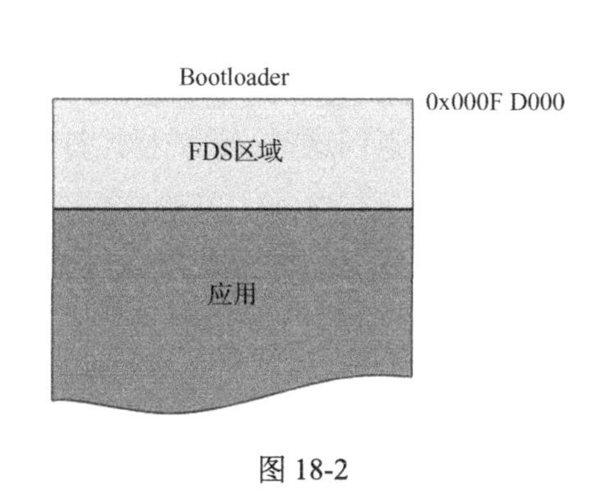

图 18-2

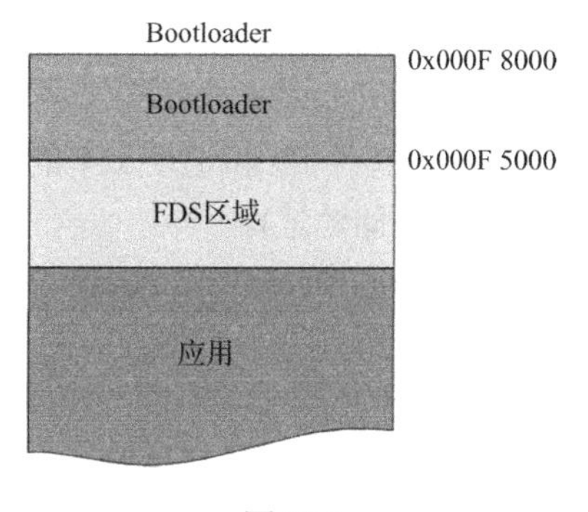

图 18-3

18.3.4　FDS 的操作类型

FDS 的操作类型包括：

（1）write：写操作，用于写入记录。

（2）find：查找操作，用于查找记录。

（3）update：更新操作，用于更新记录。

（4）delete：删除操作，用于删除记录。

（5）gc：垃圾回收操作，用于释放空间。

（6）init：初始化操作，用于初始化 FDS 模块。

18.3.5　FDS 的常用 API 函数简介

（1）fds_register(evt_handler)。该 API 函数用于注册 FDS 事件处理函数，FDS 支持多用户，所以可以在多个模块中注册各自的事件处理函数。

FDS 提供了写、更新、删除等操作的 API 函数，这些操作是异步的，调用相应的 API 函数会立刻返回结果。但由于任务机制，实际的 Flash 操作可能不会立刻执行，Flash 的协议栈会在合适的时候去执行实际的 Flash 操作，并将最终的操作结果返回给上层事件。FDS 内部处理最后的操作结果后返回 FDS 事件，并调用通过函数 fds_register()注册的 FDS 事件处理函数。

（2）fds_init()。该 API 函数用于初始化 FDS，FDS 应该先调用函数 fds_register()，再调用函数 fds_init()来初始化 FDS。由于 fds_init()是异步函数，在初始化 FDS 后会产生相应的时间，因此在进行其他 FDS 操作之前，务必先处理完初始化 FDS 时产生的事件。

（3）fds_record_write(&desc, &rec)。该 API 函数用于写记录，并返回描述符 desc。该 API 函数是异步函数，写入记录后会产生相应的事件。

rec->data.p_data 表示需要 4 B 对齐，对齐的方法是：

```
__ALIGN(4) your_type data;
```

rec.data.p_data 必须指向一个全局变量或静态变量，因为 FDS 会从该地址读取数据，如果指向的是局部变量，则可能发生在写操作执行之前变量已经被释放的情况。

FDS 内部不会缓存需要写入 Flash 的数据，所以需要开发者保证传入的数据指针指向的数据在 Flash 操作完成前一直是有效的。

（4）fds_record_find(file_id, rec_key, &desc, &tok)。该 API 函数用于查找匹配的记录。该 API 函数是普通函数(非异步函数)，不会产生 FDS 事件。该 API 函数通过参数 file_id 和 rec_key 在 Flash 中查找符合文件 ID 和记录 key 的第一条记录，并返回这条记录的描述符（该描述符包含了记录 key 和存储地址)。

（5）fds_record_update(&desc, &rec)。该 API 函数用于更新参数 desc 指向的记录。该 API 函数是异步函数，更新完毕后产生相应的 FDS 事件。FDS 的更新并不是直接修改原记录的内容，而是创建一条新的记录，新记录的内容就是要更新的内容，由参数 p_record 指向新内容。从 FDS 的角度来看，更新一条记录就是创建一条记录，并利用旧记录的描述符找到旧记录，然后使旧记录无效。

（6）fds_record_open(&desc, &rec), fds_record_close(&desc)。该 API 函数用于打开一条记录，在读一条记录之前，先要打开该记录，读完成后再关闭该记录。该 API 函数是普通函数，不会产生 FDS 事件。函数 fds_record_open()也可以通过之前获取到的描述符来打开相应的记录，并通过结构体 p_flash_record 返回这条记录保存的数据，包括该记录的文件 ID、记录 key、长度、实际内容，如果使能了 CRC 校验还会有 CRC 的值。当对 Flash 的访问结束后，需要通过函数 fds_record_close()来结束访问。

FDS 设计函数 fds_record_open()和函数 fds_record_close()的目的是避免在读取 Flash 数据时后台执行 gc 操作来修改数据的内容。

（7）fds_record_delete(&desc)。该 API 函数用于删除记录。该 API 函数是异步函数，删除完毕产生相应的 FDS 事件。这里实际也并不是真的删除，FDS 只是使这个记录无效。因为 FDS 并不要求文件 ID 和记录 key 的唯一性，因此不能通过文件 ID 和记录 key 来删除数据。通过函数 fds_record_write()或者函数 fds_record_update()返回的描述符包含了记录的唯一标识，即记录 ID，FDS 可以根据记录 ID 来查找对应的记录。

（8）fds_stat(fds_stat_t *const p_stat)。该 API 函数用于获取当前 FDS 的状态，返回 FDS 区域的统计数据，如打开了多少文件、使用了多少 Flash 空间、有多少条有效记录、有多少条无效记录、有多少 Flash 空间可回收等。

（9）fds_gc()。该 API 函数用于垃圾回收。该 API 函数是异步函数，垃圾回收后会产生相应的 FDS 事件。垃圾回收机制会对所有未打开的有效记录和无效记录中的脏页进行一次回收处理，释放无效记录所占的 Flash 空间，所以垃圾回收操作会比较耗时，不建议 FDS 主动进行垃圾回收操作，只有在开发者需要时才进行垃圾回收操作。建议在以下情况中进行垃圾回收操作：

① 在调用函数 fds_record_write()进行写操作或调用函数 fds_record_update()进行更新操作时，如果返回 FDS_ERR_NO_SPACE_IN_FLASH 错误，则调用函数 fds_gc()进行垃圾回收操作，以便释放无效记录占用的空间，在垃圾回收操作完成后再进行写操作。

② 在 Flash 每次上电时，并不是一定要调用函数 fds_gc()进行垃圾回收查找的。建议先调用函数 fds_stat()查看 FDS 的状态信息，当 FDS 中脏数据过多时再调用函数 fds_gc()进行垃圾回收操作。

③ 当调用函数 fds_record_update()进行更新记录或调用函数 fds_record_delete()进行删除记录的次数达到一定数量时，应主动调用函数 fds_gc()进行垃圾回收操作。

④ 当调用函数 fds_stat()获取 FDS 的状态时，如果脏数据达到某个值，则应主动调用函

数 fds_gc()进行垃圾回收操作。

不要频繁地进行垃圾回收操作，更不能在每次进行更新或删除操作后都进行垃圾回收操作，这样会降低 Flash 的使用效率。

18.3.6 使用 FDS 的注意事项

FDS 为开发者使用和管理 Flash 带来了极大的方便，但开发者还需要了解一些容易出现问题的地方，这样才能把 FDS 用好，避免出现问题。下面列出了在使用 FDS 时应注意的事项：

（1）在调用函数 fds_record_write()或者函数 fds_record_update()后，建议回读该记录，以确保写操作或更新操作成功。

（2）Nordic 提供的 API 函数的输入参数很多都是结构体变量，在使用这些结构体变量之前，务必要先调用函数 memset()清零。如果没有清零，则可能会导致不可预测的结果。

（3）使用全局变量或者静态局部变量。因为写操作和更新操作都是异步的，所以 record.data.p_data 必须指向全局变量或者静态局部变量，以保证在 Flash 操作过程中 p_data 指向的内容不会更改。

（4）变量起始地址必须字对齐。Flash 操作是以字为单位的，所以要求在进行写操作和更新操作的过程中，p_data 指向的变量的起始地址必须是字对齐的，可以使用伪汇编命令“__ALIGN(sizeof(uint32_t))”来保证该变量的起始地址是字对齐的。

（5）在进行更新操作或删除操作之前必须先调用函数 fds_record_find()，这时因为函数 fds_record_update()或者函数 fds_record_delete()会用到记录的描述符，而记录的描述符是通过函数 fds_record_find()得到的。

（6）应当注意进行垃圾回收的情况。当进行写操作或更新操作时，如果返回错误 FDS_ERR_NO_SPACE_IN_FLASH，则一定要调用函数 fds_gc()进行垃圾回收操作。当删除记录或者更新记录达到一定次数后，应主动调用函数 fds_gc()进行垃圾回收操作，或者通过函数 fds_stat()查看脏记录的数目，当数目达到某个值后，应主动调用函数 fds_gc()进行垃圾回收操作。

（7）在进行 OTA 升级时，新固件的 FDS 页数目一定要和旧固件的 FDS 页数目相同，否则可能会出现不可预测的结果。

18.4 实验步骤

18.4.1 FDS 模块的移植

本节以低功耗蓝牙串口通信例程 ble_app_uart 为例，介绍将 FDS 模块添加到例程中的方法。具体步骤如下：

（1）将 FDS 模块相关的源文件加入工程中，代码如下：

```
fds.c
crc16.c
nrf_fstorage.c
nrf_fstorage_sd.c
nrf_memobj.c
```

（2）将相关源文件添加到如图18-4所示的目录中。

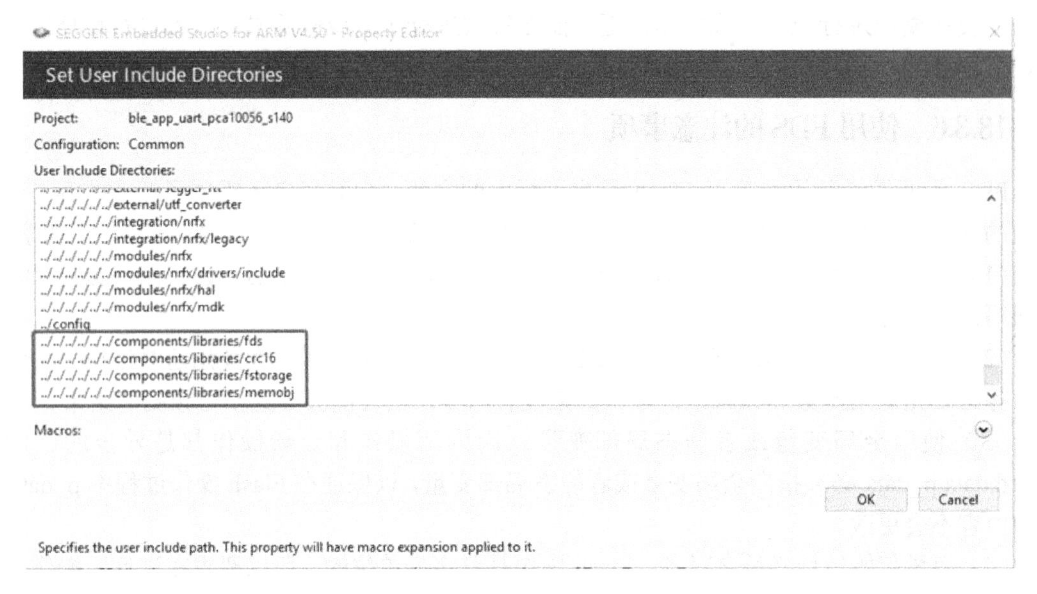

图18-4

（3）在sdk_config.h中使能相关的宏。代码如下：

```
//<e> FDS_ENABLED - fds - Flash data storage module
//==========================================================
#ifndef FDS_ENABLED
#define FDS_ENABLED 1
//<e> NRF_FSTORAGE_ENABLED - nrf_fstorage - Flash abstraction library
//==========================================================
#ifndef NRF_FSTORAGE_ENABLED
#define NRF_FSTORAGE_ENABLED 1
```

18.4.2 FDS存储功能的实现

本节实现FDS存储功能，首先使用3 s的定时器修改Flash中存储的数据，然后读取Flash中存储的数据并广播出去。步骤如下：

（1）初始化FDS模块，定义好文件ID和记录key，FDS的读操作和写操作是异步的，因此要使用几个状态标志位保存Flash的操作状态。定义保存Flash操作状态的结构体变量，将要存储的数据传参给该结构体变量，后续在进行写操作时都会使用这个结构体变量。代码如下：

```
#define FILE_ID 0x2000
#define CONFIG_KEY 0x2001

static uint8_t data_array[4] = {0x01,0x02,0x03,0x04};

static bool volatile m_fds_initialized;
static bool m_fds_write_success = false;
static bool m_fds_update_success = false;
```

```
static bool m_fds_gc_run = false;

static fds_record_desc_t m_record_desc;
static fds_record_t const record =
{
    .file_id = FILE_ID,
    .key = CONFIG_KEY,
    .data.p_data = &data_array,
    /*The length of a record is always expressed in 4-byte units (words)*/
    .data.length_words = (sizeof(data_array) + 3) / sizeof(uint32_t),
};
```

（2）注册 FDS 事件处理函数，在事件处理函数中更新读写状态标志位。代码如下：

```
static void fds_evt_handler(fds_evt_t const * p_evt)
{
    switch (p_evt->id)
    {
        case FDS_EVT_INIT:
            if (p_evt->result == NRF_SUCCESS)
                m_fds_initialized = true;
            break;
        case FDS_EVT_WRITE:
        {       if (p_evt->result == NRF_SUCCESS)
                m_fds_write_success =   true;
        } break;
        case FDS_EVT_UPDATE:
        {    if (p_evt->result == NRF_SUCCESS)
                m_fds_update_success =   true;
        }break;
        case FDS_EVT_GC:
        {    if (p_evt->result == NRF_SUCCESS)
                m_fds_gc_run = true;
        } break;
    }
}
```

（3）调用函数 fds_init()初始化 FDS 后，调用函数 fds_stat()检查 Flash 中的无效记录是否过多。如果无效记录过多，则先进行垃圾回收操作，再进行写操作。代码如下：

```
static void flash_init()
{
    ret_code_t rc;
    fds_find_token_t ftok;
    fds_stat_t stat;
    memset(&ftok,0,sizeof(ftok));
    memset(&stat,0,sizeof(stat));
```

```
    fds_register(fds_evt_handler);
    rc = fds_init();
    APP_ERROR_CHECK(rc);
    /*Wait for fds to initialize*/
    while(m_fds_initialized != true)
    {
        __WFE();
    }
    fds_stat(&stat);
    if(stat.dirty_records > 10)
    {
      rc = fds_gc();
      NRF_LOG_INFO("fds gc , err;%d",rc);
      while(!m_fds_gc_run)
      {
          __WFE();
      }
    }
   rc =fds_record_find(FILE_ID, CONFIG_KEY, &m_record_desc, &ftok);
    if(rc == FDS_ERR_NOT_FOUND)
    {
        m_fds_write_success = false;
        rc = fds_record_write(&m_record_desc, &record);

        while(m_fds_write_success != true)
        {
          __WFE();
        }
    }
    else
    {
        fds_flash_record_t flash_record = {0};
        fds_record_open(&m_record_desc, &flash_record);
        NRF_LOG_INFO("flash read:");
        NRF_LOG_HEXDUMP_INFO(flash_record.p_data,4);
        fds_record_close(&m_record_desc);
    }
}
```

（4）自定义写数据接口。代码如下：

```
uint32_t flash_write(uint16_t file_id,uint16_t record_key,uint8_t *p_data,uint16_t len)
{
    uint32_t err_code = NRF_SUCCESS;
    fds_record_t record = {0};
```

```
    uint16_t length = CEIL_DIV(len,4);
    record.file_id = file_id;
    record.key = record_key;
    record.data.p_data = p_data;
    record.data.length_words = length;
    m_fds_update_success = false;
    err_code = fds_record_update(&m_record_desc,&record);
    if(err_code == FDS_ERR_NO_SPACE_IN_FLASH)
    {
        NRF_LOG_INFO("garbage collection\n");
        fds_gc();
        err_code = fds_record_update(&m_record_desc,&record);
    }
    return err_code;
}
```

（5）从 Flash 中读取 4 B 的数据，将读取到的 4 B 数据添加到广播数据包中。代码如下：

```
static void advertising_update()
{
    uint32_t err_code;
    ble_advertising_init_t init;
    fds_find_token_t ftok;

    fds_flash_record_t flash_record;
    static uint8_t factory_data[4] = {0};
    memset(&init, 0, sizeof(init));
    memset(&ftok, 0, sizeof(ftok));
    memset(&flash_record, 0, sizeof(flash_record));
    ble_advdata_manuf_data_t manuf_data ={0};


    err_code =  sd_ble_gap_adv_stop(m_advertising.adv_handle);
    NRF_LOG_INFO("adv   stop:",err_code);

    fds_record_find(FILE_ID, CONFIG_KEY, &m_record_desc, &ftok);
    fds_record_open(&m_record_desc, &flash_record);
    NRF_LOG_INFO("flash read:");
    NRF_LOG_HEXDUMP_INFO(flash_record.p_data,4);
    fds_record_close(&m_record_desc);
    memcpy(factory_data,flash_record.p_data,4);
    manuf_data.company_identifier = 0x09c8;
    manuf_data.data.p_data = factory_data;
    manuf_data.data.size = 4;
    init.advdata.name_type = BLE_ADVDATA_FULL_NAME;
    init.advdata.include_appearance = false;
    init.advdata.flags = BLE_GAP_ADV_FLAGS_LE_ONLY_LIMITED_DISC_MODE;
```

```
    init.srdata.p_manuf_specific_data = &manuf_data;
    init.config.ble_adv_fast_enabled = true;
    init.config.ble_adv_fast_interval = APP_ADV_INTERVAL;
    init.config.ble_adv_fast_timeout = APP_ADV_DURATION;
    init.evt_handler = on_adv_evt;
    err_code = ble_advertising_init(&m_advertising, &init);
    APP_ERROR_CHECK(err_code);
    ble_advertising_conn_cfg_tag_set(&m_advertising, APP_BLE_CONN_CFG_TAG);
    advertising_start();
}
```

（6）使用定时器，当定时器到达 3 s 时置位读写标志位。代码如下：

```
static bool periodic_write = false;
static void fds_tmr_handler(void * p_context)
{
    periodic_write = true;
}
/*@brief Function for initializing the timer module*/
static void timers_init(void)
{
    ret_code_t err_code = app_timer_init();
    APP_ERROR_CHECK(err_code);
    err_code =  app_timer_create(&fds_tmr, APP_TIMER_MODE_REPEATED, fds_tmr_handler);
}
```

（7）在主循环中判断读写标志位，根据读写标志位进行读写操作，并更新广播数据包。代码如下：

```
printf("\r\nUART started.\r\n");
NRF_LOG_INFO("Debug logging for UART over RTT started.");
advertising_start();
app_timer_start(fds_tmr,APP_TIMER_TICKS(3000),NULL);
//Enter main loop
for (;;)
{
    if( periodic_write )
    {
        NRF_LOG_INFO("periodic update");
        periodic_write = false;
        advertising_update();
        flash_update();
    }
    idle_state_handle();
}
```

（8）使用 Android 版 nRF Connect 查看广播是否生效，如图 18-5 所示。

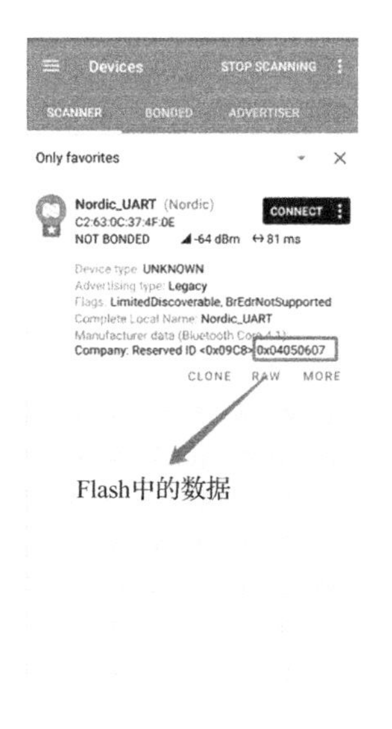

图 18-5

18.5 实验小结

本章主要介绍了 FDS 的基本知识，以及 FDS 的常用操作。本章在低功耗蓝牙串口通信例程 ble_app_uart 的基础上，通过 FDS 将数据定时写到 nRF52840 芯片内部的 Flash 中，并从 Flash 中读取写入的数据，再将读取到的数据添加到广播数据包中广播出去。

第 19 章 实验 18：固件空中升级（OTA）的实现

19.1 实验目标

（1）理解 OTA 升级的概念。
（2）掌握使用 SDK 例程对设备进行 OTA 升级的方法。

19.2 实验准备

本实验是在 SDK 17.1.0 上进行的，使用的开发板是 nRF52840 DK，使用的开发工具是 SES 和 Android 版 nRF Connect 或 iOS 版 nRF Connect，使用的低功耗蓝牙 5.x 协议栈是 s140_nrf52_7.2.0_softdevice.hex，本实验的例程是 secure_bootloader。

19.3 背景知识

迅速变化和发展的物联网市场，新的需求不断涌现，新设备的功能不再像传统设备那样一经出售就不再变更，设备固件升级（Device Firmware Update，DFU）技术变得极为重要。通过 DFU，物联网及智能设备可为用户提供更好的服务和体验。

19.3.1 DFU 简介

19.3.1.1 DFU 的重要性

物联网领域应用和最终解决方案的需求具有多样性，面对和传统设备的需求差异，DFU 显得尤其重要，主要体现在以下几方面：

（1）加速产品上线。天下武功，唯快不破。物联网产品不仅要求开发者在短时间内完成开发，还要根据市场的需求进行不断的创新和更新。在设计物联网产品时，往往会预留一些后期增加的需求，先期快速实现主要功能就开始上线。在产品上线后可以通过 DFU 的方式来增加更多的功能，实现渐进式部署。只要在产品的架构设计阶段，开发者在硬件层面考虑到未来的需求，后续就可以通过 DFU 的方式不断地优化和完善产品的功能。

（2）增加产品的多样性。在物联网产品的应用过程中，很多产品会改变输入部件和输出部件的控制模式，这可以通过 DFU 来实现，从而增加产品的多样性。

（3）提高产品的安全性。在基于 SoC 的应用中，产品可以通过 DFU 的方式来获得最新的补丁和更多的安全算法，修补产品的缺陷，不断提高产品的安全性。

19.3.1.2 DFU 的分类

按照用户是否可以在升级过程中使用应用，DFU 可分为后台式 DFU 与非后台式 DFU。

后台式 DFU 也称为静默式 DFU（Silent DFU），在启动 DFU 后，后台通过低功耗蓝牙下载新固件，在下载新固件的过程中，应用可以正常使用。也就是说，用户感觉不到新固件的下载过程，在新固件下载完成后，应用再跳转到 Bootloader 模式，在 Bootloader 模式下完成新固件覆盖旧固件的操作，重新启动应用后即可使用新固件，从而完成升级过程。需要注意的是，后台式 DFU 必须使用双区模式。

采用非后台式 DFU 进行升级时，应用需要先从应用模式跳转到 Bootloader 模式，在 Bootloader 模式下载新固件，在新固件下载完成后继续在 Bootloader 模式下完成新固件覆盖旧固件的操作。在整个升级过程中，用户无法使用应用，直到完成升级后用户才能使用应用。

按照新固件覆盖旧固件的方式，DFU 有两种模式，即单区模式与双区模式。简单地说，单区是指新固件和旧固件共用一块存储区，双区是指新固件和旧固件使用不同的存储区。

后台式 DFU 必须采用双区模式，即旧固件和新固件各占一个存储区（Bank）。假设旧固件放在 Bank0 中，新固件放在 Bank1 中，在进行升级时，应用首先把新固件下载到 Bank1 中，只有当新固件下载完成并校验成功后，应用才会跳转到 Bootloader 模式；然后在 Bootloader 模式擦除旧固件所在的 Bank0，把新固件复制到 Bank0 中。

非后台式 DFU 既可以采用双区，也可以采用单区模式。与后台式 DFU 相似，非后台式 DFU 在采用双区模式时，新固件和旧固件各占一个存储区。这里同样假设旧固件放在 Bank0，新固件放在 Bank1，在进行升级时，应用首先跳转到 Bootloader 模式，然后在 Bootloader 模式下把新固件下载到 Bank1 中，只有新固件下载完成并校验成功后，才会去擦除旧固件所在的 Bank0，并把新固件复制到 Bank0。

采用单区模式的非后台式 DFU 只占用一个存储区（假设是 Bank0），旧固件和新固件共用 Bank0，在进行升级时，应用首先进入 Bootloader 模式并擦除旧固件，然后把新固件直接下载到 Bank0 中，下载完成并校验成功后，新固件即可进行升级。与双区模式相比，单区模式可节省 Flash 的存储空间，在存储资源比较紧张的场景中，单区模式是一个较好的选择。不论采用双区模式，还是采用单区模式，当升级过程出现问题时，都可以再次进行升级。双区模式的一个好处是，如果升级过程中出现问题或者新固件有问题，则应用可以继续使用旧固件，用户不受影响。采用单区模式进行升级时，一旦在升级过程中出现问题，应用就只能一直处在 Bootloader 模式下进行再次升级，在完成升级之前，用户无法使用应用。从用户使用的角度来看，用户体验稍有欠缺。虽然双区模式牺牲了 Flash 的一部分存储空间，但换来了更好的用户体验。

采用双区模式的后台式 DFU 和非后台式 DFU，以及采用单区模式的非后台式 DFU 如图 19-1 所示。

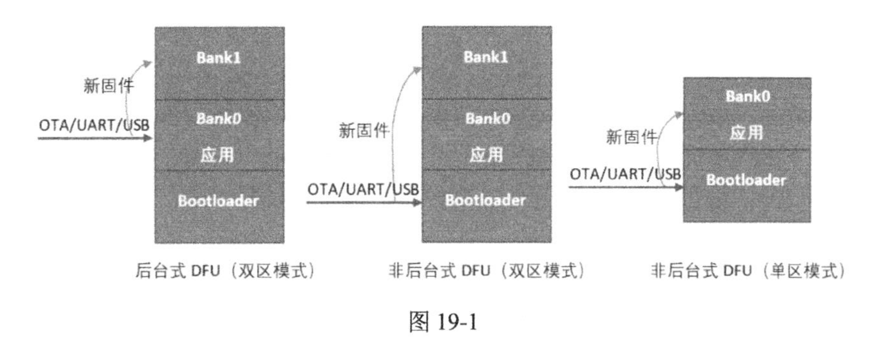

图 19-1

19.3.2 OTA 简介

OTA（Over The Air）是实现 DFU 的一种方式。准确地说，OTA 的全称应该是 OTA DFU，即通过空中无线方式实现设备固件升级。通过其他方式也可以实现设备固件升级，如 UART、USB 或 SPI 等方式。

为了方便起见，业界直接使用 OTA 表示固件空中升级（某些地方也将 OTA 称为 FOTA，即 Firmware OTA）。只要是通过无线方式实现的 DFU，都可以称为 OTA，如 2G、3G、4G、5G、Wi-Fi、低功耗蓝牙、NFC、ZigBee 等无线方式都支持 OTA。

不管采用无线方式还是有线方式实现升级，DFU 都包括后台式 DFU 和非后台式 DFU。

19.3.3 基于 Nordic 的 SDK 实现 DFU 的原理

Nordic 的 SDK（这里简称 SDK）在默认情况下采用的是非后台式 DFU，如图 19-2 所示。

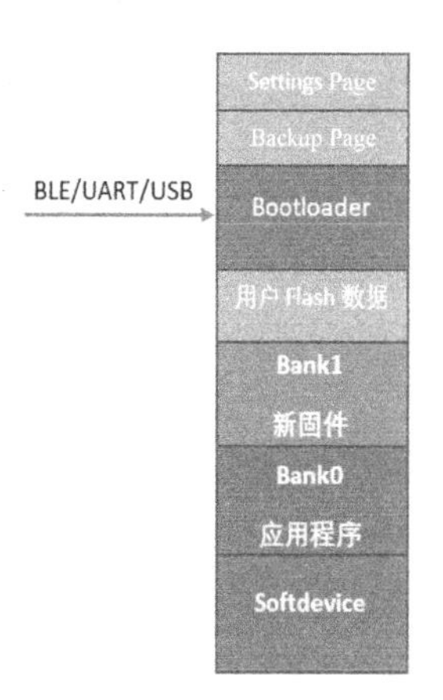

图 19-2

如果采用双区模式，则在 Bank0 中存放旧固件，在 Bank1 中存放新固件。在升级时，应用首先跳转到 Bootloader 模式，在该模式下将新固件下载到 Bank1，然后从 Bank1 复制到 Bank0。如果采用单区模式，则不使用 Bank1，在升级时应用跳转到 Bootloader 模式下，先擦除 Bank0 中的旧固件，再将新固件直接下载到 Bank0。

SDK 提供了两种进入 Bootloader 模式的方式，即按键方式和非按键方式。顾名思义，前者是通过按键进入 Bootloader 模式的，后者是在无人工操作的情况下，通过低功耗蓝牙、UART、USB 等发送命令的方式进入 Bootloader 模式的。

当应用跳转到 Bootloader 模式后，根据是否需要对新固件进行校验，SDK 提供了两种方式的 DFU，即开放式 DFU 和安全式 DFU。在开放式 DFU 中，应用在使用新固件进行升级前不对新固件进行校验；在安全式 DFU 中，Bootloader 中保存了一个公钥，应用通过公钥对新固件进行校验，校验通过后才进行升级，否则拒绝升级。

19.4 实验步骤

Nordic 的 SDK 提供了多个 DFU 例程，同时也提供了开放式 DFU 和安全式 DFU。开放式 DFU 是较早期的无安全性认证的 DFU，而安全式 DFU（称为 Secure DFU）在升级固件时通过一个公钥进行校验，从而可确保 DFU 操作的安全性，未经授权的第三方无法进行设备升级。

本实验使用 SDK 提供的安全式 DFU，通过非按键方式进入 Bootloader 模式，使用低功耗蓝牙的无线方式进行升级。步骤如下：

（1）安装官方工具 nrfutil。用户可在 GitHub 中下载并安装 nrfutil（下载地址为“https://github.com/NordicSemiconductor/pc-nrfutil/releases”），安装完成后在 Windows 的命令行窗口中输入“nrfutil version”，如果能正确显示 nrfutil 的版本信息（见图 19-3），则表示 nrfutil 安装成功。

图 19-3

注意：在 Windows 中运行 nrfutil 时，需要几个特殊的动态链接库（DLL），如果 Windows 中没有这几个库，则需要下载这些动态链接库，下载地址为“https://www.microsoft.com/en-us/download/details.aspx?id=40784”。

（2）生成公私钥对。在 Windows 的命令行窗口中输入以下命令：

```
nrfutil keys generate priv.pem
```

可生成私钥，priv.pem 为私钥，在生成 zip 升级包时需要用到私钥。在 Windows 的命令行窗口中输入以下命令：

```
nrfutil keys display --key pk --format code priv.pem --out_file dfu_public_key.c
```

可生成公钥，dfu_public_key.c 是与私钥匹配的公钥，存储在 Bootloader 中，在升级时用于校验 zip 升级包。使用新生成的公钥后替换原来的公钥，如图 19-4 所示。

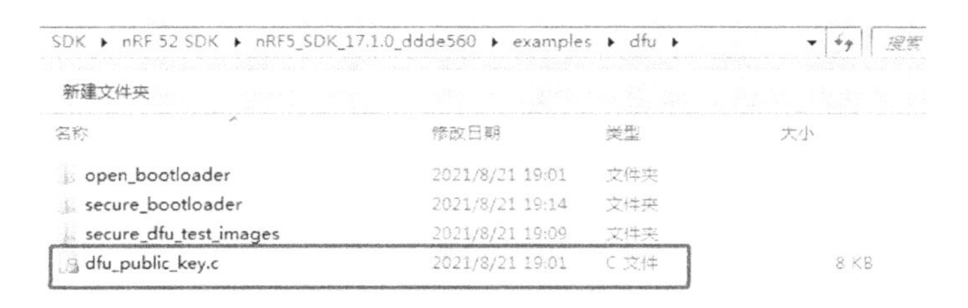

图 19-4

（3）安装 micro-ecc 算法库。确保计算机已安装了 git 和 GCC 编译器，直接双击 SDK 中的 build_all 脚本（见图 19-5），即可自动完成 micro-ecc 算法库的安装。

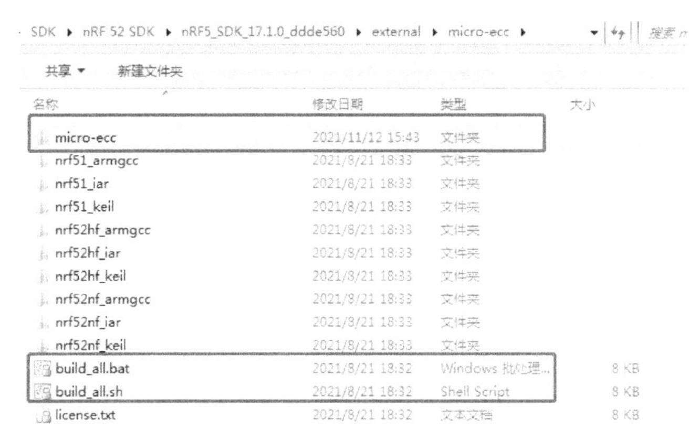

图 19-5

（4）编译代码。

① 编译 Bootloader 代码。打开并编译"nRF5_SDK_17.1.0_ddde560\examples\dfu\secure_bootloader\pca10056_s140_ble\ses"，可生成 Bootloader 程序 secure_bootloader_ble_s140_pca10056.hex。

② 编译应用程序代码。打开并编译"nRF5_SDK_17.1.0_ddde560\examples\ble_peripheral\ble_app_buttonless_dfu\pca10056\s140\ses"，可生成应用程序 ble_app_buttonless_dfu_pca10056_s140.hex。

③ 使用 nrfutil 生成 Bootloader 的 Settings Page。代码如下：

```
nrfutil settings generate --family nRF52840--application secure_bootloader_ble_s140_pca10056.hex
--application-version 1 --bootloader-version 1 --bl-settings-version 2 settings.hex
```

④ 合并应用程序。命令如下：

```
mergehex --merge secure_bootloader_ble_s140_pca10056.hex settings.hex --output bl_temp.hex
mergehex --merge bl_temp.hex ble_app_buttonless_dfu_pca10056_s140.hex s132_nrf52_7.0.1_softdevice.hex
--output whole.hex
```

⑤ 烧写应用程序。命令如下：

```
nrfjprog --eraseall -f NRF52
nrfjprog --program whole.hex --verify -f NRF52
nrfjprog --reset -f NRF52
```

⑥ 生成新固件 zip 升级包。

⑦ 将广播名称修改为 Nordic_Buttonless_New，将编译生成的新固件命名为 New.hex。

⑧ 生成新固件 zip 升级包。命令如下：

```
nrfutil pkg generate --application New.hex --application-version 2 --hw-version 52 --sd-req 0x0100 --key-file priv.pem HB_OTA.zip
```

⑨ 将 zip 升级包复制到安装有 Android 版 nRF Connect 的智能手机。

⑩ 在 Android 版 nRF Connect 中连接广播中待升级的设备，该设备的广播名称为 Nordic_Buttonless，如图 19-6 所示。

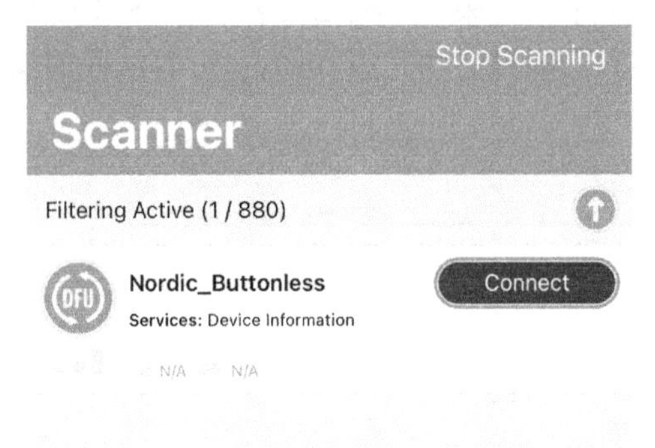

图 19-6

⑪ 在 Android 版 nRF Connect 中选择新固件的 zip 升级包，如图 19-7 所示。

⑫ 在 Android 版 nRF Connect 的界面中，可以看到设备固件升级正在通过低功耗蓝牙进行，如图 19-8 所示。

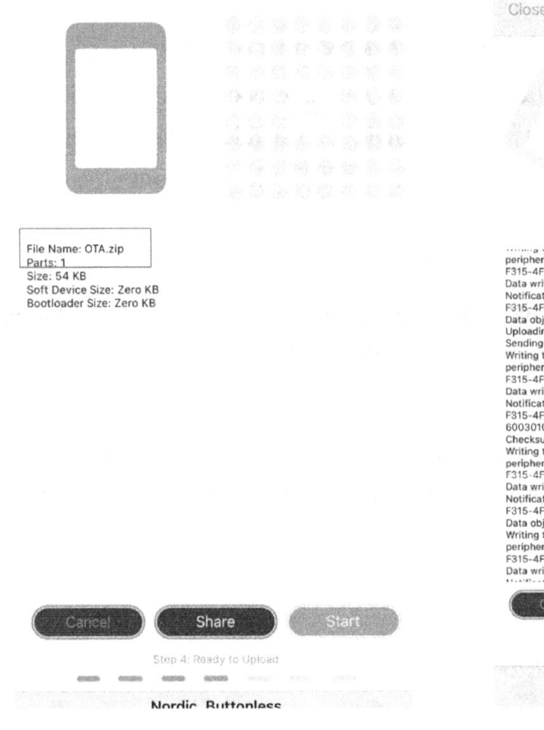

图 19-7

图 19-8

⑬ DFU 完成后，在 Android 版 nRF Connect 界面中会显示升级成功的提示，如图 19-9 所示。

⑭ DFU 完成后，运行新固件，可以在 Android 版 nRF Connect 中看到设备的广播名称变为 Nordic_Buttonless_New，如图 19-10 所示。

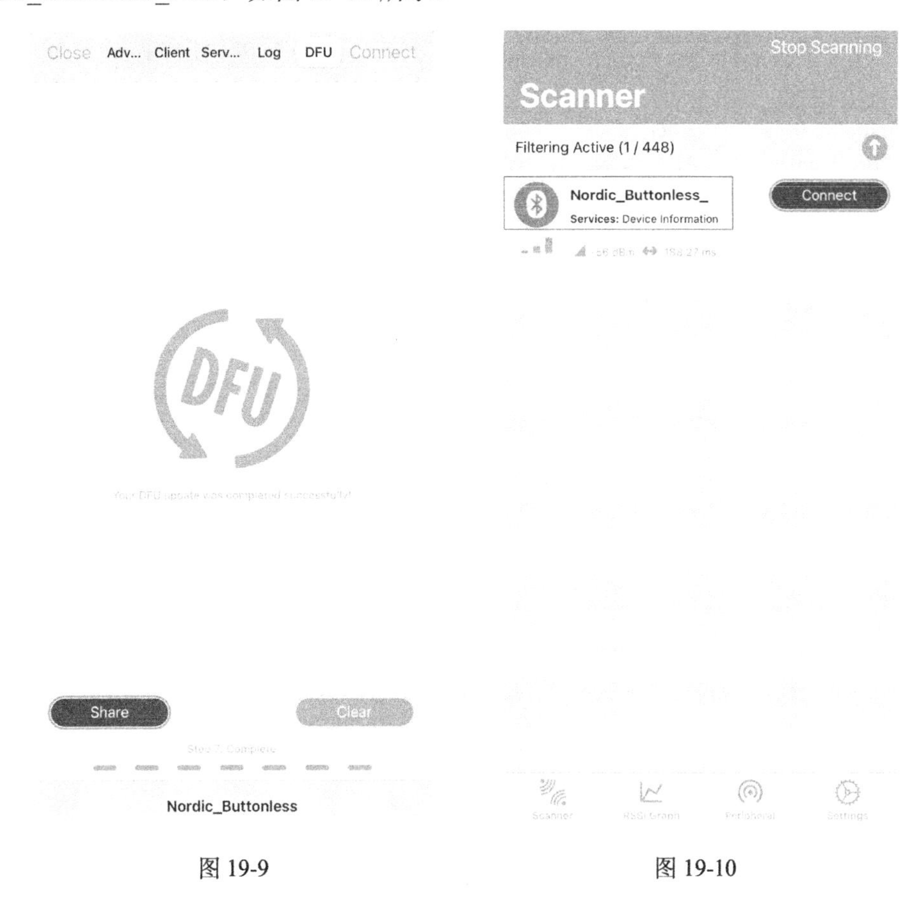

图 19-9　　　　图 19-10

19.5 实验关键代码与实验要点

19.5.1 ble_app_buttonless_dfu 服务的关键代码

19.5.1.1 buttonless_dfu 服务的关键代码

查看例程中的函数 service_init()，可以看到：

```
err_code = ble_dfu_buttonless_init(&dfus_init);
APP_ERROR_CHECK(err_code);
```

函数 ble_dfu_buttonless_init()的代码如下：

```
uint32_t ble_dfu_buttonless_init(const ble_dfu_buttonless_init_t * p_dfu_init)
{
    uint32_t err_code;
    ble_uuid_t service_uuid;
    ble_uuid128_t nordic_base_uuid = BLE_NORDIC_VENDOR_BASE_UUID;

    VERIFY_PARAM_NOT_NULL(p_dfu_init);

    //Initialize the service structure
    m_dfu.conn_handle = BLE_CONN_HANDLE_INVALID;
    m_dfu.evt_handler = p_dfu_init->evt_handler;
    m_dfu.is_waiting_for_reset = false;

    if (m_dfu.evt_handler == NULL)
    {
        m_dfu.evt_handler = dummy_evt_handler;
    }

    err_code = ble_dfu_buttonless_backend_init(&m_dfu);
    VERIFY_SUCCESS(err_code);

    BLE_UUID_BLE_ASSIGN(service_uuid, BLE_DFU_SERVICE_UUID);

    //Add the DFU service declaration.
    err_code = sd_ble_gatts_service_add(BLE_GATTS_SRVC_TYPE_PRIMARY,
                                        &service_uuid, &(m_dfu.service_handle));

    VERIFY_SUCCESS(err_code);

    //Add vendor specific base UUID to use with the Buttonless DFU characteristic
    err_code = sd_ble_uuid_vs_add(&nordic_base_uuid, &m_dfu.uuid_type);
    VERIFY_SUCCESS(err_code);

    //Add the Buttonless DFU Characteristic (with bonds/without bonds).
    err_code = ble_dfu_buttonless_char_add(&m_dfu);
    VERIFY_SUCCESS(err_code);

    return NRF_SUCCESS;
}
```

通过上述代码可知，buttonless_dfu 服务实际上是一个私有服务，有 write 和 indicate 两个特性。Android 版 nRF Connect 兼容了 buttonless_dfu 服务，当通过 Android 版 nRF Connect 进行升级时，就是通过 buttonless_dfu 服务和设备进行数据交互的。

19.5.1.2 通过 buttonless_dfu 服务进行数据交互的关键代码

查看文件 ble_dfu.c，可看到函数 ble_dfu_buttonless_on_ctrl_pt_write()的部分代码：

```
switch (p_evt_write->data[0])
{
    case DFU_OP_ENTER_BOOTLOADER:
        err_code = enter_bootloader();
        if (err_code == NRF_SUCCESS)
        {
            rsp_code = DFU_RSP_SUCCESS;
        }
        else if (err_code == NRF_ERROR_BUSY)
        {
            rsp_code = DFU_RSP_BUSY;
        }
    break;

    case DFU_OP_SET_ADV_NAME:
        if((p_evt_write->data[1] > NRF_DFU_ADV_NAME_MAX_LENGTH)||
                                                    (p_evt_write->data[1] == 0))
        {
            //New advertisement name too short or too long
            rsp_code = DFU_RSP_ADV_NAME_INVALID;
        }
        else
        {
            memcpy(m_adv_name.name, &p_evt_write->data[2], p_evt_write->data[1]);
            m_adv_name.len = p_evt_write->data[1];
            err_code = set_adv_name(&m_adv_name);
            if (err_code == NRF_SUCCESS)
            {
                rsp_code = DFU_RSP_SUCCESS;
            }
        }
    break;
    default:
        rsp_code = DFU_RSP_OP_CODE_NOT_SUPPORTED;
    break;
}
```

通过上述代码可知，当接收到数据 DFU_OP_ENTER_BOOTLOADER 时，设备会调用函数 enter_bootloader()。而 DFU_OP_ENTER_BOOTLOADER 的值如下：

```
/*@brief Enumeration of Bootloader DFU Operation codes*/
typedef enum
{
    DFU_OP_RESERVED = 0x00,                  //Reserved for future use
    DFU_OP_ENTER_BOOTLOADER = 0x01,          //Enter bootloader
    DFU_OP_SET_ADV_NAME = 0x02,              //Set advertisement name to use in DFU mode
    DFU_OP_RESPONSE_CODE = 0x20              //Response code
} ble_dfu_buttonless_op_code_t;
```

通过上述代码可知，当用户通过 Android 版 nRF Connect 进行升级时，其实就是通过 buttonless_dfu 服务的 write 特性，向设备发送了数据 0x01，设备接收到数据 0x01 后，开始进入 Bootloader 模式。

19.5.1.3 函数 enter_bootloader()的关键代码

当设备接收到数据 0x01 时，会调用函数 enter_bootloader()，并通过 buttonless_dfu 服务的 indicate 特性回应 Android 版 nRF Connect。函数 enter_bootloader()的代码如下：

```
static uint32_t enter_bootloader()
{
    uint32_t err_code;

    if (mp_dfu->is_waiting_for_svci)
    {
        //We have an ongoing async operation. Entering bootloader mode is not possible at this time.
        err_code = ble_dfu_buttonless_resp_send(DFU_OP_ENTER_BOOTLOADER,
                                                 DFU_RSP_BUSY);
        if (err_code != NRF_SUCCESS)
        {
            mp_dfu->evt_handler(BLE_DFU_EVT_RESPONSE_SEND_ERROR);
        }
        return NRF_SUCCESS;
    }

    //Set the flag indicating that we expect DFU mode
    //This will be handled on acknowledgement of the characteristic indication
    mp_dfu->is_waiting_for_reset = true;

    err_code = ble_dfu_buttonless_resp_send(DFU_OP_ENTER_BOOTLOADER, DFU_RSP_SUCCESS);
    if (err_code != NRF_SUCCESS)
    {
        mp_dfu->is_waiting_for_reset = false;
    }
    return err_code;
}
```

函数 ble_dfu_buttonless_resp_send()的代码如下：

```
uint32_t ble_dfu_buttonless_resp_send(ble_dfu_buttonless_op_code_t op_code,
                                       ble_dfu_buttonless_rsp_code_t rsp_code)
{
    //Send indication
    uint32_t err_code;
    const uint16_t len = MAX_CTRL_POINT_RESP_PARAM_LEN;
    uint16_t hvx_len;
    uint8_t hvx_data[MAX_CTRL_POINT_RESP_PARAM_LEN];
    ble_gatts_hvx_params_t   hvx_params;
```

```
        memset(&hvx_params, 0, sizeof(hvx_params));

        hvx_len = len;
        hvx_data[0] = DFU_OP_RESPONSE_CODE;
        hvx_data[1] = (uint8_t)op_code;
        hvx_data[2] = (uint8_t)rsp_code;

        hvx_params.handle = m_dfu.control_point_char.value_handle;
        hvx_params.type = BLE_GATT_HVX_INDICATION;
        hvx_params.offset = 0;
        hvx_params.p_len = &hvx_len;
        hvx_params.p_data = hvx_data;

        err_code = sd_ble_gatts_hvx(m_dfu.conn_handle, &hvx_params);
        if ((err_code == NRF_SUCCESS) && (hvx_len != len))
        {
            err_code = NRF_ERROR_DATA_SIZE;
        }
        return err_code;
    }
```

当 Android 版 nRF Connect 接收到 indicate 后，协议栈通过函数 ble_dfu_buttonless_on_ble_evt()回应 BLE_GATTS_EVT_HVC 事件，设备开始跳转到 Bootloader 模式。函数 ble_dfu_buttonless_on_ble_evt()的代码如下：

```
    void ble_dfu_buttonless_on_ble_evt(ble_evt_t const * p_ble_evt, void * p_context)
    {
        VERIFY_PARAM_NOT_NULL_VOID(p_ble_evt);

        switch (p_ble_evt->header.evt_id)
        {
            case BLE_GAP_EVT_CONNECTED:
                on_connect(p_ble_evt);
            break;

            case BLE_GAP_EVT_DISCONNECTED:
                on_disconnect(p_ble_evt);
            break;

            case BLE_GATTS_EVT_RW_AUTHORIZE_REQUEST:
                on_rw_authorize_req(p_ble_evt);
            break;

            case BLE_GATTS_EVT_HVC:
                on_hvc(p_ble_evt);
            break;
```

```
        default:
            //no implementation
        break;
    }
}
```

上述代码中的函数 on_hvc()通过调用函数 ble_dfu_buttonless_bootloader_start_prepare()跳转到 Bootloader 的入口地址。代码如下：

```
uint32_t ble_dfu_buttonless_bootloader_start_finalize(void)
{
    uint32_t err_code;

    NRF_LOG_DEBUG("In ble_dfu_buttonless_bootloader_start_finalize\r\n");

    err_code = sd_power_gpregret_clr(0, 0xffffffff);
    VERIFY_SUCCESS(err_code);

    err_code = sd_power_gpregret_set(0, BOOTLOADER_DFU_START);
    VERIFY_SUCCESS(err_code);

    //Indicate that the Secure DFU bootloader will be entered
    m_dfu.evt_handler(BLE_DFU_EVT_BOOTLOADER_ENTER);

    //Signal that DFU mode is to be enter to the power management module
    nrf_pwr_mgmt_shutdown(NRF_PWR_MGMT_SHUTDOWN_GOTO_DFU);

    return NRF_SUCCESS;
}
```

在跳转到 Bootloader 模式前， buttonless_dfu 服务会向寄存器 GPREGRET 写数据 0xB1，这是 Nordic 自定义的一个 DFU 标识，Bootloader 程序会根据寄存器 GPREGRET 的值来确定是否进行升级。

19.5.2 Bootloader 程序的关键代码

Bootloader 程序的主要作用是：判断应用是否需要升级；在升级过程中进行广播、连接、传输应用固件；在双区模式下，实现两个存储区之间的数据复制；在升级完成后，跳转到新应用固件并执行。

19.5.2.1 判断是否需要进行升级的代码

判断是否需要进行升级的代码如下：

```
nrf_power_gpregret_get()& BOOTLOADER_DFU_START_MASK) == BOOTLOADER_DFU_START
static bool dfu_enter_check(void)
{
```

```
    if (!app_is_valid(crc_on_valid_app_required()))
    {
        NRF_LOG_DEBUG("DFU mode because app is not valid.");
        return true;
    }

    if (NRF_BL_DFU_ENTER_METHOD_BUTTON &&
       (nrf_gpio_pin_read(NRF_BL_DFU_ENTER_METHOD_BUTTON_PIN) == 0))
    {
        NRF_LOG_DEBUG("DFU mode requested via button.");
        return true;
    }

    if (NRF_BL_DFU_ENTER_METHOD_PINRESET &&
       (NRF_POWER->RESETREAS & POWER_RESETREAS_RESETPIN_Msk))
    {
        NRF_LOG_DEBUG("DFU mode requested via pin-reset.");
        return true;
    }

    if (NRF_BL_DFU_ENTER_METHOD_GPREGRET &&
       ((nrf_power_gpregret_get()& BOOTLOADER_DFU_START_MASK) ==
                                              BOOTLOADER_DFU_START))
    {
        NRF_LOG_DEBUG("DFU mode requested via GPREGRET.");
        return true;
    }

    if (NRF_BL_DFU_ENTER_METHOD_BUTTONLESS &&
       (s_dfu_settings.enter_buttonless_dfu == 1))
    {
        NRF_LOG_DEBUG("DFU mode requested via bootloader settings.");
        return true;
    }

    return false;
}
```

19.5.2.2 主循环的代码

进入升级过程后，在下面的主循环与回调函数中通过 buttonless_dfu 服务获取文件、复制文件、替换文件、更新设置文件。代码如下：

```
if(dfu_enter)
{
    nrf_bootloader_wdt_init();
    scheduler_init();
```

```
    dfu_enter_flags_clear();
    //Call user-defined init function if implemented
    ret_val = nrf_dfu_init_user();
    if (ret_val != NRF_SUCCESS)
    {
        return NRF_ERROR_INTERNAL;
    }
    nrf_bootloader_dfu_inactivity_timer_restart(initial_timeout, inactivity_timeout);
    ret_val = nrf_dfu_init(dfu_observer);
    if (ret_val != NRF_SUCCESS)
    {
        return NRF_ERROR_INTERNAL;
    }
    NRF_LOG_DEBUG("Enter main loop");
    loop_forever(); //This function will never return.
    NRF_LOG_ERROR("Unreachable");
}
```

19.5.2.3 升级完成后跳转到应用

升级完成后通过函数 nrf_bootloader_app_start()可跳转到应用。代码如下：

```
void nrf_bootloader_app_start(void)
{
    //Always boot from end of MBR, if a SoftDevice is present, it will boot the app
    uint32_t start_addr = MBR_SIZE;
    NRF_LOG_DEBUG("Running nrf_bootloader_app_start with address: 0x%08x", start_addr);
    uint32_t err_code;

    //Disable and clear interrupts
    //Notice that this disables only 'external' interrupts (positive IRQn).
    NRF_LOG_DEBUG("Disabling interrupts. NVIC->ICER[0]: 0x%x", NVIC->ICER[0]);

    NVIC->ICER[0]=0xFFFFFFFF;
    NVIC->ICPR[0]=0xFFFFFFFF;
#if defined(__NRF_NVIC_ISER_COUNT) && __NRF_NVIC_ISER_COUNT == 2
    NVIC->ICER[1]=0xFFFFFFFF;
    NVIC->ICPR[1]=0xFFFFFFFF;
#endif

    err_code = nrf_dfu_mbr_irq_forward_address_set();
    if (err_code != NRF_SUCCESS)
    {
        NRF_LOG_ERROR("Failed running nrf_dfu_mbr_irq_forward_address_set()");
    }

    NRF_LOG_FLUSH();
    nrf_bootloader_app_start_final(start_addr);
}
```

19.5.3 实验要点

（1）公私钥对的生成与替换。在采用安全式 DFU 时，需要用新生成的公钥替换原来的公钥（原来的公钥位于“examples\dfu”），否则会编译失败；私钥用于生成新固件的 zip 升级包；在工程代码中务必保存好公私钥对，确保升级功能正常。

（2）zip 升级包中协议栈 ID 需要正确填写。协议栈 ID 可以通过 PC 端的 nRFgo Studio 来查看，如图 19-11 所示。

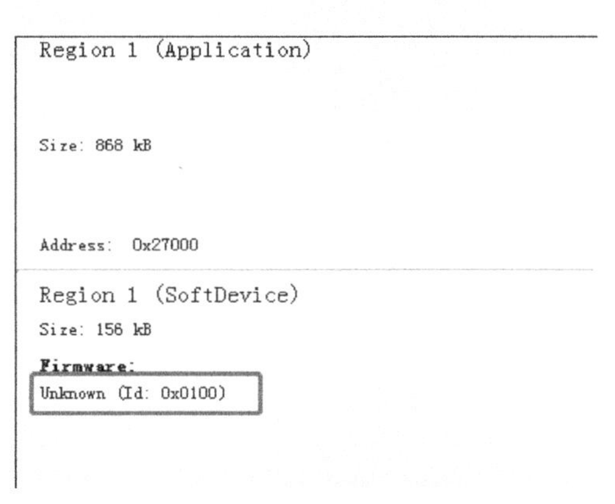

图 19-11

19.6 实验小结

本章主要介绍了 OTA 的基本知识、公私钥对的生成、Bootloader 程序的制作，以及 zip 升级包的制作等。通过本章学习，开发者可通过支持低功耗蓝牙的智能手机，将新固件下载到 nRF52840 DK 开发板，实现固件空中升级。

第20章 实验19：基于串口的DFU实现

20.1 实验目标

掌握通过串口对设备进行升级的方法。

20.2 实验准备

本实验是在 SDK 17.1.0 上进行的，使用的开发板是 nRF52840 DK，使用的开发工具是 SES 和 Android 版 nRF Connect，本实验的例程是 secure_bootloader\pca10056_uart。

20.3 背景知识

设备固件升级（Device Firmware Update，DFU）既可以通过无线方式来完成，也可以通过有线方式来完成，如通过 UART、USB 或 SPI 等。

第 19 章详细介绍了 OTA 的实现，基于串口的 DFU 实现流程和 OTA 的实现流程是基本相同的，基于串口的 DFU 实现是通过有线方式来进行的，即通过 UART 来进行升级。对于 OTA 的实现和基于串口的 DFU 实现，二者在公私钥的生成、Bootloader 的编译、升级文件的制作、zip 升级包的制作等方面是完全相同的；区别在于，前者是通过无线方式来传输 zip 升级包的，后者是通过有线方式来传输 zip 升级包的。

通过串口的 DFU 通常适用于以下场景：

（1）通过 PC 对低功耗蓝牙模块或产品进行升级，如图 20-1 所示。

（2）通过主控 MCU 对低功耗蓝牙芯片（如 nRF52840 DK 开发板）进行升级（如远程升级场景），首先由主控 MCU 从服务器下载并存储 zip 升级包，然后由主控 MCU 通过 UART 传输给 nRF52840 DK 开发板，从而进行 DFU，如图 20-2 所示。

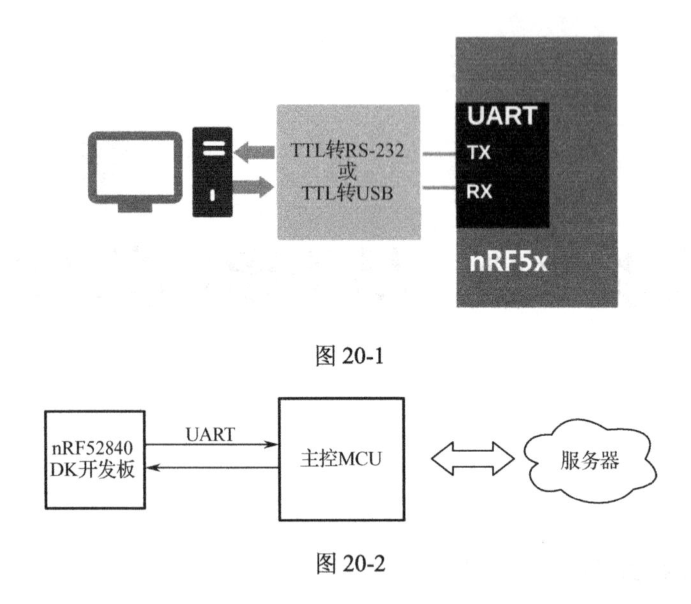

图 20-1

图 20-2

当 nRF52840 DK 开发板需要进行 DFU 时，首先，主控 MCU 从服务器下载并存储 zip 升级包后，通过握手协议（如 UART）和 nRF52840 DK 开发板连接并下达升级命令；然后，nRF52840 DK 开发板自检是否满足升级条件，若符合升级条件则回复确认升级应答；最后进行 zip 升级包的传输和校验，实现 DFU。

（3）通过 nRF52840 DK 开发板的串口，对外部的主控 MCU 升级。这种应用场景为，主控 MCU 自身不具有无线通信的能力并且也不能借助其他无线网络模块连接服务器升级，这时可以通过 nRF52840 DK 开发板的低功耗蓝牙无线传输功能，接收外部低功耗蓝牙主机需要的升级固件，nRF52840 DK 开发板接收到升级固件后进行升级。这种情况下，握手协议可以自己定义，不需要严格遵守 DFU 的帧格式。

20.4 实验步骤

本实验在低功耗蓝牙串口通信例程 ble_app_uart 的基础上，通过串口对 nRF52840 DK 开发板进行固件升级。实验步骤如下：

（1）生成公私钥对。公私钥对主要用于在升级前对 zip 升级包进行校验，公钥用于编译 Bootloader 代码，私钥用于制作 zip 升级包，用生成的公钥替换原来的公钥，详见第 19 章的相关内容。生成公私钥对的命令如下：

```
nrfutil keys generate priv.pem
nrfutil keys display --key pk --format code priv.pem --out_file dfu_public_key.c
```

（2）生成 Bootloader 程序。打开“examples\dfu\secure_bootloader\”下的 pca10056_uart 工程，将步骤（1）中的公钥加入该工程（见图 20-3），编译后可生成 Bootloader 程序。

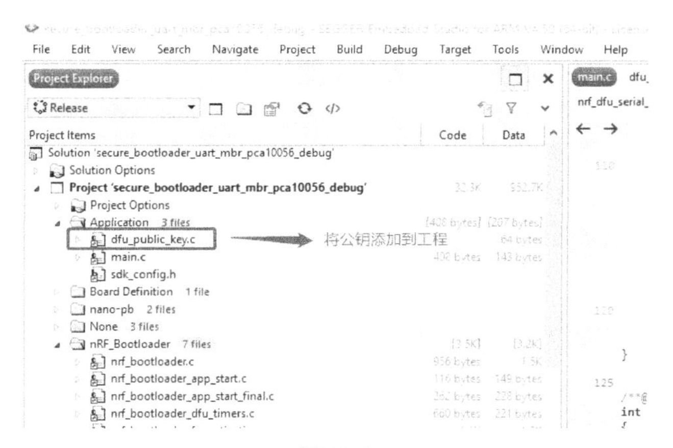

图 20-3

（3）制作升级文件。准备好应用程序，即在芯片 nRF52840 中当前运行的应用程序，也就是还未升级之前的应用程序（本实验使用的应用程序是串口从机中的 Nordic_UART 例程），先根据应用程序生成设置文件，再合并设置文件、Bootloader 程序、协议栈、应用程序。命令如下：

```
nrfutil settings generate --family nRF52840--application ble_app_uart_s140.hex --application-version 1 --bootloader-version 1 --bl-settings-version 2 settings.hex
mergehex --merge bootloader.hex settings.hex --output bl_temp.hex
mergehex --merge bl_temp.hex ble_app_uart_s140.hex s140_nrf52_7.2.0_softdevice.hex --output whole.hex
```

（4）制作 zip 升级包。使用私钥和新固件（这里使用心率例程 Nordic_HRM 作为新固件）制作 zip 升级包。命令如下：

```
nrfutil pkg generate --application ble_app_hrs_s140.hex --application-version 2 --hw-version 52 --sd-req 0x0100 --key-file priv.pem dfu.zip
```

本实验中的协议栈版本号是 0x0100，可以通过 nRFgo Studio 查看协议栈版本号（见图 20-4），也可以使用命令行工具获取协议栈版本号。

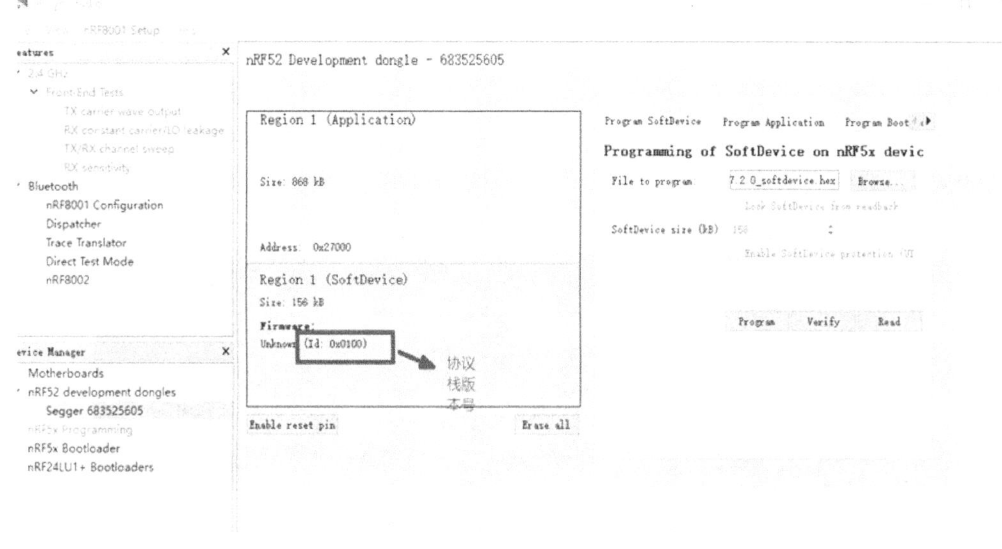

图 20-4

（5）进入Bootloader模式开始升级。将在步骤（3）中制作的升级文件烧写到nRF52840 DK开发板，烧写成功后，nRF52840 DK开发板上的LED1开始闪烁（表示开始广播），可使用Android版nRF Connect查看广播，如图20-5所示。

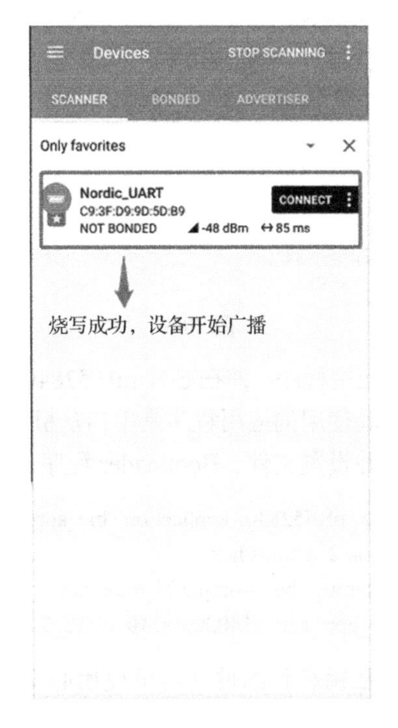

图20-5

先按住nRF52840 DK开发板上的Button4，再按下复位键，可以使nRF52840 DK开发板进入Bootloader模式并开始升级，此时nRF52840 DK开发板上的LED1、LED2将常亮（表示正在升级）。

在zip升级包所在目录路径下，打开命令行窗口，运行PC上的nrfutil，输入以下命令即可开始升级nRF52840 DK开发板。

```
nrfutil dfu serial -pkg dfu.zip -p COM13
```

运行上面的命令后，在PC的命令行窗口中显示出如图20-6所示的信息，当升级进度显示为100%时，表示升级完成。

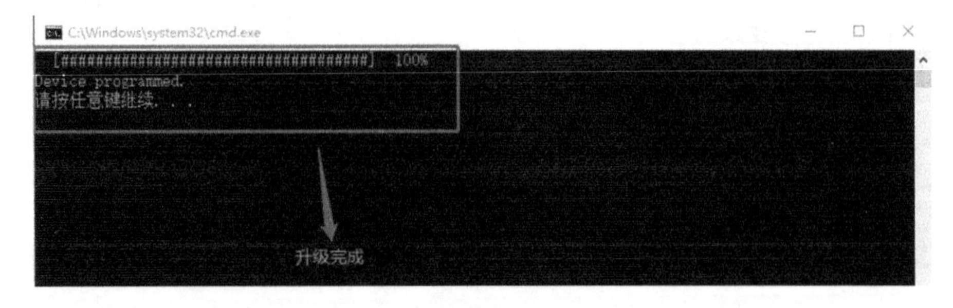

图20-6

升级成功后，可通过 Android 版 nRF Connect 查看 nRF52840 DK 开发板在升级后的广播。本实验用 PC 中的 nrfutil 代替主控 MCU，通过串口对 nRF52840 DK 开发板进行升级，升级之前 nRF52840 DK 开发板中的广播名称是 Nordic_UART，升级完成之后 nRF52840 DK 开发板中的广播名称是 Nordic_HRM，如图 20-7 所示。

图 20-7

20.5　实验要点

（1）在生成 zip 升级包时，务必确保协议栈 ID 是正确的。

（2）公钥和私钥必须正确，否则会在升级过程中无法通过校验，导致升级失败。

（3）务必保存好私钥，后续的升级都需要使用私钥来制作 zip 升级包。

20.6　实验小结

本章主要介绍了通过串口进行升级的基本知识、公私钥对的生成、Bootloader 程序的制作，以及 zip 升级包的制作等。本章通过串口将 PC 中的 zip 升级包下载到 nRF52840 DK 开发板，通过串口实现了 DFU。

第21章 实验20：基于低功耗蓝牙模块PTR9818的开发

21.1 实验目标

掌握 PTR9818 模块的使用方法，以及在自己的硬件板上修改并运行 SDK 中的例程的方法。

21.2 实验背景

PTR9818（见图 21-1）是迅通科技基于 nRF52840 芯片开发的模块，该模块集成了支持 nRF52840 工作的最小硬件系统，使用板载 PCB 天线，引出了芯片的全部 IO 引脚，可以方便接入其他外设。

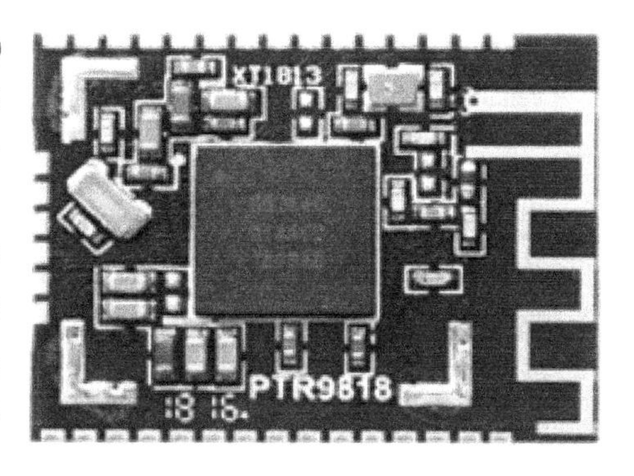

图 21-1

对于初学者而言，掌握 nRF52840 芯片的使用方法，从硬件原理到加工焊接，再到制作一块功能齐全的 nRF52840 DK 开发板，整个过程的难度是非常大的。尤其是 nRF52840 采用了 aQFN 封装形式，对生产加工工艺的要求比较高，更加大了难度。

使用模块的好处是可以简化开发流程，能够让初学者快速上手，将重点聚焦到例程学习、编程应用，无须在硬件平台的搭建上花费过多的精力，可以快速地在低功耗蓝牙模块或自行设计的硬件上运行 SDK 中的例程。

由于模块通常已经进行了相关的认证，因此在产品开发中直接使用模块可以确保产品各方面的性能可以满足相关安规的要求，免除认证所需的成本，确保产品的稳定可靠。PTR9818 模块的详细介绍可以参考 1.2.4 节，或直接参考 PTR9818 模块数据手册。

21.3 实验配置

Nordic 的 SDK 中的例程，默认适配的开发调试硬件是 nRF52840 DK 开发板。如果开发者需要在自己的硬件平台上运行 SDK 中的例程，则需要根据开发者的硬件平台来调整 SDK 例程中的相关配置。通常需要调整的相关配置主要包括以下几个方面。

21.3.1 低频时钟源的配置

低功耗蓝牙协议栈 Softdevice 使用的是低频时钟源，开发者可以在 sdk_config.h 中配置低频时钟源 NRF_SDH_CLOCK_LF_SRC。SDK 中的例程默认使用的是外部晶振提供低频时钟（NRF_CLOCK_LF_SRC_XTAL），如果开发者的硬件平台没有 32.768 kHz 的低频晶振，则需要在 sdk_config.h 中将低频时钟源配置为 NRF_CLOCK_LF_SRC_RC，即将内部 RC 时钟源作为低功耗蓝牙协议栈 Softdevice 的低频时钟源。

在使用 NRF_CLOCK_LF_SRC_RC 时，需要修改其相关的参数，如下所示：

```
//</h>
//==========================================================
//<h> Clock - SoftDevice clock configuration
//==========================================================
//<o> NRF_SDH_CLOCK_LF_SRC - SoftDevice clock source.

//<0=> NRF_CLOCK_LF_SRC_RC
//<1=> NRF_CLOCK_LF_SRC_XTAL
//<2=> NRF_CLOCK_LF_SRC_SYNTH

#ifndef NRF_SDH_CLOCK_LF_SRC
#define NRF_SDH_CLOCK_LF_SRC 0
#endif

//<o> NRF_SDH_CLOCK_LF_RC_CTIV - SoftDevice calibration timer interval.
#ifndef NRF_SDH_CLOCK_LF_RC_CTIV
#define NRF_SDH_CLOCK_LF_RC_CTIV 16
#endif

//<o> NRF_SDH_CLOCK_LF_RC_TEMP_CTIV - SoftDevice calibration timer interval under constant
temperature.
//<i> How often (in number of calibration intervals) the RC oscillator shall be calibrated
//<i> if the temperature has not changed.

#ifndef NRF_SDH_CLOCK_LF_RC_TEMP_CTIV
#define NRF_SDH_CLOCK_LF_RC_TEMP_CTIV 2
#endif
```

```
//<o> NRF_SDH_CLOCK_LF_ACCURACY - External clock accuracy used in the LL to compute timing.

//<0=> NRF_CLOCK_LF_ACCURACY_250_PPM
//<1=> NRF_CLOCK_LF_ACCURACY_500_PPM
//<2=> NRF_CLOCK_LF_ACCURACY_150_PPM
//<3=> NRF_CLOCK_LF_ACCURACY_100_PPM
//<4=> NRF_CLOCK_LF_ACCURACY_75_PPM
//<5=> NRF_CLOCK_LF_ACCURACY_50_PPM
//<6=> NRF_CLOCK_LF_ACCURACY_30_PPM
//<7=> NRF_CLOCK_LF_ACCURACY_20_PPM
//<8=> NRF_CLOCK_LF_ACCURACY_10_PPM
//<9=> NRF_CLOCK_LF_ACCURACY_5_PPM
//<10=> NRF_CLOCK_LF_ACCURACY_2_PPM
//<11=> NRF_CLOCK_LF_ACCURACY_1_PPM

#ifndef NRF_SDH_CLOCK_LF_ACCURACY
#define NRF_SDH_CLOCK_LF_ACCURACY 1
#endif
```

21.3.2　外设的配置

在 Nordic 的 SDK 中的例程中，按键、LED 等外设的引脚是由文件 pca10056.h 定义的，该文件位于“nRF5_SDK_17.1.0_ddde560\components\boards”。开发者在自己的硬件平台上运行 SDK 中的例程时，需要根据实际情况对外设进行配置。例如，开发者可以首先复制文件 pca10056.h，并重命名为 custom_board.h；然后在 custom_board.h 中修改外设的定义；最后在工程中修改要使用的硬件平台。

SDK 中的例程默认的定义如图 21-2 所示。

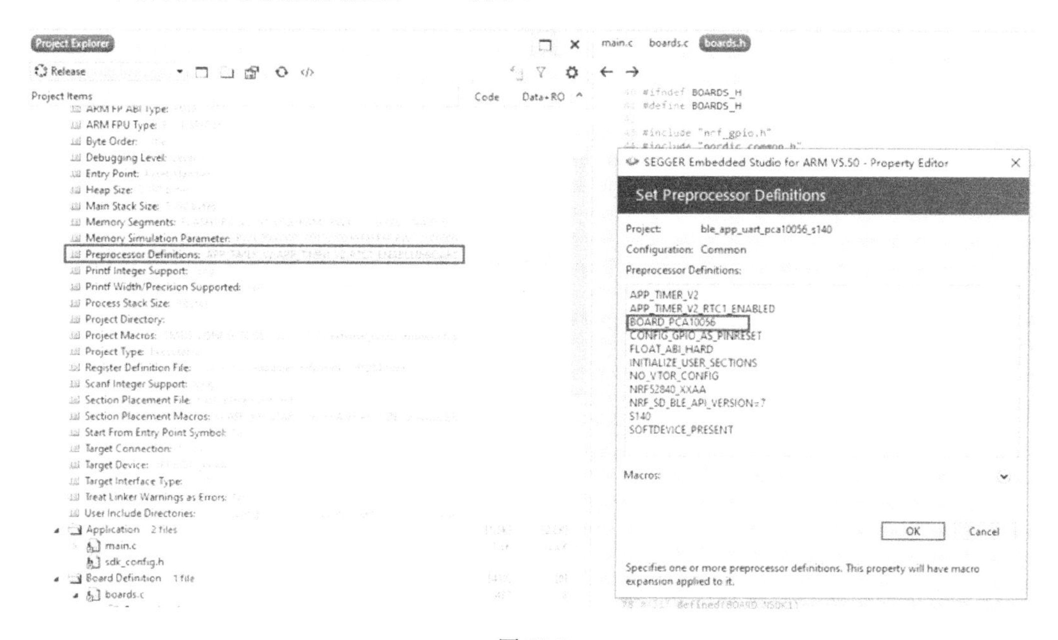

图 21-2

修改后的定义如图 21-3 所示。

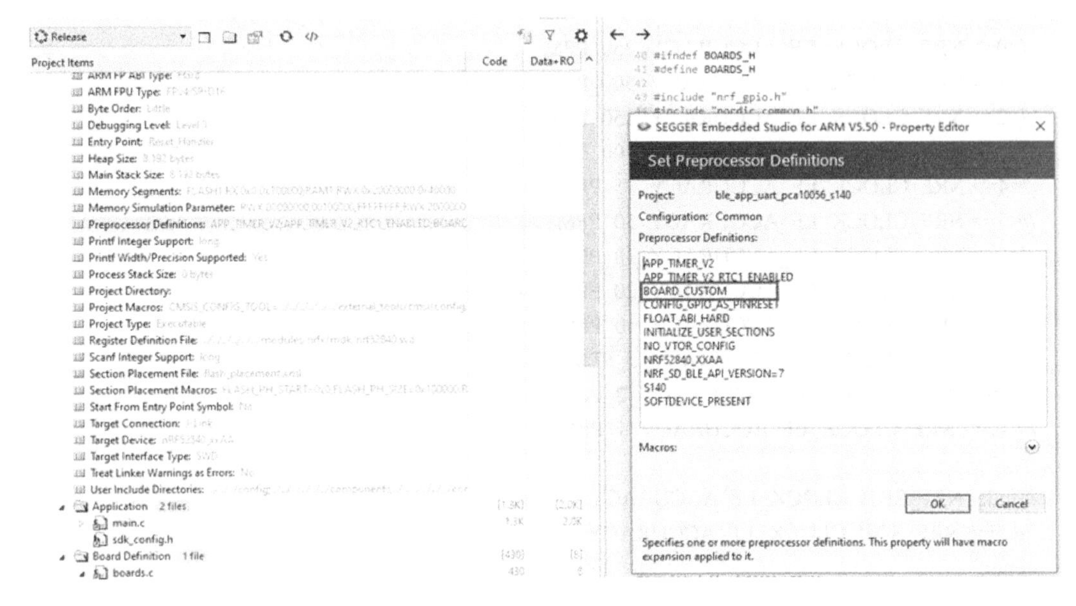

图 21-3

在文件 boards.h 中可以看到硬件平台的头文件，如图 21-4 所示。

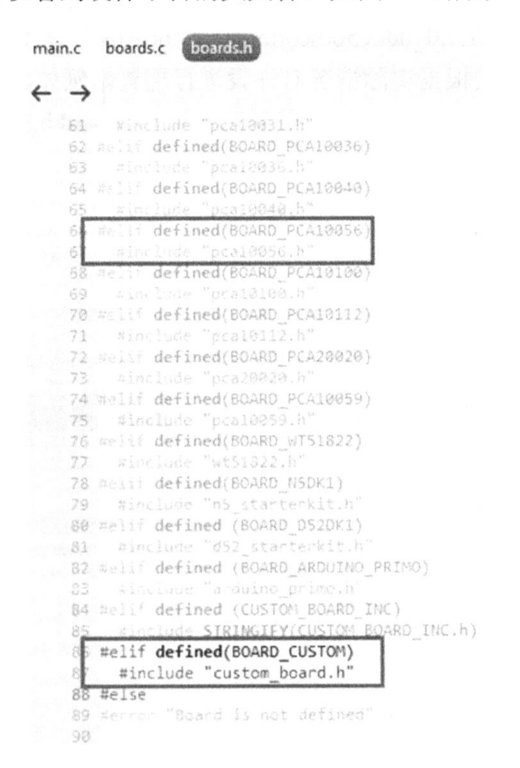

图 21-4

21.3.3　UART 的配置

注意：当开发者单独使用 PTR9818 模块时，如果在 main 函数中初始化了 UART，则在下载和调试低功耗蓝牙串口通信例程 ble_app_uart 时，可能会在回调函数 uart_event_handle() 时返回错误 APP_UART_COMMUNICATION_ERROR，导致例程无法执行。这是由于 UART 的 TX/RX 引脚悬空，使得引脚上产生不确定电平而导致的。

因此开发者在调试 UART 例程时时，需要将 UART 的引脚连接到 UART 的对端（如 USB 转串口芯片 CH340、外部 MCU 等）或将其输入引脚连接空闲电平（通常为高电平）。如果不需要使用 UART，则无须初始化 UART。

21.4　实验小结

本章简要介绍了 PTR9818 模块，以及将 SDK 代码移植到 PTR9818 模块运行时需要修改的配置参数。通过本章的学习，开发者可以掌握修改配置参数的方法。

参考文献

[1] Nordic Semiconductor. nRF52840 Product Specification(v1.1)[EB/OL]. [2022-02-13]. https://infocenter.nordicsemi.com/pdf/nRF52840_PS_v1.1.pdf.

[2] Nordic Semiconductor. nRF52840_DK_User_Guide(v1.4)[EB/OL]. [2022-02-13]. https://infocenter.nordicsemi.com/pdf/nRF52840_DK_User_Guide_20201203.pdf.

[3] Bluetooth SIG. Core Specification V5.0 [EB/OL]. [2022-02-13]. https://www.bluetooth.org/docman/handlers/DownloadDoc.ashx?doc_id=421043.

[4] Bluetooth SIG. Core Specification V5.1[EB/OL]. [2022-02-13]. https://www.bluetooth.org/docman/handlers/downloaddoc.ashx?doc_id=457080.

[5] Bluetooth SIG. Core Specification V5.2[EB/OL]. [2022-02-13]. https://www.bluetooth.com/specifications/specs/core-specification-5-2/.

[6] Bluetooth SIG. Core Specification V5.3[EB/OL]. [2022-02-13]. https://www.bluetooth.org/DocMan/handlers/DownloadDoc.ashx?doc_id=521059.

[7] Apple Inc. Accessory Design Guidelines for Apple Devices[EB/OL]. [2022-02-13]. https://developer.apple.com/cn/.

[8] 谭晖. 低功耗蓝牙快速入门[M]. 北京：北京航空航天大学出版社，2016.

[9] 谭晖. 低功耗蓝牙开发与实战[M]. 北京：北京航空航天大学出版社，2016.

[10] 谭晖. 低功耗蓝牙与智能硬件设计[M]. 北京：北京航空航天大学出版社，2016.

[11] [英] Robin Heydon. 低功耗蓝牙开发权威指南[M]. 陈灿峰，刘嘉，译. 北京：机械工业出版社，2014.

[12] 蓝色创业（北京）科技有限公司，北欧半导体有限公司，泰凌微电子（上海）有限公司，等. 蓝牙 AOA 高精度定位技术白皮书[Z]. 2020.

[13] 中国移动通信有限公司研究院，中国移动上海产业研究院，中国移动雄安产业研究院，等. 室内定位白皮书[Z]. 2020.

[14] 深圳市蓝科迅通科技有限公司. 低功耗蓝牙模块 PTR9818 规格书[Z]. 2020.

[15] 黄健，赵宗汉. 移动通信[M]. 西安：西安电子科技大学出版社，1992.

[16] 陈用甫，谭秀华. 现代通信系统和信息网[M]. 北京：电子工业出版社，1996.

后　记

低功耗蓝牙 5.x 围绕着物联网的创新应用而不断更新迭代，如何高效地学习低功耗蓝牙 5.x 的相关知识，并通过实践来掌握相关的开发方法，是广大读者非常感兴趣的内容之一。

作为低功耗蓝牙技术在国内最早推广及应用的机构之一，迅通科技一直走在低功耗蓝牙应用的前列，并积累了丰富的经验。本书是基于迅通科技研发团队在低功耗蓝牙方面的实践和低功耗蓝牙的最新知识编写而成的。本书循序渐进地介绍低功耗蓝牙 5.x 的知识点及开发技术，通过本书的学习，初学者可以快速入门低功耗蓝牙 5.x 开发。

在移动互联时代，智能家居、物联网、智能产品等已成为当下的热点，“最后一百米”是物联网快速发展和普及的关键环节，而低功耗蓝牙 5.x 技术是实现“最后一百米”的重要技术之一。迅通科技作为中、短距离无线通信技术的推动者，将进一步加强校企合作、培养人才、鼓励创新，使更多的创新型人才脱颖而出，也欢迎更多的开发者参与进来，共同为物联网的快速发展和创新而努力。

迅通科技也愿意与各大专院校的相关专业及实验室开展各种形式的广泛合作，通过锻炼学生的动手能力和产品思维，为企业及社会培养更多的物联网技术人才。

希望通过我们编写的图书打开一扇窗，引导更多的学生、开发者进入物联网领域，开创一片新天地！

为了方便大家学习和交流，如果读者对本书用到的器件、开发工具等感兴趣，或者有志于物联网应用的开发而希望加入我们的团队，一起做改变世界的事情，欢迎和我们联系。联系方式为 nrf@freqchina.com。也欢迎广大读者关注我们的微信公众号迅通科技（lankexuntong），以获取更多的资讯。